PHYSIK

Basiswissen für die Schule

Physik – Basiswissen für die Schule
Autor: Dr. Frank Boes

Genehmigte Sonderausgabe
Alle Rechte vorbehalten

Dieses Werk berücksichtigt die neue deutsche Rechtschreibung

PHYSIK

Basiswissen für die Schule

INHALT

GRUNDBEGRIFFE

MECHANIK

WÄRMELEHRE

ELEKTRIZITÄTSLEHRE

OPTIK

ATOM- UND KERNPHYSIK

PHYSIKALISCHE TABELLEN

GRUNDBEGRIFFE

WAS IST PHYSIK?

Aus dem griechischen Sprachschatz stammt das Wort *physis,* und es bedeutet so viel wie Natur. In früheren Zeiten verstand man unter Physik die gesamte Naturlehre. Im Laufe der Zeit haben sich dann immer mehr Gebiete als eigenständige Wissenschaften herauskristallisiert, z. B. Chemie, Biologie und Geologie.

Die eigentliche Aufgabe der Physik ist es, die Zustände und Phänomene der Natur zu untersuchen mit dem Ziel, die Ursachen und die Zusammenhänge zu erkennen und als Gesetzmäßigkeiten zu formulieren.

Ein Verständnis der Physik kann man allerdings nur erlangen, wenn man sich selber mit der Physik befasst, wenn man jeden Vorgang in der Natur mit den Methoden der Physik hinterfragt. Dieses Buch vermag nur eine grobe Vorstellung von der Thematik zu vermitteln, mit der sich die Physik beschäftigt.

Wenn man von Natur spricht, denkt man unwillkürlich an Berge und Wälder, an Ozeane und die Kontinente. Man denkt an Pflanzen und Tiere, an die Wolken am Himmel, an Blitz und Donner und einen Regenbogen. Man sieht am Tag die Sonne und in der Nacht den Mond und das Glitzern der Sterne. Und man fühlt sich dieser Natur verbunden.

Ebenso fühlten auch die Menschen der Frühzeit. Deren Verbindung zur Natur war jedoch zwangsläufig sehr viel enger als unsere heutige. Ungezählte Gottheiten, Naturgeister und Dämonen wurden für die verschiedenen Naturereignisse verantwortlich gemacht. So versuchte man denn auch, sich diese Götter durch Opfergaben gefügig zu machen, wenn mal wieder eine Naturkatastrophe ihren Tribut gefordert hatte. Überschwemmungen, Erdbeben, Vulkanausbrüche, Blitz und Donner waren von jeher unerklärlich und ein Zeichen für den Zorn der Götter.

Nach und nach erkannte man aber, dass sich diese Katastrophen nicht willkürlich einstellten, sondern immer mit bestimmten Ereignissen in Zusammenhang standen. So fand im alten Zweistromland zwischen Euphrat und Tigris die jährliche Überschwemmung stets etwa zeit-

gleich mit einer bestimmten Sternenkonstellation statt. Die genaue Beobachtung und Aufzeichnung solcher Zusammentreffen machte eine Vorhersage einzelner Ereignisse möglich.
Somit war die genaue Beobachtung der Gestirne (Astronomie) aufs engste verknüpft mit der Schicksalsbestimmung aus dem Stand der Sterne (Astrologie). Erst im Laufe der Zeit gelang es den Menschen, hier eine Trennung zu vollziehen.
Im täglichen Kampf um sein Dasein war der Mensch gezwungen, gänzlich anders als andere Lebewesen, seine Beobachtungsgabe und seinen Verstand einzusetzen. Die Konstruktion von Werkzeugen und Geräten für Ackerbau und Jagd, das Herstellen von Gefäßen zur Vorratshaltung und Kleidung zum Schutz vor den Unbilden der Natur gelang dem Menschen nur durch genaueste Naturbeobachtung und durch Ausprobieren.
Dennoch konnte sich der Mensch nicht von der Vorstellung der Götter und Naturgeister lösen, bis es im Griechenland des 6. vorchristlichen Jahrhunderts zu einem Umbruch in der Denkweise der Menschen kam. Jene frühen griechischen Naturforscher um *Thales von Milet* (ca. 624–546 v. Chr.) brachen mit den alten Traditionen und waren überzeugt, dass die Natur nur mit rationalen Mitteln erklärt werden könne und nicht mit göttlicher Magie.
Damit war aber der Grundstein für die Naturwissenschaften gelegt. Die moderne Physik, wie wir sie heute kennen, entstand allerdings erst im 16. Jahrhundert unter *Galileo Galilei* (1564–1642). Damals erkannte man, dass Vorstellungen und Gedanken über die Natur immer wieder im Experiment auf ihre Richtigkeit überprüft werden müssen.
Innerhalb eines solchen Experimentes muss das Wesentliche einer Naturerscheinung aus der bunten Vielfalt von rein zufälligen Umständen herausgelöst werden und unter kontrollierbaren Bedingungen kritisch analysiert werden.
Die Entmythologisierung der Natur durch die alten Griechen war zwar richtig, wurde aber in die falschen Bahnen gelenkt. So glaubten sie damals, alle Naturerscheinungen durch wenige Beobachtungen und bloßes Nachdenken erklären zu können. Der bekannteste Vertreter dieser philosophischen Richtung war *Aristoteles* (384–322 v. Chr.), der Lehrer Alexanders des Großen. Seine Lehren begeisterten die Menschen bis ins späte Mittelalter.
Als Galilei mit einem selbst gebauten Teleskop entdeckt hatte, dass der Planet Jupiter von Monden umgeben ist, sprach man ihm diese Tatsache

ab, denn sie stand in krassem Widerspruch zu den Lehren des Aristoteles über die Planetenbewegungen. Die Anhänger der aristotelischen Lehre waren nicht bereit, durch das Fernrohr zu blicken, da in dem Weltbild des Aristoteles keine Monde vorkommen konnten.
Widersprüche zu diesem Weltbild gab es bereits vorher, Galilei jedoch war konsequent genug, um mit dieser Vorstellung zu brechen. Und dies genau ist es, was die Physik bzw. den Physiker auszeichnet: die Bereitschaft, von einer überlieferten Vorstellung abzugehen, wenn die Beobachtung dieser widerspricht.
Damit kann Galilei durchaus als Begründer der modernen Physik angesehen werden. Die Erkenntnis, dass die Richtigkeit aller Vorstellungen über die Natur immer wieder durch Fragen an die Natur (Experimente) bestätigt werden muss, kann als zentrales Thema der Physik aufgefasst werden.
Physik und die sich aus ihr entwickelnde Technik haben unsere moderne Gesellschaft geprägt und die Lebensbedingungen der Menschen weitgehend verbessert. Bei richtiger Nutzung sollten Physik und Technik auch einen entscheidenden Anteil an der Entwicklung neuer Humanitätsprinzipien haben.
Leider gibt es noch immer Vorurteile und Ideologien außerhalb des naturwissenschaftlichen Denkens, die eine solche Fortentwicklung behindern.

AUFBAU DER PHYSIK

Die Physik als Wissenschaft gliedert sich in viele Zweige, wie die folgende Tabelle zeigt.
Darüber hinaus gibt es noch eine ganze Reihe weiterer Fachbereiche, wie Festkörperphysik, statistische Physik, Bauphysik usw. Aus der fruchtbaren Verbindung mit anderen Fachgebieten sind ebenfalls neue Wissenschaften entstanden, wie z. B. Astrophysik, Biophysik oder Geophysik.
Allen diesen Wissenschaften, die prinzipiell auf der Physik basieren, ist eines gemeinsam, nämlich die Methodik in der Physik. Sie ist gekennzeichnet durch eine klare Begrifflichkeit und durch exakte, überprüfbare Methoden. Dazu bedient sich die Physik der Hilfsmittel, welche die Mathematik bereitstellt.

Einteilung der Physik	
Teilgebiet	Thematik (Stichworte)
Mechanik	Kraft, Bewegung, Energie, Arbeit
Wärmelehre	Temperatur, Wärme, Aggregatzustände
Akustik	Schall, Schwingungen
Optik	Licht, Farben, Beugung, Brechung
Elektrizitätslehre	Magnetismus, Ladung, Strom, Felder, Induktion
Quantenphysik	Elementarteilchen, Theorie der Materie, Strahlung
Relativitätstheorie	Gravitation, Lichtgeschwindigkeit
Atom- und Kernphysik	Atome, Radioaktivität

Um es noch einmal zu verdeutlichen: die *Methodik der Physik* ist streng gegliedert in die *Beobachtung* eines Phänomens, die am Anfang der Untersuchungen steht, auf welcher *Hypothesen*, also wissenschaftlich begründete Vermutungen, über einen gesetzmäßigen Zusammenhang basieren. Eine solche Hypothese kann dann in einem *Experiment* planvoll überprüft werden. Ein Experiment kann somit als eine Frage an die Natur betrachtet werden, deren Antwort, also das Ergebnis des Experiments, die Hypothese bestätigt oder widerlegt.
Eine solche Vorgehensweise bezeichnet man als *induktive Methode*. Bei der *deduktiven Methode* wird versucht, aus bekannten Zusammenhängen auf neue Gesetzmäßigkeiten zu schließen, die natürlich wieder in einem Experiment überprüft werden.
Da die Wirklichkeit äußerst vielschichtig ist und sich als Ganzes kaum in physikalische Gesetze zwingen lässt, die zudem noch anschaulich und verständlich sind, versucht ein Physiker stets, ein einfaches *Modell* (*Denkmodell*) von der Wirklichkeit zu erschaffen, das nur in Teilaspekten mit dieser übereinstimmt. Ein solches Modell kann dann helfen, neue Hypothesen zu entwickeln, die nach Bestätigung durch

das Experiment dann wieder zu einer Verbesserung des Modells beitragen können.
Die Beobachtung eines physikalischen Phänomens muss selbstverständlich aufgezeichnet und vor allem wiederholbar sein. Dazu legt man die international verbindlichen Richtlinien fest, nach denen eine Messung durchgeführt werden muss, und welche Größen und Einheiten zur Quantifizierung von Zuständen und Vorgängen erlaubt sind.
Solche Beobachtungen führen schließlich zu physikalischen Gesetzmäßigkeiten von universeller Natur. Diese Gesetze zeigen uns dann, dass alle Vorgänge in der uns umgebenden Welt nach festen Regeln ablaufen und somit in gewisser Weise voraussagbar sind.

PHYSIKALISCHE GRÖSSEN

Basisgrößen und Basiseinheiten

Indem man physikalische (Mess-)Größen und Einheiten einführt, werden physikalische Zustände und Vorgänge quantifizierbar. Man hat sich daher weltweit auf ein vollständiges und logisches System von sieben Basisgrößen mit den entsprechenden Basiseinheiten geeinigt. Dies ist das sogenannte *SI-System* (SI = Système International d'Unités, Internationales Einheitensystem).
1960 wurde es von der *Conference Generale des Poids et Mesures*, also der internationalen Organisation, die für die Aufbewahrung und Instandhaltung von Messstandards verantwortlich ist, gebilligt.
Manchmal wird das SI-System auch als *MKS*-System bezeichnet (von *M*eter, *K*ilogramm und *S*ekunde), um es von dem älteren, nun nicht mehr zulässigen, *CGS*-System zu unterscheiden (*C*entimeter, *G*ramm und *S*ekunde).
Mit Hilfe der Basisgrößen lassen sich alle physikalischen Vorgänge beschreiben. Definiert werden diese Basisgrößen durch ganz bestimmte einheitliche Messverfahren, in denen neben der Gleichheit bzw. Vielfachheit auch die entsprechende Einheit der Größe festgelegt wird.
Um die Basisgrößen jedoch neu zu definieren, war in der Wissenschaft ein Umdenken nötig. Durch die fortschreitende Technik und die damit einhergehende höhere Messgenauigkeit war es nicht mehr mög-

lich, die Basisgrößen an bestimmten Normteilen oder Eichmaßen zu orientieren, wie etwa dem *Urkilogramm* oder dem *Urmeter*.
Man verlangte vielmehr, für die Festlegung der Basisgrößen ganz bestimmte und unveränderliche Naturkonstanten heranzuziehen. Eine derartige Konstante ist beispielsweise die Lichtgeschwindigkeit, deren Wert mit 299.792.458 m/s festgelegt wurde. Damit wird dann die Längeneinheit Meter neu bestimmt.

Internationales Einheitensystem			
Basisgröße	Formelzeichen	Basiseinheit	Einheitenzeichen
Formelzeichen und Einheitenzeichen dürfen nicht miteinander verwechselt werden, z. B. Formelzeichen für Masse: m und Einheitenzeichen für Meter: m.			
Länge	s	Meter	m
Masse	m	Kilogramm	kg
Zeit	t	Sekunde	s
Stromstärke	I	Ampere	A
Temperatur	T	Kelvin	K
Stoffmenge	n	Mol	mol
Lichtstärke	I_v	Candela	cd

Diese Längeneinheit war lange Zeit definiert durch die Länge des Urmeters, eines einfachen Metallprofiles mit hoher Längenbeständigkeit. Heute wird als 1 Meter diejenige Strecke bezeichnet, welche das Licht innerhalb von 1/299792458stel s zurücklegt.
Ebenso wurde die Zeiteinheit, die Sekunde, neu definiert. Bis zum Jahre 1960 galt der 86400ste Teil eines mittleren Sonnentages als Definition für eine Sekunde. Nachdem aber die Genauigkeit der Zeitmessgeräte immer weiter gesteigert wurde, war eine solche Basis für die Zeitmessung ungeeignet. Heute benutzt man für die Festlegung

der Sekunde einen inneratomaren Prozess des Cäsium-Isotops Cs-133. Um den Anschluss an alte Konventionen nicht gänzlich zu verlieren, wurde als 1 Sekunde die Zeitdauer für 9.192.631.770 inneratomare Schwingungen von Cs-133 gewählt.

Abgeleitete Größen

Alle weiteren physikalischen Größen bzw. Einheiten lassen sich stets auf die Basisgrößen bzw. Basiseinheiten zurückführen. Solche abgeleiteten Größen werden über Definitionsgleichungen mit den Basisgrößen verknüpft.

> Beispiel: Das Volumen V ist eine abgeleitete Größe mit der Einheit m^3 (Kubikmeter), die auf die Basisgröße Länge s mit ihrer Einheit m (Meter) zurückgeführt werden kann: $V = s \cdot s \cdot s$ und $[V] = [s] \cdot [s] \cdot [s] = m \cdot m \cdot m = m^3$.

Skalar und Vektor

Man unterscheidet in der Physik zwischen sog. *skalaren Größen* (*Skalare*) und *vektoriellen Größen* (*Vektoren*). Unter einem Skalar versteht man eine reine Zahlengröße, die durch ihren Wert und die Einheit vollständig bestimmt ist, z. B. Zeit (7 s), Volumen (50 m^3) oder elektrische Energie (30 kWh).

Vektoren sind gerichtete Größen, und um einen Vektor vollständig anzugeben, muss man neben dem Wert und der Einheit auch die Richtung des Vektors angeben. In der Physik genügt es meistens nicht, wenn man sagt, dass ein Auto mit einer Geschwindigkeit von 50 km/h fährt. Man ist natürlich auch daran interessiert, wohin das Auto fährt. Die folgende Aussage berücksichtigt daher auch den Vektorcharakter der Geschwindigkeit: ein Auto fährt mit 50 km/h von Dorf A nach Stadt B.

Um Vektoren von Skalaren zu unterscheiden, kennzeichnet man das Symbol durch einen darüber gestellten Pfeil, z. B. Geschwindigkeit $\vec{v}$ oder Kraft $\vec{F}$.

Beispiele: Um eine Geschwindigkeit (Vektor) vollständig anzugeben, benötigt man den Betrag der Geschwindigkeit, der sich aus den Basisgrößen Länge und Zeit zusammensetzt (m/s), und eine Angabe über die Richtung der Geschwindigkeit. Bei einem Skalar, wie der Temperatur, genügt die Angabe eines Wertes und der Einheit, z. B. T = 25°C.

Schreibweisen

Um die Einheit einer Größe zu kennzeichnen, setzt man das entsprechende Symbol in eine eckige Klammer. Statt zu schreiben: *„Die Einheit des Volumens V ist 1 m^3"* schreibt man einfach: $[V] = 1\ m^3$.
Bei Angabe des Wertes einer physikalischen Größe ist auch die Angabe einer Einheit zwingend notwendig. Wenn ein Volumen 5 m^3 beträgt, darf man nicht schreiben: V = 5, sondern die korrekte Angabe lautet: $V = 5\ m^3$. Allerdings ist es zulässig, dass die Einheit mit bestimmten Vorsätzen versehen werden kann, ohne dass sich am Wert etwas ändert: $V = 5\ m^3 = 5 \cdot (100\ cm)^3 = 5 \cdot 100^3\ cm^3 = 5 \cdot 10^6\ cm^3 =$ 5 Mio. cm^3.
In der Physik hat man es oft mit sehr großen oder sehr kleinen Größen zu tun. Dann empfiehlt sich die Zehnerpotenz-Schreibweise für die Angabe des Zahlenwertes, z. B. kann man statt 300.000.000 m/s kürzer schreiben: $3 \cdot 10^8$ m/s.

Verwendung von Zehnerpotenzen			
Vorsilbe	Zeichen	Zehnerpotenz	Wert
Mega-	M	10^6	1.000.000
Kilo-	k	10^3	1.000
Centi-	c	10^{-2}	0,01
Milli-	m	10^{-3}	0,001
Mikro-	µ	10^{-6}	0,000001

Für viele Zehnerpotenzen gibt es auch spezielle Vorsilben oder zusätzliche Zeichen zu den Einheiten, z. B. ist $1\ cm = 10^{-2}\ m$.

MECHANIK

BEWEGUNG UND BAHNKURVE

Die *Bewegungen* eines Körpers und die dabei auftretenden *Kräfte* bilden das zentrale Thema der klassischen Mechanik.
Es werden die Bewegungen untersucht, die ein Körper ausführen kann, und diese werden dann in ein Schema eingeordnet. Diesen Teil der Mechanik bezeichnet man auch als *Kinematik*. Die *Dynamik* widmet sich dem Begriff der Kraft als Ursache einer Bewegung.
Unter einer Bewegung versteht man eine kontinuierliche Veränderung des *Ortes* eines Körpers entlang einer bestimmten Bahn und innerhalb einer bestimmten Zeitdauer. Eine solche Bahn können wir auch als *Bahnkurve* bezeichnen.
Wenn also die Bahnkurve bekannt ist und ebenso die entsprechende Dauer der Bewegung entlang dieser Bahn, so ist man in der Lage, die Bewegung des Körpers jederzeit nachvollziehen zu können.

Bezugssystem

Allerdings ist für die Beschreibung einer Bewegung immer und unbedingt die Angabe eines *Bezugssystems* erforderlich. Dies ist ein Begriff, der sich durch die gesamte Physik zieht und auch entscheidend war für die Formulierung der Relativitätstheorie durch *Albert Einstein* (1879–1955) im Jahre 1905.
Ein Bezugssystem kann, zumindest in der klassischen Mechanik, als eine Art Raster verstanden werden, welches fest im Raum verankert ist und gegenüber dem sich ein Körper bewegt. Dieses Raster kann mit einem Maßstab versehen werden, so dass sich eine Bewegung auch quantitativ erfassen lässt.
Es ist also unbedingt notwendig, ein Bezugssystem festzulegen, bevor man eine Bewegung beschreiben kann. In der klassischen Mechanik ist die Erdoberfläche ein durchaus geeignetes und zweckmäßiges Bezugssystem. Man nennt dies auch oft das *Laborsystem*. Wenn es nicht ausdrücklich angegeben ist, wird sich im weiteren alles stets auf das Laborsystem beziehen.

Beispiel: Wählt man als Bezugssystem den Eisenbahnwaggon eines Zuges, so kann jeder Fahrgast als ruhend angesehen werden, solange er auf seinem Platz sitzt. Dabei ist es dann völlig egal, ob sich der Zug bewegt oder im Bahnhof steht. Wird aber dagegen die Erdoberfläche als Bezugssystem gewählt, dann wird aus dem bis dahin ruhenden Passagier einer, der sich bewegt, sobald der Zug abfährt.
Nimmt man einen wartenden Reisenden, der auf dem Bahnsteig (Bezugssystem) steht, und einen weiteren, der in seinem Abteil (Bezugssystem) sitzt, dann wird, wenn der Zug losfährt, der zurückbleibende Reisende sagen, dass der Zug sich bewegt. Im Gegensatz dazu kann der fahrende Passagier mit Fug und Recht behaupten, dass sich der zurückbleibende Reisende in die andere Richtung bewegt. Beide haben hier recht, da jeder sich unwillkürlich auf sein eigenes Bezugssystem (Bahnsteig bzw. Abteil) beziehen wird. Diese Beobachtung hat jeder bestimmt bereits einmal selbst gemacht.

Geradlinige und krummlinige Bewegung

Bei der Beschreibung der Bahnkurve unterscheidet man generell zwischen zwei Formen der Bewegung. Man spricht von einer *geradlinigen Bewegung*, wenn sich ein Körper entlang einer geraden Linie bewegt. Alle anderen Fälle werden dann als *krummlinige Bewegung* bezeichnet. Eine Ausnahme ist die Bewegung entlang einer Kreisbahn, die man auch *Kreisbewegung* nennt.
Damit ist die räumliche Komponente einer Bewegung eingestuft. Da zu der Beschreibung einer Bewegung aber auch die Angabe der zeitlichen Dauer dieser Bewegung gehört, muss dieses Schema noch etwas verfeinert werden.

Gleichförmige und ungleichförmige Bewegung

Unter einer *gleichförmigen Bewegung* versteht man eine Bewegung, in deren Verlauf ein Körper weder schneller noch langsamer wird. Mit anderen Worten, ein solcher Körper legt dann in gleichen Zeitabschnitten immer gleich lange Wegstrecken zurück. Die mathematische Formulierung dazu lautet: *Der zurückgelegte Weg s ist proportional zur dabei verstrichenen Zeit t:*

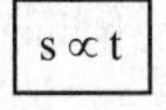
$s \propto t$

Anders ausgedrückt: Der Quotient s/t ist bei einer gleichförmigen Bewegung unveränderlich, also konstant. Dabei wird vorausgesetzt, dass die Zeitmessung bei *t=0* und die Längenmessung bei der Marke *s=0* beginnt, dass also noch keine Wegstrecke zurückgelegt wurde und auch noch keine Zeit verstrichen ist. Voraussetzungen dieser Art nennt man *Anfangsbedingungen.*

Beispiel: Ein Fahrradfahrer bewegt sich gleichförmig und legt dabei in 1 Stunde eine Wegstrecke von 10 km zurück. In 2 Stunden fährt er dann 20 km und entsprechend 30 km in 3 Stunden. Der Quotient s/t berechnet sich dann wie folgt:
s/t = (10 km)/(1 h) = (20 km)/(2 h) = (30 km)/(3 h) = 10 km/h.

Der Quotient ändert sich nur, wenn sich wenigstens eine der beiden Größen s oder t verändert. So wird sich der Quotient z. B. vergrößern, wenn der zurückgelegte Weg sich ebenfalls vergrößert hat, bei unveränderter Zeitdauer oder wenn die Wegstrecke geblieben ist, sich aber die Zeitdauer für diese Strecke vermindert hat.

GESCHWINDIGKEIT

Mithin ist der Quotient s/t ein Maß für die Schnelligkeit, mit der eine Ortsveränderung infolge einer gleichförmigen Bewegung stattgefunden hat oder stattfindet. Dieser Quotient s/t wird mit dem Begriff *Geschwindigkeit* oder, genauer, *Betrag der Geschwindigkeit* bezeichnet.

> *Unter dem Betrag v der Geschwindigkeit einer gleichförmigen Bewegung versteht man den Quotienten aus der Länge s einer zurückgelegten Wegstrecke und der dafür benötigten Zeitdauer t:*

$$v = \frac{s}{t}$$

Mit den oben genannten Anfangsbedingungen (s=0,t=0) gilt dann:

$$v = \frac{s}{t} = \textit{Konstante}$$

Wenn sich ein Körper zu einer bestimmten Zeit t_1 am Ort s_1 befindet und zu einem späteren Zeitpunkt t_2 an einem anderen Ort s_2, dann kann man für den Betrag der Geschwindigkeit bei beliebigen Anfangsbedingungen schreiben:

$$v = \frac{\Delta s}{\Delta t} = \frac{s_2 - s_1}{t_2 - t_1}$$

Beispiel: Ein Spaziergänger befindet sich nach 3 Stunden Wanderung beim Kilometerstein 11 und nach insgesamt 6 Stunden an der Wegmarke 20 km. Mit Hilfe dieser Angaben ist man in der Lage auszurechnen, wie schnell der Wanderer ist, vorausgesetzt, dass er sich auch gleichförmig bewegt hat, also weder eine Rast eingelegt hat noch zwischendurch schnell gelaufen ist:
v = (20 km - 11 km) / (6 h - 3 h) = (9 km) / (3 km) = 3 km/h.

Bisher war nur von dem Betrag der Geschwindigkeit die Rede, jedoch ist die Geschwindigkeit in der Physik eine gerichtete, also eine *vektorielle Größe*, d. h., ihr wird nicht nur ein Betrag zugewiesen, sondern auch eine Richtung im Raum. Dies wird dann wichtig, wenn man krummlinige Bewegungen betrachtet.
Bewegungen lassen sich zur besseren Veranschaulichung grafisch darstellen. Dabei wird die Geschwindigkeit durch einen Pfeil repräsentiert, dessen Länge den Betrag der Geschwindigkeit angibt, vorausgesetzt, man wählt einen geeigneten Maßstab. Die Geschwindigkeit ist eine *abgeleitete Größe*, d. h., sie kann auf verschiedene *Basiseinheiten* zurückgeführt werden. Die Maßeinheit der Geschwindigkeit ist 1 m/s (Meter pro Sekunde).

Sie setzt sich zusammen aus den Basiseinheiten für Länge (Meter; m) und Zeit (Sekunde; s). Im täglichen Leben ist auch die Einheit 1 km/h (1 Kilometer pro Stunde) recht gebräuchlich, allerdings sagt der Volksmund im Allgemeinen nur „Stundenkilometer“.

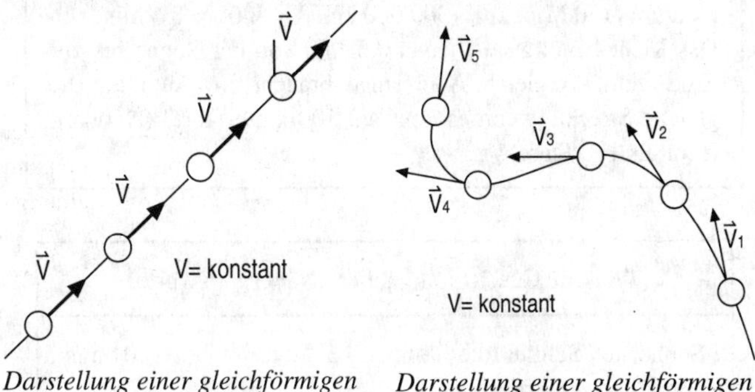

Darstellung einer gleichförmigen geradlinigen Bewegung

Darstellung einer gleichförmigen krummlinigen Bewegung

Weg-Zeit-Gesetz und Darstellung

In der Regel ist aber die Geschwindigkeit eines Körpers bekannt, und man ist an der Wegstrecke interessiert, die mit einer festen Geschwindigkeit in einem bestimmten Zeitraum zurückgelegt werden kann. Oder aber man kennt die Länge der Strecke und möchte wissen, wie lange man für diesen Weg mit einer bestimmten vorgegebenen Geschwindigkeit benötigt.

Dazu lässt sich die Beziehung für den Betrag der Wegstrecke leicht umformulieren:

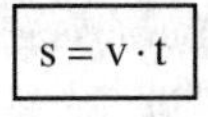

$$s = v \cdot t$$

Damit ergibt sich die im Zeitraum t zurückgelegte Wegstrecke s als Produkt aus der (konstanten) Geschwindigkeit v mit eben dieser Zeit t. In gleicher Weise kann man die Zeit t bestimmen, die man für das Zurücklegen der Strecke s benötigt:

$$t = \frac{s}{v}$$

Beispiel: Wie lange benötigt das Licht, um von der Sonne zur Erde zu gelangen? Es ist bekannt, dass die mittlere Entfernung zur Sonne etwa 150 Mio. km beträgt, und Licht bewegt sich mit ca. 300.000 km/s. Die Lösung ist recht einfach:
$t = s/v = (150 \text{ Mio. km})/(300.000 \text{ km/s}) = 500 \text{ s} \approx 8{,}5 \text{ min}.$
Das Licht benötigt also etwa 8,5 min von der Sonne bis zur Erde. Zum Vergleich: Wie lange braucht ein Auto für die gleiche Strecke, wenn es konstant 100 km/h fährt? (Antwort: mehr als 170 Jahre).

Typische Geschwindigkeiten (Näherungswerte)		
Schnecke / Schildkröte	3 m/h	0,001 m/s
gemütliches Spazierengehen	4 km/h	1 m/s
Schallgeschwindigkeit in Luft	1.200 km/h	330 m/s
Lichtgeschwindigkeit im Vakuum	1 Mrd. km/h	300 Mio. m/s

Das Weg-Zeit-Gesetz der gleichförmigen Bewegung, also die Beziehung von Wegstrecke und Zeitdauer, lässt sich in ein Schaubild übertragen. Horizontal (entlang der *Abszisse*) tragen wir die Zeitskala auf, und vertikal (also auf der *Ordinate*) bringen wir eine Längenskala an. Die beiden Achsen des Diagramms schneiden sich im Punkt ($t=0, s=0$). Für gleichförmige Bewegungen ergeben sich immer Geraden. Wenn die Anfangsbedingungen $t=0$ und $s=0$ sind, dann verlaufen diese Geraden durch den Ursprung des *Koordinatensystems* (siehe Abbildung).
Der Sinn und Zweck eines solchen Diagramms besteht darin, dass man ohne Rechnung angeben kann, welche Wegstrecke ein Körper in einem bestimmten Zeitraum zurücklegt oder welche Zeit er für einen bestimmten Weg benötigt. Die Steigung der jeweiligen Geraden gibt die Geschwindigkeit an. Je steiler also eine Gerade ist, um so schneller bewegt sich der entsprechende Körper.

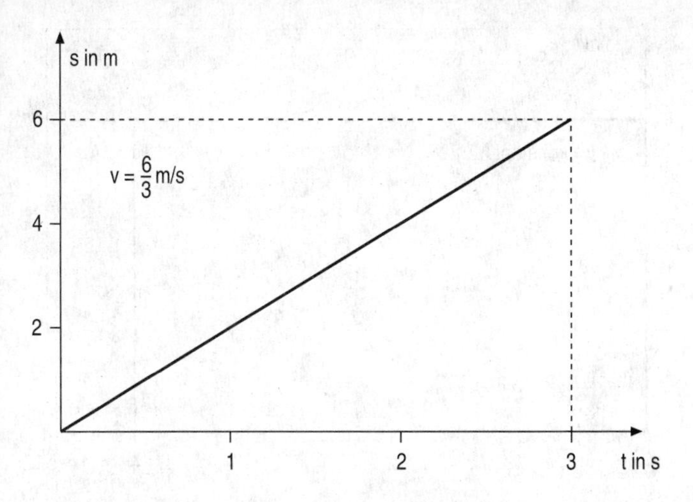

Das Weg-Zeit-Gesetz der gleichförmigen Bewegung

Geschwindigkeit-Zeit-Gesetz und Darstellung

Der Vollständigkeit halber sei noch das Geschwindigkeit-Zeit-Gesetz der gleichförmigen Bewegung angegeben, was sehr einfach ist, denn der Betrag der Geschwindigkeit verändert sich ja bei einer derartigen Bewegung nicht:

$$v = \textit{Konstante}$$

Dieses Gesetz lässt sich natürlich ebenfalls in Form eines Diagramms darstellen, zweckmäßigerweise in einem Geschwindigkeit-Zeit-Diagramm einer gleichförmigen Bewegung. Dabei trägt man den Betrag der Geschwindigkeit (*Ordinate*) in Abhängigkeit von der Zeit (*Abszisse*) ein.

Wegen der (zeitlichen) Unveränderlichkeit des Geschwindigkeitsbetrages bei einer gleichförmigen Bewegung wird sich eine Gerade parallel zur Zeitachse ergeben. In dieser Darstellung ist der Inhalt der rechteckigen Fläche zwischen der Geraden und der Abszisse sowie zwischen Ordinate (t=0) und einer beliebigen Zeitmarke t ein Maß für die im Zeitraum t zurückgelegte Wegstrecke.

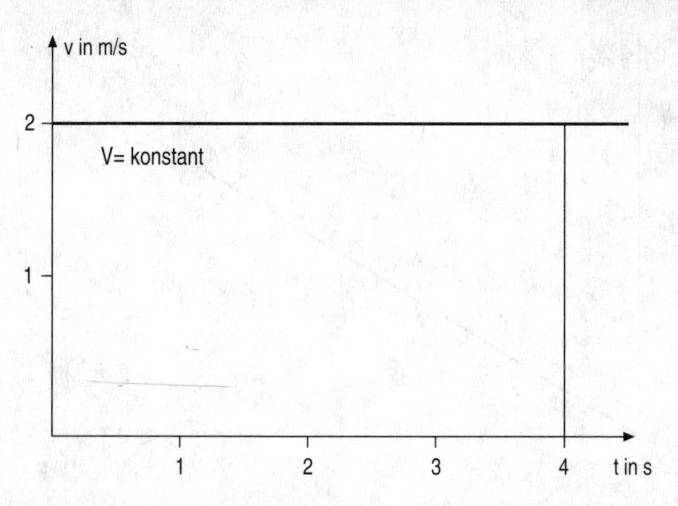

Das Geschwindigkeit-Zeit-Diagramm der gleichförmigen Bewegung

Es wurden verschiedene Formen einfacher Bewegungen vorgestellt: die *gleichförmige geradlinige Bewegung*, bei der sich die Geschwindigkeit weder dem Betrage nach noch in der Richtung ändert.

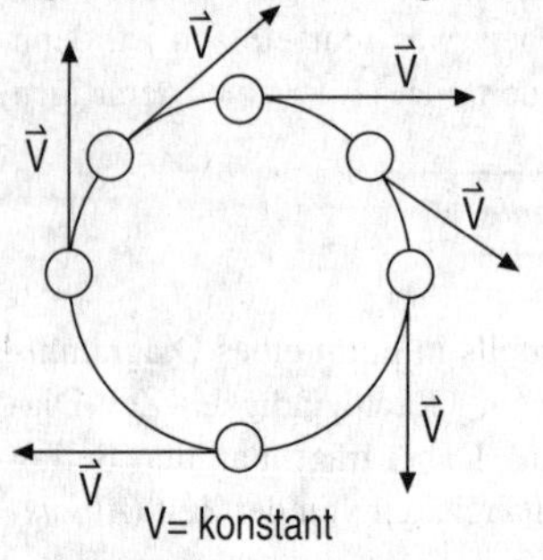

Die gleichförmige Kreisbewegung

Diese Bewegung erfolgt längs einer geraden Linie, die *gleichförmige krummlinige Bewegung* entlang einer gekrümmten Bahnkurve. Bei dieser bleibt der Betrag der Geschwindigkeit zwar unverändert, aber die Richtung der Bewegung kann an verschiedenen Punkten der Bahnkurve durchaus variieren.

Es wäre schön, wenn die Natur immer so einfach zu verstehen wäre, aber leider ist die Natur sehr oft viel komplizierter. Es gibt im Allgemeinen keine (natürlich vorkommenden) gleichförmigen Bewegungen. Der Regelfall ist eine *ungleichförmige Bewegung*, bei der sich die Geschwindigkeit betraglich und in der Richtung verändert. Ein Sonderfall ist die gleichförmige Kreisbewegung, bei der sich die Richtung, aber nicht der Betrag der Geschwindigkeit in jedem Punkt der Bahn ändert.

Bei einer ungleichförmigen Bewegung ist also der Quotient aus zurückgelegter Wegstrecke und der dabei verstrichenen Zeitdauer nicht konstant. Mit anderen Worten, ein Körper, der sich ungleichförmig bewegt, wird in gleich langen Zeitabschnitten unterschiedlich lange Wegstrecken zurücklegen.

> Beispiel: Beim sogenannten Bungee springt man, nur durch ein elastisches Band an den Füßen gehalten, meist von hohen Brücken in die Tiefe. Vom physikalischen Standpunkt aus betrachtet, wird sich der Betrag der Geschwindigkeit des Springenden aus dem Zustand der Ruhe heraus permanent erhöhen, um dann, wenn sich das Band spannt, wieder bis auf $v=0$ zurückzugehen. Danach wird sich die Richtung der Geschwindigkeit umkehren, und das Spiel beginnt von vorne.

Wie lässt sich aber jetzt eine solche Bewegung durch eine Geschwindigkeit charakterisieren?
Der Unterschied einer gleichförmigen zu einer ungleichförmigen Bewegung sei noch einmal verdeutlicht: Ein Auto fährt von A nach B und weiter nach C. Auf der Strecke AB fährt es konstant mit 50 km/h, bewegt sich also gleichförmig. Von B nach C fährt es dann mit 100 km/h, ebenfalls gleichförmig. Die Bewegung von A nach C ist insgesamt allerdings ungleichförmig!

Durchschnittsgeschwindigkeit

Nun, es lässt sich durchaus eine Geschwindigkeit angeben. Wenn man bei einer ungleichförmigen Bewegung einen beliebigen Streckenabschnitt durch die dafür benötigte Zeit teilt, dann erhält man eine *mittlere* oder *Durchschnittsgeschwindigkeit*.

Momentangeschwindigkeit

Geht man noch einen Schritt weiter und stellt sich eine Bewegung vor, bei der sich die Geschwindigkeit kontinuierlich ändert, dann lässt sich eine solche Bewegung nicht mehr aus verschiedenen gleichförmigen Bewegungen zusammensetzen.

Betrachten wir beispielsweise das alltägliche Bild eines anfahrenden Autos: Diese Situation ist jedem geläufig, und intuitiv weiß man, dass es sich um eine ungleichförmige Bewegung handelt, denn das Auto wird aus dem Stand heraus immer schneller, bis es seine Endgeschwindigkeit erreicht hat. Der Fahrer kann auf dem Tachometer, also dem „Geschwindigkeitsmesser", zu jedem Zeitpunkt den augenblicklichen, d. h. momentanen Betrag der Geschwindigkeit ablesen.

> Beispiel: Zurück zu dem Spaziergänger. Natürlich wird er während seiner Wanderung auch mal Pause gemacht haben und bergab schneller gegangen sein als bergauf. Wenn man weiß, dass er für die 9 km lange Strecke genau 3 Stunden benötigt hat und nicht mit konstanter Geschwindigkeit gegangen ist, kann man nur eine Durchschnittsgeschwindigkeit des Spaziergängers angeben: $v = (s/t) = (9\text{ km}) / (3\text{ h}) = 3\text{ km/h}$.

Diese Ablesung, also die Geschwindigkeit zu einem ganz bestimmten Zeitpunkt, nennen wir *Momentangeschwindigkeit*. Die Momentangeschwindigkeit ist nicht konstant. Sie ändert sich kontinuierlich, bis das Auto seine Endgeschwindigkeit erreicht hat.

BESCHLEUNIGUNG

Nun stellt sich selbstverständlich die Frage, ob auch eine solche Bewegung in einfacher Weise zu beschreiben und darstellbar ist. Dazu führt man den Begriff der *Beschleunigung* ein.
Wenn sich die Geschwindigkeit eines Körpers ändert, ob vom Betrage her oder in der Richtung oder beides, so sagt man, dass der Körper eine Beschleunigung erfährt. Jede Bewegung, bei der ein Körper beschleunigt wird, nennt man daher auch beschleunigte Bewegung. Eine Beschleunigung kann in einer Erhöhung der Geschwindigkeit resultieren, in einem Verzögern (Abbremsen) oder aber auch nur in einer Änderung der Bewegungsrichtung, wie z. B. bei der gleichförmigen Kreisbewegung. Es gibt also auch den Fall, dass eine gleichförmige Bewegung durchaus eine beschleunigte sein kann.
Der Bungee-Springer führt also, ebenso wie das anfahrende Auto, eine beschleunigte Bewegung aus.

Natürlich lassen sich auch beschleunigte Bewegungen in bestimmte Kategorien einteilen. So gibt es *gleichmäßig* und *ungleichmäßig beschleunigte Bewegungen*. Diese können ihrerseits wiederum *geradlinig* oder *krummlinig* sein.

Gleichmäßig beschleunigte geradlinige Bewegung

Allerdings kommt der gleichmäßig beschleunigten geradlinigen Bewegung besondere Bedeutung zu, da diese für das Verständnis einer beschleunigten Bewegung äußerst hilfreich und einfach zu berechnen ist. Die Bewegung erfolgt dabei entlang einer geraden Linie, und die Geschwindigkeit ändert sich pro Zeiteinheit um jeweils den gleichen Betrag.
Bei einer gleichmäßig beschleunigten geradlinigen Bewegung gibt die Beschleunigung die Zunahme (positive Beschleunigung) oder Abnahme (negative Beschleunigung) des Betrages der Geschwindigkeit während einer bestimmten Zeitdauer an.
Wenn also ein Körper zu einem bestimmten Zeitpunkt t_1 einen Geschwindigkeitsbetrag v_1 aufweist und zu einem späteren Zeitpunkt t_2 den Betrag v_2, so verändert sich die Geschwindigkeit in der Zeitdauer (t_2-t_1) um den Betrag (v_2-v_1) von v_1 auf v_2. Die (konstante) Beschleunigung a berechnet sich aus dem Quotienten $(v_2-v_1)/(t_2-t_1)$:

$$a = \frac{\Delta v}{\Delta t} = \frac{v_2 - v_1}{t_2 - t_1}$$

Wenn die Beschleunigung variabel ist, dann gibt a eine mittlere oder Durchschnittsbeschleunigung an.
Die Einheit der Beschleunigung beträgt 1 m/s^2 (1 Meter pro Sekundequadrat). Auch für beschleunigte Bewegungen lassen sich wieder Geschwindigkeit-Zeit-Gesetze aufstellen mit den entsprechenden Darstellungen.
Das Geschwindigkeit-Zeit-Gesetz der gleichmäßig beschleunigten geradlinigen Bewegung gibt den Zusammenhang zwischen dem Betrag der Momentangeschwindigkeit v und der momentanen Zeit t bei dieser Bewegung an. Mit den Anfangsbedingungen t=0 und v=0 gilt:

$$v = a \cdot t$$

Beispiel: Das bereits strapazierte Auto startet zum Zeitpunkt t=0. Seine Geschwindigkeit beim Start beträgt v = 0 km/h (Anfangsbedingungen). Nach 1 Sekunde fährt es bereits gute 8 km/h, nach 2 s sind es 16 km/h, nach 3 s genau 24 km/h usw., bis es nach 12 s exakt 96 km/h schnell ist. Die Geschwindigkeit nimmt also pro Sekunde um 8 km/h zu. Man sagt dazu, die *Beschleunigung* beträgt 8 km/h pro Sekunde oder besser 2,22 *m/s pro s,* also 2,22 m/s^2.

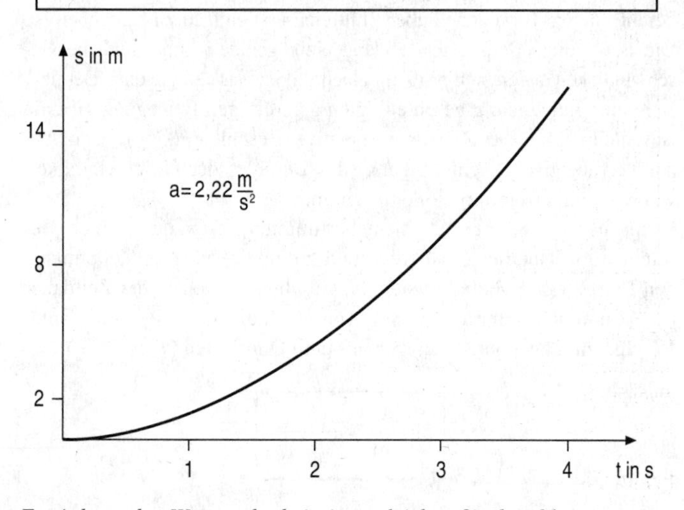

Ermittlung der Wegstrecke bei einer gleichmäßig beschleunigten geradlinigen Bewegung

Das zugehörige Geschwindigkeit-Zeit-Diagramm stellt die Geschwindigkeit als Funktion der Zeit dar. Es ergibt sich eine Gerade, deren Steigung den Betrag der Beschleunigung kennzeichnet. Je steiler die Gerade, um so größer ist die Beschleunigung. Aus dem Diagramm ist unmittelbar ersichtlich, welche Geschwindigkeit ein Körper zu einer bestimmten Zeit oder, umgekehrt, zu welchem Zeitpunkt ein Körper eine vorgegebene Geschwindigkeit erreicht hat.
Der Flächeninhalt des Dreiecks, zwischen Abszisse und Gerade, begrenzt durch eine Senkrechte zu einer bestimmten Zeit, ist auch hier ein Maß für die bis zu dieser Zeit zurückgelegte Wegstrecke.

Das Weg-Zeit-Gesetz der gleichmäßig beschleunigten geradlinigen Bewegung vermittelt einen Zusammenhang zwischen einer zurückgelegten Wegstrecke s und der dafür benötigten Zeit t. Mit den Anfangsbedingungen s=0, t=0 und v=0 folgt aus der Abbildung sofort:

$$s = \frac{1}{2} \cdot a \cdot t^2$$

> <u>Beispiel</u>: Eine Fallschirmspringerin, die aus 4000 m Höhe abspringt, erfährt eine Beschleunigung von etwa 10 m/s^2. Wie schnell ist sie, wenn sie die Reißleine erst in 1000 m Höhe zieht? Aus $s=\frac{1}{2}\cdot a\cdot t^2$ ergibt sich für die *Freifall*zeit 24,5 s und mit $v=a\cdot t$ folgt für die Geschwindigkeit kurz vor Öffnen des Fallschirms v=245 m/s, also etwa 882 km/h. Hierbei ist allerdings nicht der Luftwiderstand berücksichtigt, der dafür sorgt, dass eine entsprechende reale Geschwindigkeit beim Fallschirmspringen nicht mehr als etwa 260 km/h beträgt.

Trägt man die Wegstrecke s als Funktion von der Zeit t in einem Weg-Zeit-Diagramm auf, so erhält man im Falle der gleichmäßig beschleunigten geradlinigen Bewegung den positiven Ast einer Parabel zweiter Ordnung, also einer quadratischen Parabel. Auch hier gilt wieder: je steiler die Parabel, um so größer ist auch die Beschleunigung:

Freier Fall

Es handelt sich hierbei um die Fallbewegung eines Körpers, auf den einzig seine *Gewichtskraft* wirkt. Dabei geht man davon aus, dass kein Luftwiderstand den Fall hemmt. Lässt man in einem evakuierten *Fallrohr* beispielsweise eine Feder und eine Münze aus gleicher Höhe fallen, so werden beide zur gleichen Zeit auf den Boden treffen! Der freie Fall ist eine gleichmäßig beschleunigte geradlinige Bewegung entlang einer lotrechten Geraden. Als Formelzeichen für die *Fallbeschleunigung* benutzt man das g.

$$s = \frac{1}{2} \cdot g \cdot t^2$$

$$v = g \cdot t$$

Die Fallbeschleunigung ist abhängig von der geographischen Breite und beträgt am Äquator 9,83 m/s^2 und an den Polen jeweils nur noch 9,78m/s^2.

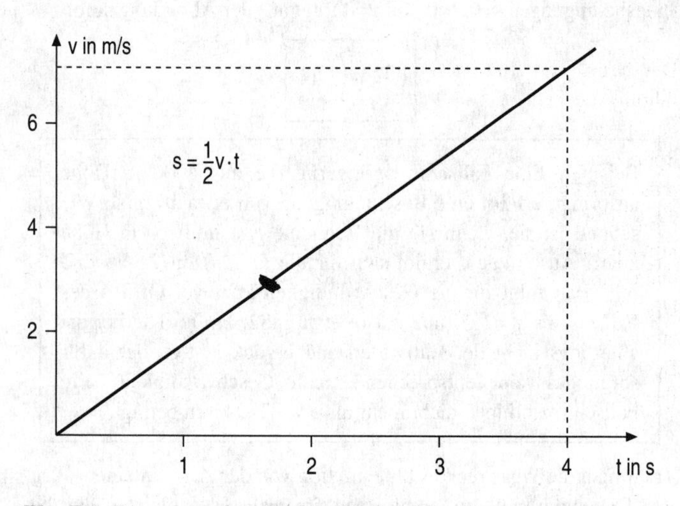

Weg-Zeit-Diagramm der gleichmäßig beschleunigten Bewegung

Über großen unterirdischen Erzlagerstätten ist g etwas größer als oberhalb von Öl- oder Wasservorkommen. Mit Hilfe solcher Kenntnisse können Geologen nach derartigen Vorkommen gezielt suchen. Mit zunehmender Höhe über dem Erdboden nimmt der Wert für g ab. In europäischen Breiten nimmt man einen Wert von etwa 9,81 m/s^2, bezogen auf Meeresniveau, an.
Die Fallbeschleunigung auf dem Mond beträgt nur etwa 1/6 derjenigen der Erde, auf dem Jupiter würde sie etwa das 2,5fache betragen. Für die Erde wird die Fallbeschleunigung mitunter auch als *Erdbeschleunigung* bezeichnet.

KRAFT UND MASSE

Kraft

Der Begriff der *Kraft* hat seinen Ursprung in der persönlichen Erfahrung der Muskelkraft. Unter Einsatz von Muskelkraft kann man eine Feder dehnen, ein Fahrrad betreiben, jegliche Art von Arbeit oder Sport ausüben. Selbst beim Umblättern einer Seite dieses Buches muss man eine bestimmte Kraft aufwenden.
Es gibt aber auch durchaus Kräfte, die anderen Ursprungs sind: so können durch elektrischen Strom betriebene Maschinen Kräfte ausüben. Eine Windmühle macht sich die Kräfte des Windes zunutze.
Und doch ist allen Kräften, so unterschiedlich auch ihr Ursprung ist, etwas gemeinsam: Eine Kraft sorgt immer für die Änderung der Bewegung oder der Form eines Körpers.
Darum wird der Kraftbegriff in der Physik unabhängig von der Art der wirkenden Kraft erklärt:

> *Eine Kraft ist bestimmt durch ihre Wirkung. Die Ursache für die Verformung und/oder die Änderung des Bewegungszustandes eines Körpers wird als Kraft bezeichnet.*

Mit Begriffen wie Vorstellungskraft, Sehkraft oder Waschkraft sind somit keine Kräfte im Sinne der Physik gemeint.
Kraft ist wie die Geschwindigkeit oder die Beschleunigung eine vektorielle Größe, also gerichtet. Dies wird durch das Formelzeichen ausgedrückt. Mit F bezeichnet man den Betrag der Kraft, und mit dem Vektorsymbol $\vec{F}$ berücksichtigt man auch die Kraftrichtung. Kräfte lassen sich grafisch durch Pfeile darstellen, deren Länge dem Betrag der Kraft entspricht (siehe Abbildung). Die Wirkung, die eine Kraft hat, hängt nicht nur von der Kraftrichtung, sondern auch vom *Angriffspunkt* der Kraft ab. Die Gerade, die in Kraftrichtung durch den Angriffspunkt der Kraft geht, heißt *Wirkungslinie* der Kraft.
Zwei Kräfte sind gleich, wenn sie in Betrag und Richtung übereinstimmen, d. h., wenn sie am selben Angriffspunkt die gleiche Wirkung hervorrufen würden.

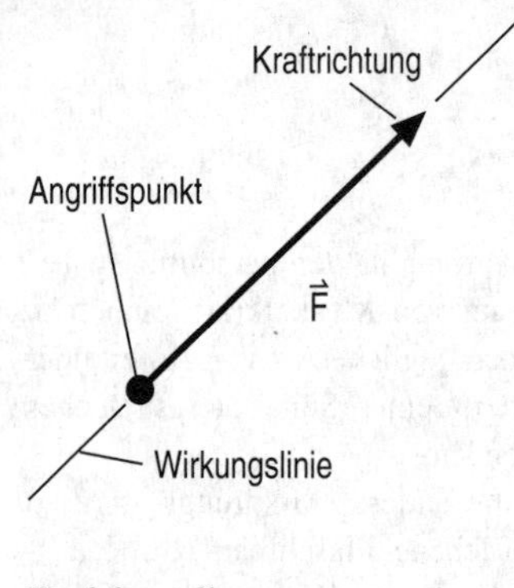

Kraftdarstellung

Die Einheit des Betrages der Kraft ist benannt nach *Isaac Newton* (1643–1727). Man sagt, dass auf einen Körper mit einer Masse von 1 kg eine Kraft von 1 Newton (N) ausgeübt wird, wenn der Körper aus dem Zustand der Ruhe heraus, innerhalb von 1 s, auf eine Geschwindigkeit von 1 m/s gleichmäßig geradlinig beschleunigt wird. Mit anderen Worten, eine Kraft von 1 N kann einer Masse von 1 kg eine Beschleunigung von 1 m/s^2 vermitteln.

$$\text{Kraft} = \text{Masse} \times \text{Beschleunigung} \qquad F = m \cdot a$$

Dieses Gesetz wird auch als 2. Newtonsches Axiom bezeichnet (*Aktionsprinzip*). Die Kraft ist eine abgeleitete Größe. Ihre Einheit kann auf die Basiseinheiten *Meter*, *Kilogramm* und *Sekunde* zurückgeführt werden:

$$[F] = [m] \cdot [a] = 1kg \cdot 1\frac{m}{s^2} = 1\frac{kg \cdot m}{s^2} = 1N$$

Kraftmessung

Eine einfache Art, Kräfte zu messen, ist die Verwendung von sog. Federkraftmessern. Hierbei macht man sich die verformende Wirkung der Kraft auf metallische Schraubenfedern und einen gesetzmäßigen Zusammenhang zwischen der Verlängerung der Feder und der wirkenden Kraft zunutze. Dieser Zusammenhang ist bekannt unter der Bezeichnung *Hookesches Gesetz* (nach *Robert Hooke*).
Eine solche Schraubenfeder besteht im Allgemeinen aus Federstahl und ist in Federrichtung ein elastischer, verformbarer Körper. Nach Ausschalten der Kraft bildet sich die Verformung wieder zurück

(wenn die Kräfte nicht zu groß sind und eine Überdehnung der Feder hervorrufen, so dass diese bleibend verformt wurde). Der Betrag F der Kraft ist dabei direkt proportional zur Ausdehnung s der Feder:

$$\boxed{F = D \cdot s}$$

Dieser Zusammenhang gilt nur im Elastizitätsbereich der Feder.
Die Proportionalitätskonstante D wird auch als *Federkonstante* oder *Federhärte* bezeichnet. Ihre Einheit ist 1 N/m.

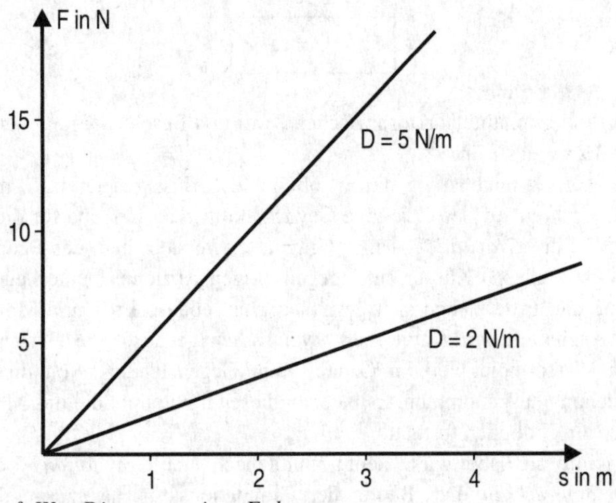

Kraft-Weg-Diagramm einer Feder

Mittels des Hooke'schen Gesetzes lässt sich nun auch der Begriff des elastischen Körpers etwas enger fassen: *für elastische Körper gilt innerhalb der Elastizitätsgrenzen das Hooke'sche Gesetz.* Im Gegensatz dazu sind plastische Körper solche, bei denen eine Krafteinwirkung stets in einer bleibenden Verformung resultiert, das Hookesche Gesetz gilt hier nicht.

Masse

Der Begriff der Masse ist nicht einfach zu definieren. Es handelt sich bei der Masse um eine *Grundeigenschaft eines jeden Körpers.* Die

Masse ist unabhängig vom Ort und vom Material, aus dem der Körper besteht.
Bemerkbar wird die Masse erst, wenn eine Kraft auf einen Körper einwirkt. Das beste Beispiel ist hierfür die *Gewichtskraft*, manchmal auch einfach nur als *Gewicht* bezeichnet. Ein Gegenstand, z. B. ein Stein, den man hochhebt, wird nach dem Loslassen wieder auf die Erde fallen, besser ausgedrückt, er wird wieder in Richtung zum Erdboden beschleunigt. Die Kraft, welche diese Beschleunigung vermittelt, wird *Gewichtskraft* genannt:

$$\boxed{F_G = G = m \cdot g}$$

Den Proportionalitätsfaktor zwischen Kraft und Beschleunigung nennt man *Masse* des Körpers.
Alle Körper, unabhängig davon, ob sie fest, flüssig oder gasförmig sind, erfahren auf der Erde eine Gewichtskraft. Die Ursache für diese Kraft ist die *Gravitation*. Unter Gravitation versteht man das Phänomen, dass alle (!) Körper einer gegenseitigen Anziehung unterliegen. Sonne und Erde ziehen sich gegenseitig an, ebenso Erde und Mond. Die Anziehung wirkt zwischen zwei Bällen genauso wie zwischen zwei Wassermolekülen im Ozean. Kein Gegenstand ist von dieser Anziehung ausgenommen. Es ist eben diese Gravitation, die uns Menschen am Erdboden festhält.
Die Kraft, die dabei wirkt, nennt man danach auch *Gravitations-* oder auch *Schwerkraft*. Der Betrag der Gravitationskraft hängt von den beiden Körpern ab, die sich gegenseitig anziehen, und von dem Betrag ihres Abstandes zueinander.
Offenbar wirkt diese Kraft aber erst, wenn man z. B. den Stein loslässt und dieser zur Erde fällt oder wenn wir ins Stolpern geraten und zu Boden stürzen.
Stellt man sich z. B. auf eine Personenwaage, um sein Gewicht zu messen, so macht man nichts anderes als den Betrag der Anziehungskraft zwischen Erde und dem eigenen Körper zu bestimmen. Die Tatsache, dass die Beschleunigung, die ein Körper infolge der Anziehungskraft erfährt, an der Erdoberfläche annähernd konstant ist (*Erdbeschleunigung*), macht es möglich, dass eine solche Waage über eine kg-Skala verfügt und somit die Masse des Körpers anzeigen kann.

Masse und *Gewicht* dürfen niemals miteinander verwechselt werden. Wenn also die Personenwaage das Gewicht mit 90 kg angibt, so ist dies falsch. Richtig ist vielmehr, dass die Masse 90 kg beträgt, das Gewicht beträgt in diesem Fall ungefähr 900 N (Kraft = Masse × Beschleunigung)! Auf dem Mond dagegen beträgt die Schwerebeschleunigung nur 1/6 gegenüber derjenigen auf der Erde. Eine entsprechend geeichte Waage würde wiederum 90 kg anzeigen. Das Gewicht wäre dann aber nur noch 150 N. Während also die Anziehungskraft keine Größe ist, die zu einem einzigen Körper gehört, sondern stets nur zwischen zwei (oder mehreren) Körpern wirkt, und zudem vom Abstand dieser Körper abhängt, ist Masse eine charakteristische Größe eines jeden Körpers.

Einige typische Massenwerte	
Wasserstoffatom	$1{,}7 \cdot 10^{-27}$ kg
1 Liter Luft (bei 0°C, 1013mbar)	0,0013 kg
Mensch	70 kg
Erde	$6 \cdot 10^{+24}$ kg

Darum ist die Masse eine *Basiseinheit*. Als Formelzeichen verwendet man im Allgemeinen das *m*. Die physikalische Einheit der Masse ist das *Kilogramm*, abgekürzt *kg*.

Definiert wird es als Masse eines ganz bestimmten Normkörpers, dem sog. *Urkilogramm*, das in Paris aufbewahrt wird. Die Masse ist eine skalare Größe, verfügt also nicht über eine Richtung, und ist somit durch die Angabe von Zahlenwert und Einheit vollständig angegeben.

Beispiel: Die Masse von 1 Liter Wasser beträgt bei 4°C sehr genau 1 kg, das Gewicht ist aber 10 N.

Dichte

Bei einem Körper aus einem homogenen Stoff, bei dem also die Masse gleichmäßig über sein Volumen verteilt ist, ist der Quotient aus Masse m und Volumen V konstant. Diesen Quotienten bezeichnet man als *Dichte* ρ des Körpers:

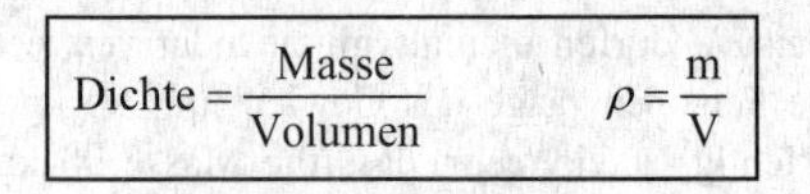
$$\text{Dichte} = \frac{\text{Masse}}{\text{Volumen}} \qquad \rho = \frac{m}{V}$$

Die Einheit der Dichte ergibt sich zu 1 kg/m³. Die Dichte ist eine reine Stoffkonstante und gibt die Masse von 1 m³ eines Stoffes in kg an. Sehr oft hat man aber mit kleineren Körpern zu tun. Dann verwendet man als Einheit 1 g/cm³. Wasser hat beispielsweise eine Dichte von etwa 1 g/cm³.

Wenn der Körper nicht homogen aufgebaut ist, also z. B. Hohlräume enthält, dann lässt sich nur eine mittlere Dichte angeben.

Einige typische Dichten (bei 20°C und 1013mbar)	
Kork	0,3 g/cm³
Benzin	0,7 g/cm³
Wasser	1,0 g/cm³
Glas	2,5 g/cm³
Eisen	7,8 g/cm³
Gold	19,3 g/cm³

Ebenso wie die Masse lässt sich auch die Gewichtskraft auf das Volumen beziehen. Den Quotienten aus Gewichtskraft und Volumen bezeichnet man mit *Wichte*:

$$\gamma = \frac{F_G}{V}$$

γ gibt die Gewichtskraft auf 1 m³ eines Stoffes an. Die Wichte ist, ebenso wie die Gewichtskraft, eine ortsabhängige Größe. Ihre Einheit ist 1 N/m³. Dichte und Wichte können miteinander in Zusammenhang gebracht werden:

$$\gamma = \rho \cdot g$$

Trägheit

Der Bewegungszustand eines Körpers wird sich nicht verändern, solange keine äußere Kraft auf ihn einwirkt. Mit anderen Worten, ein Körper, der sich in Ruhe befindet, bleibt auch in Ruhe, solange keine Kraft ihn in Bewegung versetzt.

Wenn dagegen ein Körper sich mit einer festen Geschwindigkeit geradlinig gleichförmig bewegt, dann wird er diese Bewegung nach Richtung und Betrag beibehalten, bis ihm eine Kraft eine andere Bewegung aufzwingt.

Dieses Prinzip ist auch unter dem Begriff *Trägheitssatz* bekannt oder als *1. Newtonsches Axiom* (*Trägheitsprinzip*).

Ein Körper ändert also seinen Bewegungszustand nicht von sich aus, sondern nur unter dem Einfluss einer Kraft. Alle Körper sind daher immer bestrebt, ihren Bewegungszustand beizubehalten, sie sind „träge". Die Ursache für diese Trägheit liegt in den Massen der Körper verborgen.

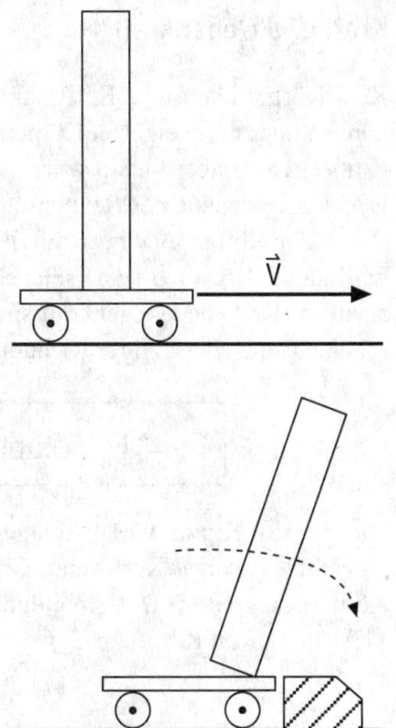

Das Trägheitsprinzip

Trägheit, oder auch *Massenträgheit*, kann man spüren. Beim schnellen Anfahren mit einem Auto oder bei zu abruptem Abbremsen erfährt man die Trägheit des eigenen Körpers. Aus diesem Grunde besitzen Autos Sicherheitsgurte oder Airbags, die tunlichst auch benutzt werden sollten. Die Kräfte, die infolge der Trägheit bei einer plötzlichen Geschwindigkeitsänderung auftreten, können ganz enorme Werte annehmen.

Das *Trägheitsprinzip*, nach dem also ein Körper in seinem Bewegungszustand verharrt, ist allerdings im täglichen Leben nicht ohne weiteres erkennbar:

Ein Fußball wird über den Rasen rollen und irgendwann liegenbleiben. Auf einem Aschenplatz wird dieser Ball, mit der gleichen Kraft getreten, aber erheblich weiter rollen, auf einer glatten Eisfläche sogar noch weiter. Die Voraussetzungen des Trägheitssatzes (keine äußere Krafteinwirkung) sind in diesen Fällen also nicht erfüllt. Es kommt zwischen dem Ball und dem Untergrund zu einer *Reibung*, die sich als Kraft bemerkbar macht und die Bewegung des Balles zu hindern sucht. Wenn also keine Reibung mehr vorhanden wäre, dann würde der Ball tatsächlich nicht mehr aufhören zu rollen.

Kraft und Gegenkraft

Kein Körper kann eine Kraft auf sich selbst ausüben, sondern Kräfte können nur zwischen zwei Körpern wechselseitig wirken.
Kräfte treten dabei stets paarweise als *Kraft* und *Gegenkraft* auf. Dies ist das 3. und letzte der Newtonschen Axiome.
Wenn ein Körper A eine Kraft F_A auf einen Körper B ausübt, dann wird dieser Körper B seinerseits eine Gegenkraft F_B auf den Körper A ausüben. Kraft und Gegenkraft sind vom Betrage her identisch, unterscheiden sich aber in ihrer Richtung:

$$F_A = F_B \quad \text{aber:} \quad \vec{F}_A = -\vec{F}_B$$

Die beiden Kräfte wirken entgegengesetzt entlang derselben Wirkungslinie, wobei Kraft und Gegenkraft immer an verschiedenen Körpern angreifen. Die Abbildung zeigt ein typisches Beispiel zum Verständnis von Kraft und Gegenkraft.

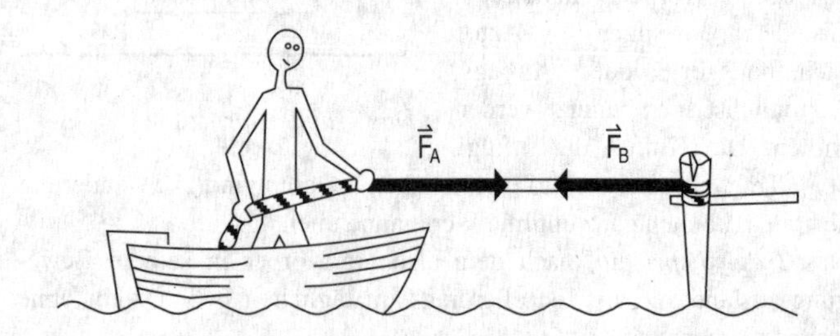

Kraft und Gegenkraft

Kräfte lassen sich selbstverständlich auch zusammenfassen. Wenn auf einen Körper mehrere Kräfte einwirken, dann kann die gemeinsame Wirkung dieser Kräfte durch eine resultierende Kraft mit der gleichen Wirkung beschrieben werden. Diese Kraft wird als Resultierende oder Ersatzkraft bezeichnet. Wenn beispielsweise zwei Kräfte F_1 und F_2 an einem Körper angreifen, deren Kraftrichtungen unterschiedlich sind, dann lassen sich diese Kräfte zu einer Gesamtkraft $F_R=F_1+F_2$ zusammensetzen. Es handelt sich hierbei allerdings um eine *Vektoraddition*, d. h., die Kräfte addieren sich nicht im herkömmlichen Sinne, und die Kraftrichtung der Resultierenden kann sich von den Richtungen der Einzelkräfte durchaus unterscheiden. Die neue Kraftrichtung kann aus einem sogenannten Kräfteparallelogramm ermittelt werden, wobei die unterschiedlichen Beträge der Kräfte durch entsprechende Pfeillängen repräsentiert werden. In der Abbildung ist dies recht anschaulich beschrieben.

Liegen die beiden Einzelkräfte auf der gleichen Wirkungslinie, so vereinfacht sich die Kräfteaddition. Dann bleibt nämlich die Wirkungslinie erhalten, und der Betrag der Resultierenden setzt sich zusammen aus der Summe der Einzelkräfte. Das Vorzeichen entscheidet dann über die Kraftrichtung. Ein Gleichgewicht unter den Kräften liegt dann vor, wenn die Resultierende den Betrag 0 N hat. Dann heben sich die einzelnen Kräfte gegenseitig auf, und der Körper wird seinen Bewegungszustand nach dem Trägheitsgesetz nicht verändern.

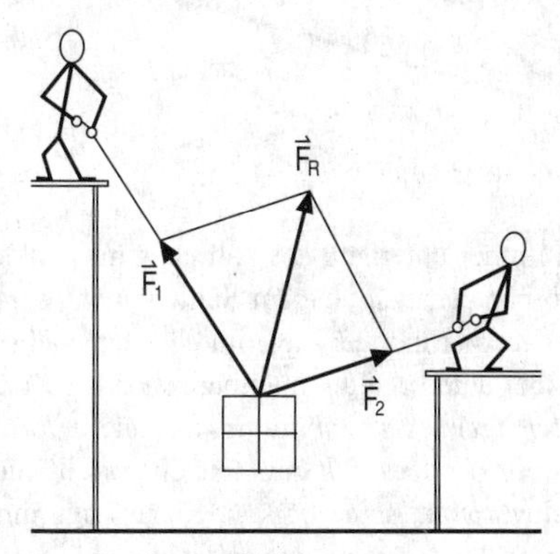

Das Kräfteparallelogramm

Nachdem man Kräfte zusammensetzen kann, lassen sich Kräfte natürlich auch in der gleichen Art und Weise in verschiedene Kraftkomponenten zerlegen, die gemeinsam die gleiche Wirkung hervorrufen wie die Ausgangskraft.

Ein wichtiges Hilfsmittel beim Umgang mit Kräften und bei der Bestimmung einer Kraftwirkung ist der *Schwerpunkt* oder auch Mas-

senmittelpunkt eines Körpers. Dazu denkt man sich die gesamte Masse eines Körpers in seinem Schwerpunkt vereinigt. Dann kann dieser Punkt als Angriffspunkt der Kräfte verwendet werden, was die Behandlung vieler physikalischer Probleme erleichtert.
In einem homogenen Körper von regelmäßiger Form liegt der Schwerpunkt exakt im geometrischen Mittelpunkt des Körpers.

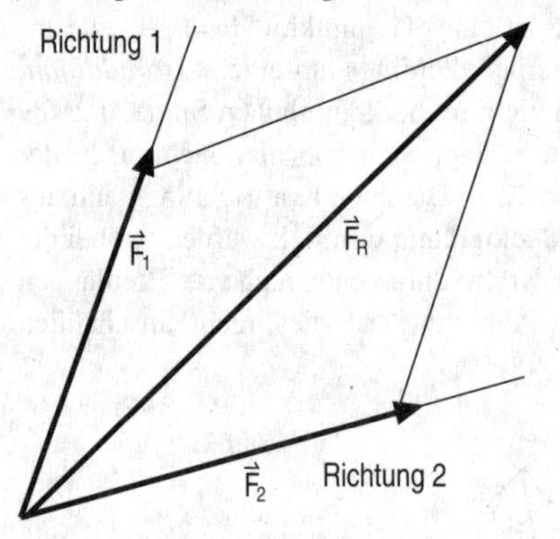

Zerlegung einer Kraft

Jedoch muss der Schwerpunkt nicht notwendigerweise im Inneren des Körpers liegen. Der Schwerpunkt eines Fußballs wird im Mittelpunkt des Balles liegen, der Schwerpunkt eines Rettungsringes liegt in der Ringmitte.
In einem frei beweglich aufgehängten Körper wird der Schwerpunkt stets seine tiefste Lage einnehmen, wird sich also immer unterhalb des Aufhängungspunktes befinden. Und wenn ein Körper genau in seinem Schwerpunkt unterstützt wird, befindet sich der Körper in jeder Lage im Gleichgewicht.
Dabei unterscheidet man bei ruhenden Körpern zwischen 3 Arten des *Gleichgewichts*: *stabiles*, *labiles* und *indifferentes Gleichgewicht*.
Stabiles oder *sicheres* Gleichgewicht liegt dann vor, wenn der Schwerpunkt seine tiefstmögliche Lage innehat, wenn er also bei der geringsten Bewegung angehoben wird (z. B. Pendel).
Umgekehrt handelt es sich um ein *labiles* oder *unsicheres* Gleichgewicht, wenn sich der Schwerpunkt in seiner höchsten Position befindet und bei der kleinsten Bewegung abgesenkt wird (z. B. Seiltänzer).
Das Gleichgewicht heißt *indifferent* oder *unbestimmt*, wenn der Schwerpunkt seine Höhe bei einer Bewegung des Körpers nicht verändert (z. B. Kugel auf einem waagerechten Tisch).

Ein Körper, der frei beweglich ist, strebt immer eine Lage mit möglichst tiefliegendem Schwerpunkt an.

Mit dem Schwerpunkt lässt sich ebenfalls ein Kriterium für die Standfestigkeit eines Körpers angeben. Ein frei stehender Körper wird nicht umkippen, solange sich der Schwerpunkt lotrecht über der Standfläche befindet. In dem Falle wird er immer wieder sein stabiles Gleichgewicht einnehmen. Erst wenn das vom Schwerpunkt gefällte Lot nicht mehr die Standfläche trifft, wird ein Körper umkippen, also eine Gleichgewichtslage einnehmen, bei welcher der Schwerpunkt tiefer liegt als in der alten Position.

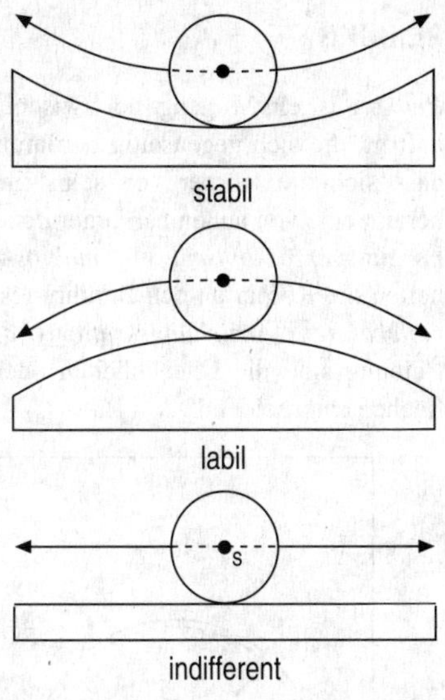

Die verschiedenen Gleichgewichtsarten

Die Standfläche kann als die Fläche betrachtet werden, die von den Auflagepunkten des Körpers gebildet wird. Ein dreibeiniger Schemel hat entsprechend ein Dreieck zur Standfläche, das von den Beinen vorgegeben wird.

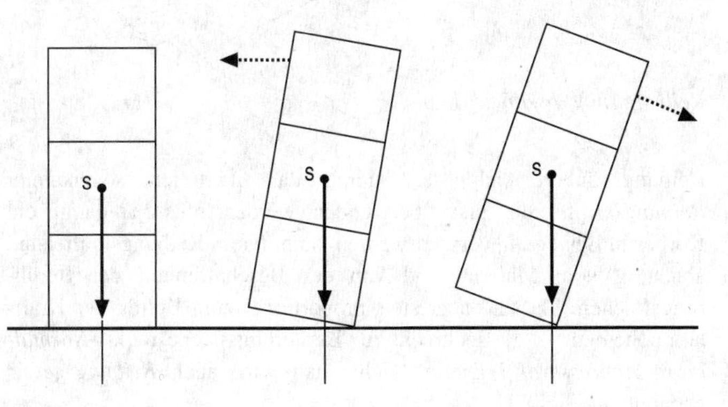

Zur Standfestigkeit eines Körpers

REIBUNG

Reibung ist ein Vorgang, der zwischen zwei (oder mehreren) Körpern auftritt, die sich gegenseitig berühren. Dabei verhindert die Reibung, dass sich die Körper von selbst in Bewegung versetzen bzw. sie hemmt eine von außen hervorgerufene Bewegung.
Es gibt *mikroskopische* und *makroskopische Reibung*. Im ersten Fall haften die Körper an den Berührungsflächen aneinander aufgrund der *molekularen Anziehungskräfte* (*Adhäsion*). Bei makroskopischer Reibung sind die Unebenheiten oder Rauhigkeiten der Berührungsflächen entscheidend.

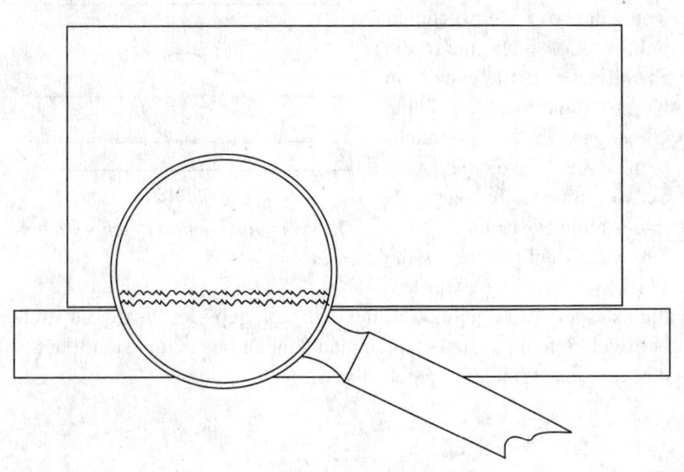

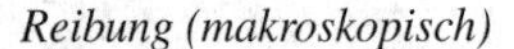

Reibung (makroskopisch)

Reibung äußert sich stets durch das Auftreten sogenannter *Reibungskräfte*, die erst überwunden werden müssen, damit ein Körper in Bewegung versetzt werden kann. Diese Reibungskräfte sind abhängig vom Material und von der Beschaffenheit der Berührungsflächen. Sie sind aber stets proportional zum Betrag der Kraftkomponenten F_N, die senkrecht zur Berührungsfläche wirkt (*Normalkraft*, *Anpresskraft*). Dieser Sachverhalt wird auch *Reibungsgesetz* genannt:

$$\boxed{F_R = \mu \cdot F_N}$$

Der Proportionalitätsfaktor μ heißt *Reibungszahl*. Er hängt von Material und Beschaffenheit der Berührungsflächen der reibenden Körper ab. Die Reibungszahl für die Haftreibung ist unter den gleichen Bedingungen stets größer als die Gleitreibungszahl.
Man kann die Reibung in 3 verschiedene Kategorien einteilen: *Haftreibung*, *Gleitreibung* und *Rollreibung*.
Von *Haftreibung* spricht man, wenn ein Körper auf einem anderen ruht, z. B. eine Tasse auf einem Tisch. Wenn man die Tasse verschieben will, so muss man eine gewisse Mindestkraft aufwenden, deren Betrag der *Haftreibungskraft* zwischen den beiden Körpern entspricht. Ohne Haftreibung könnte man zwei Seile nicht zusammenknoten, kein Nagel würde in der Wand halten, und selbst die Tasse würden wir nicht greifen können (jeder hat bestimmt einmal mit einem nassen Stück Seife in der Badewanne gekämpft!).

Verschiedene Reibungszahlen		
Materialien	Haftreibung	Gleitreibung
Holz auf Holz	0,50	0,40
Stahl auf Stahl	0,15	0,12
Stahl auf Eis	0,03	0,01
Autoreifen auf Beton	0,80	0,80
Autoreifen auf Eis	0,10	0,05

Unter *Gleitreibung* versteht man jene Reibung, die auftritt, wenn sich ein Körper auf einem anderen Körper gleichförmig bewegt, ohne den Kontakt an den Berührungsflächen zu verlieren, wenn er also auf ihm gleitet, beispielsweise wenn man die besagte Tasse am Henkel über den Tisch zieht. Der *Gleitreibungskraft* steht dann eine gleich große, aber umgekehrt gerichtete Zugkraft gegenüber. Es herrscht also ein Kräftegleichgewicht. Zieht man mit einer Kraft, die größer ist als die Gleitreibungskraft, so ist die resultierende Bewegung nicht mehr gleichförmig, sondern beschleunigt.

Beispiele: Beim Eisstockschießen sieht man immer Leute, die mit einem Besen das Eis vor dem gleitenden Eisstock bearbeiten. Dies wird keineswegs gemacht, um das Eis frei zu fegen, sondern hauptsächlich, um das Eis durch Druck und Reibung zu verflüssigen, damit der Eisstock auf dem Wasserfilm gleiten kann.
Eine Bremse zu schmieren, kann tödlich sein. Hier ist eine besonders hohe Gleitreibung erwünscht, damit ein Fahrzeug durch die bewegungshemmende Wirkung der Reibung schnell zum Stehen kommt.

Gleitreibung ist, im Gegensatz zur Haftreibung, manchmal unerwünscht, weshalb man versucht, sie möglichst gering zu halten, indem man ein Schmier- oder Gleitmittel verwendet.
Gleitreibungskräfte sind kaum abhängig von der Größe der Berührungsflächen und der Gleitgeschwindigkeit.
Wenn ein Körper auf einem anderen rollt, wenn also die Berührungsflächen beider Körper ständig wechseln, spricht man von *Rollreibung*. Hierbei muss nur die Rollreibungskraft überwunden werden, um die Bewegung aufrechtzuerhalten.

Beispiel: Der Unterschied zwischen Gleitreibung und Rollreibung kann mit einem Fahrrad sehr anschaulich verdeutlicht werden. Wenn man ganz normal fährt, dann rollen die Räder über die Straße und, falls die Straße, weder Steigung noch Gefälle aufweist, muss man nur den Rollreibungswiderstand überwinden. Blockiert man das Vorderrad, so dass es nicht mehr rollen kann (Handbremse), dann wird man sehr viel mehr Kraft aufwenden müssen, um vorwärts zu kommen (Gleitreibung des Vorderrades).

Die verschiedenen Formen der Reibung sind also durchaus nicht gleichwertig, wie ein Größenvergleich zeigt:

$$F_{\text{Haftreibung}} > F_{\text{Gleitreibung}} > F_{\text{Rollreibung}}$$

Auch die Luft setzt einem Körper einen bewegungshemmenden Widerstand entgegen, den *Luftwiderstand*. Im Gegensatz zu den Reibungskräften nimmt der Luftwiderstand mit dem Quadrat der Geschwindigkeit zu ($\approx v^2$).
Außerdem hängt er sehr stark von Form, Größe und Oberflächenbeschaffenheit des Körpers ab.

> Beispiel: Ohne Luftwiderstand würde der Fallschirmspringerin auch der Fallschirm nichts nützen. Es gäbe weder Flugzeuge noch Segelboote. Und wir müssten auf alles fliegende Getier verzichten.

ARBEIT UND ENERGIE

Arbeit wird im alltäglichen Sprachgebrauch immer mit Anstrengung und Kraftaufwand in Zusammenhang gebracht, aber auch oft mit einer Tätigkeit im Allgemeinen. Eine geistige Anstrengung, etwa das Lesen dieses Buches, ist keine Arbeit im physikalischen Sinne. Physikalische Arbeit wird wie folgt definiert:

Arbeit wird immer dann verrichtet, wenn eine Kraft entlang einer Wegstrecke auf einen Körper einwirkt.

Damit wäre der Begriff Arbeit qualitativ umschrieben. Um Arbeit auch quantitativ zu erfassen, ist es bestimmt richtig, wenn man behauptet, dass bei doppeltem Kraftaufwand auch die doppelte Arbeit verrichtet wird. Ebenso kann man sagen, dass bei konstantem Kraftaufwand und Vergrößerung der Wegstrecke, entlang derer man die Arbeit verrichtet, die geleistete Arbeit ebenfalls zunimmt. Damit gelangt man zu der folgenden Gesetzmäßigkeit:
Die Arbeit W ist das Produkt aus dem Betrag der Kraftkomponenten F in Wegrichtung und der Länge s des Weges:

$$\text{Arbeit} = \text{Kraft} \times \text{Weg} \qquad W = F \cdot s$$

Wirkt eine Kraft F nicht entlang des Weges s, dann ist es immer möglich, die Kraft in zwei Komponenten zu zerlegen, die *parallel*, also entlang des Weges, und senkrecht (*orthogonal*) zum Weg gerichtet sind. Für die Berechnung der Arbeit ist immer nur die *parallele Komponente* entscheidend.
Die Einheit der Arbeit ist benannt nach dem Physiker *James Prescott Joule* (1818–1889):

$$[W] = [F] \cdot [s] = 1\text{N} \cdot 1\text{m} = 1\text{Nm} = 1\text{J}$$

Je nach Art der aufgewendeten Kraft unterscheidet man *Hubarbeit*, *Beschleunigungsarbeit*, *Verformungsarbeit*, *Reibungsarbeit*.
Hubarbeit W_H muss beim gleichförmigen Heben eines Körpers verrichtet werden. Die dabei aufzuwendende Kraft F_H ist betraglich gleich der Gewichtskraft F_G des Körpers. Ist der zu überwindende Höhenunterschied h, der *Hubweg*, nicht zu groß, kann man diese Kraft als konstant ansehen und die entsprechende Formel anwenden:

$$W_H = F_H \cdot h = F_G \cdot h = m \cdot g \cdot h$$

Mit *Beschleunigungsarbeit* W_B bezeichnet man die Arbeit, die beim Beschleunigen eines Körpers zu verrichten ist. Wenn die zur Beschleunigung a führende Kraft F_B längs der Beschleunigungsstrecke s wirkt, so berechnet sich die Beschleunigungsarbeit zu:

$$W_B = F_B \cdot s$$

Beispiel: Ein Körper, der eine Masse von 70 kg hat, soll 2 m emporgehoben werden. Dann muss an ihm eine Hubarbeit von $W_H = 70\ \text{kg} \cdot 10\ \text{m/s}^2 \cdot 2\ \text{m} = 1400\ \text{Nm} = 1{,}4\ \text{kJ}$ verrichtet werden.

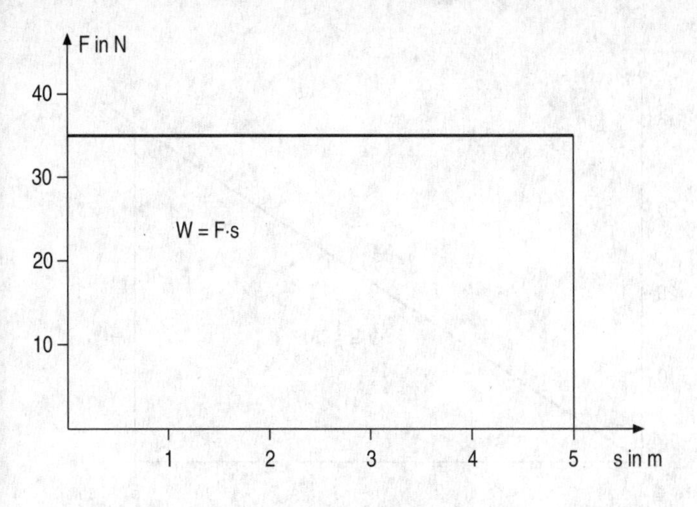

Diagramm zur Bestimmung der Arbeit bei konstantem Kraftaufwand

Erfolgt die Beschleunigung aus dem Zustand der Ruhe heraus, dann lässt sich die Formel mit Hilfe der Gleichungen für gleichmäßig beschleunigte, geradlinige Bewegungen auf diese Art formulieren:

$$W_B = \frac{1}{2} m \cdot v^2$$

Verformungsarbeit muss beim Verformen eines Körpers aufgewendet werden. Wenn es sich um einen elastischen Körper handelt, spricht man von *Spannarbeit* W. In diesem Falle wirkt die Kraft in Verlängerungsrichtung des Körpers. Aufgrund des Hooke'schen Gesetzes nimmt die Kraft mit zunehmender Ausdehnung des Körpers proportional zu dieser Ausdehnung zu. Betrachtet man das entsprechende Arbeitsdiagramm – die Arbeit entspricht immer noch der Fläche unter der Geraden –, dann kann man auch sehr leicht eine Formel für die Spannarbeit angeben:

$$W_S = \frac{1}{2} D \cdot s^2$$

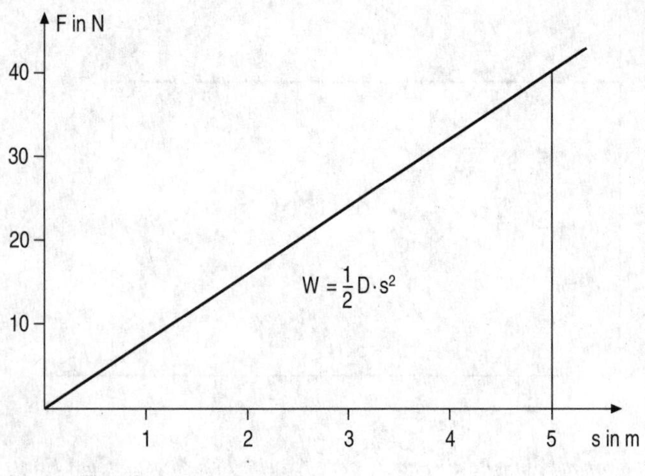

Spannarbeitsdiagramm

Um einen Körper gegen die Reibungskraft zu verschieben, muss man entsprechend eine *Reibungsarbeit* W_R verrichten. Dabei wird die erforderliche Kraft betraglich natürlich ebenso groß sein wie die wirkende Reibungskraft F_R. Wäre die Kraft größer, würde der Körper ja beschleunigt, und es läge nicht der Fall einer reinen Reibungsarbeit vor. Wirkungsrichtung der Kraft ist selbstverständlich die Richtung der Verschiebung:

$$W_R = F_R \cdot s$$

Berücksichtigt man die Reibungsgesetze, so wird daraus:

$$W_R = \mu \cdot F_N \cdot s$$

LEISTUNG

Sehr oft hat man aber ein sehr viel größeres Interesse an der Leistung als an der Arbeit, die verrichtet werden kann. Das ist z. B. der Fall, wenn man zwei verschiedene Maschinen miteinander vergleichen will. Wenn beide die gleiche Arbeit verrichten können, so wird man doch immer derjenigen Maschine den Vorzug geben, welche die Arbeit in einer kürzeren Zeit verrichtet.

> Beispiel: Ein Baukran zieht eine Last gleichförmig in die Höhe. Die Leistung wird dann um so größer sein, je schneller er dieses Teil hochzieht.

Diese Leistung P wird als Verhältnis von der geleisteten Arbeit W zu der dafür benötigten Zeit t definiert:

$$\text{Leistung} = \frac{\text{Arbeit}}{\text{Zeit}} \qquad P = \frac{W}{t}$$

Wenn die Arbeit innerhalb der Zeitdauer t nicht gleichmäßig verrichtet wird, gibt der Quotient W/t nur eine mittlere Leistung bzw. die Durchschnittsleistung an. Die Einheit der Leistung wurde zu Ehren des Ingenieurs *James Watt* benannt. Man sagt, dass eine Leistung von 1 Watt (W) erbracht wird, wenn pro Zeiteinheit eine Arbeit von 1 J verrichtet wird:

$$[P] = \frac{[W]}{[t]} = \frac{1\,J}{1\,s} = 1\,W$$

Dabei ist es allerdings völlig unerheblich, auf welche Art und Weise die Arbeit verrichtet wird.

Die Leistung eines Kraftwerkes wird meist in Megawatt (MW) gemessen, der Stromverbrauch zu Hause kommt mit der Einheit Kilowatt (kW) aus. Eine normale Glühbirne leistet etwa 60 W.

Bis vor kurzem war noch die Leistungseinheit 1 PS („Pferdestärke") gebräuchlich. 1 PS entspricht dabei etwa 0,75 kW.

Die zu erbringende Leistung kann auch mit der Geschwindigkeit, mit der sich der Angriffspunkt der Kraft verschiebt, in Zusammenhang gebracht werden.

Aus der Leistungsformel folgt: $P=W/t=(F\cdot s)/t=F\cdot(s/t)=F\cdot v$, also:

$$P = F \cdot v$$

Typische Leistungswerte	
Mensch (permanent)	80 W
Mensch (kurzzeitig)	800 W
Auto	80 kW
Dampfturbine	800 MW

ENERGIE

Energie ist neben dem Begriff der Masse eine der zentralen Größen der Physik. Energie tritt in den unterschiedlichsten Formen in Erscheinung. Als *chemische Energie* oder *elektrische Energie*, *innere Energie*, *Lichtenergie*, *Kernernergie*, *mechanische Energie* usw.
Energie wird immer dann benötigt, wenn eine Arbeit verrichtet werden muss.
Energie kann von einem Körper aufgenommen, gespeichert und wieder abgegeben werden. Energieaufnahme durch einen Körper geschieht meist, indem an dem Körper eine (äußere) Arbeit verrichtet wird. Der Körper gibt Energie ab, wenn er selbst Arbeit an einem anderen Körper verrichtet. Energie und Arbeit sind also einander äquivalent und lassen sich ineinander transformieren.

Beispiele: Eine Maschine verrichtet Arbeit, solange man ihr Energie in Form von Treibstoff zuführt. Ein Mensch wird arbeiten, solange sein Körper Energie in Form von Nahrung aufnehmen und umwandeln kann. Eine Lampe kann einen Raum erhellen, solange man sie mit Energie in Form von elektrischer Spannung versorgt.

Man könnte daher auch sagen, dass Energie nichts anderes ist als die Fähigkeit eines Körpers, Arbeit zu verrichten.
In der Mechanik unterscheidet man zwischen *potenzieller Energie* E_{pot} (*Lageenergie*) und *kinetischer Energie* E_{kin} (*Bewegungsenergie*).
Unter *potenzieller Energie* versteht man die Energie, die einem Körper aufgrund einer erhöhten Lage, z. B. im Schwerkraftfeld der Erde,

zukommt, oder die er, wenn es sich um einen elastischen Körper handelt, infolge einer Verformung innehat, z. B. ein gespannter Bogen. Manchmal unterscheidet man deshalb auch zwischen *Lageenergie* und *Spannenergie*.
Die *Lageenergie* lässt sich sehr einfach angeben. Wenn man einen Körper der Masse m um eine gewisse Höhe h anhebt, dann verrichtet man eine Hubarbeit vom Betrage m·g·h an diesem Körper. Diese Arbeit wird als Lageenergie E_L an den Körper übertragen und von ihm gespeichert. Sie kann beim Absenken des Körpers auf die alte Position freigesetzt werden und eine entsprechende Arbeit verrichten:

$$E_L = W_H = m \cdot g \cdot h$$

Es ist unmittelbar einleuchtend, dass Lageenergie nur bezüglich eines bestimmten Nullniveaus definiert werden kann. Eine Tasse (Gewicht 5 N) auf dem Tisch, die man um 20 cm anhebt, erfährt eine Hubarbeit von 1 Nm und besitzt somit eine um 1 Nm erhöhte Lageenergie. Gegenüber der Tischplatte beträgt also die Lageenergie genau 1 Nm, aber bezogen auf den Fußboden (70 cm unterhalb der Tischplatte) ist die Lageenergie 4,5 Nm. Es muss also immer klargestellt werden, bezüglich welchen Nullniveaus die Lageenergie angegeben wird.

Beispiele: Alte Standuhren besitzen Gewichte, die beim Aufziehen der Uhr in eine höhere Position gebracht werden, somit an Lageenergie gewinnen, und dann beim Absinken diese Energie nach und nach an das Räderwerk der Uhr abgeben, also Arbeit (Reibungsarbeit) verrichten.
Das Wasser in einem Stausee besitzt Lageenergie und kann damit tiefergelegene Turbinen antreiben, wenn man es hindurchströmen lässt.

Wenn ein elastischer Körper durch eine Kraft verformt wird, dann wird die zur Verformung aufgebrachte Arbeit als *Spannenergie* in dem Körper gespeichert. Beim Entspannen des Körpers wird diese Energie beinahe ohne Verluste freigesetzt und kann Arbeit verrichten:

$$E_S = W_S = \frac{1}{2} D \cdot s^2$$

<u>Beispiele</u>: Beim Spannen eines Bogens oder einer Armbrust erhöht man die potenzielle Energie des Bogens. Lässt man die Sehne los, wird die gespeicherte Spannenergie frei und verrichtet Arbeit, die dabei zur Beschleunigung des Pfeils oder Bolzens führt (Bewegungsenergie).
Beim Turnen auf einem Trampolin wird die Spannenergie des elastischen Tuches dazu benötigt, den Turner in die Höhe zu schleudern. Kommt er wieder herab, dann wird seine Bewegungsenergie wieder zum Spannen des Tuches aufgewendet.

Energie, die ein Körper aufgrund seines Bewegungszustandes innehat, nennt man *kinetische Energie*. Wird ein Körper beschleunigt, dann verrichtet man Beschleunigungsarbeit W_B an diesem Körper. Diese Arbeit wird von dem Körper in Form von Bewegungsenergie E_B gespeichert:

$$E_B = W_B = \frac{1}{2} m \cdot v^2$$

Der so bewegte Körper ist nun in der Lage, ebenfalls Arbeit zu verrichten. Seine kinetische Energie wird entsprechend der geleisteten Arbeit abnehmen.

<u>Beispiele</u>: Der Hammer eines Schmieds besitzt Bewegungsenergie, die beim Auftreffen auf das glühende Eisen in Verformungsarbeit umgewandelt wird.
Ein fahrendes Auto besitzt Bewegungsenergie: beim Bremsen wird Reibungsarbeit verrichtet; bei einem Auffahrunfall wird auch hier eine, in diesem Fall zerstörende, Verformungsarbeit verrichtet.

Alle *mechanischen* Energieformen lassen sich prinzipiell ineinander umwandeln. Dies ist der *Energieerhaltungssatz der Mechanik*.
Wenn mechanische Vorgänge völlig reibungsfrei verlaufen, dann

wandeln sich die beteiligten Energien verlustfrei ineinander um, d. h. die Gesamtenergie bleibt erhalten. Dies gilt aber nur, wenn kein Energieaustausch mit der Umgebung stattfindet, wenn es sich also um ein *abgeschlossenes System* handelt. Energieaustausch mit der Umgebung bedeutet, dass von außerhalb Energie zugeführt oder abgezogen wird.

Mit anderen Worten, immer wenn Reibung vorhanden ist, wird ein Teil der Bewegungsenergie in Wärme (thermische Energie) umgewandelt, die in den meisten Fällen vom Körper nach außen abgegeben wird.

Ein Beispiel soll den Energieerhaltungssatz noch einmal verdeutlichen: Man denke sich einen elastischen Gummiball, der in einer gewissen Höhe über dem Boden losgelassen wird. Vor dem Loslassen besitzt er nur eine Lageenergie, bezogen auf den Boden. Diese wird beim Herunterfallen beständig abnehmen, während seine Bewegungsenergie stetig zunimmt. Unmittelbar vor dem Aufprall ist seine Lageenergie Null, aber seine Bewegungsenergie maximal. Beim Aufprall selbst kommt er für einen ganz kurzen Moment zur Ruhe, wobei seine Bewegungsenergie in Spannenergie umgewandelt wird. Unmittelbar nach dem Aufprall und der Verformung wird sich diese wieder zurückbilden und die entsprechende Spannenergie in Bewegungsenergie umgesetzt werden. Bei der Aufwärtsbewegung wird die Lageenergie wieder auf Kosten der Bewegungsenergie zunehmen. Der Ball wird normalerweise nicht wieder seine Ausgangshöhe erreichen, da unterwegs und beim Aufprall Reibungsarbeit verrichtet wurde, die in Form von Wärme an die umgebende Luft und den Boden abgegeben wurde und somit nicht mehr für die Gesamtenergie zur Verfügung steht.

Der Energieerhaltungssatz kann aber gegebenenfalls unter Einbeziehung aller Energieformen, auch der nicht-mechanischen Energieen, zu einem allgemeingültigen Energieerhaltungssatz erweitert werden. Es ist ein grundlegender Erfahrungssatz der Physik:

Energie kann weder erzeugt noch verbraucht werden. Sie kann sich stets nur von einer Form in eine andere umwandeln.

Die Gesetze der Mechanik führen letztlich zu der Konstruktion von *einfachen Maschinen*. Der moderne Mensch befindet sich inzwischen auf einem extrem hohen technischen Standard, und dennoch sind es die einfachen Maschinen, ohne die wir heutzutage nicht auskommen könnten. Selbst äußerst komplizierte Geräte, z. B. ein Präzisionsuhrwerk, lassen sich sehr oft auf die Verwendung dieser Maschinen zurückführen.

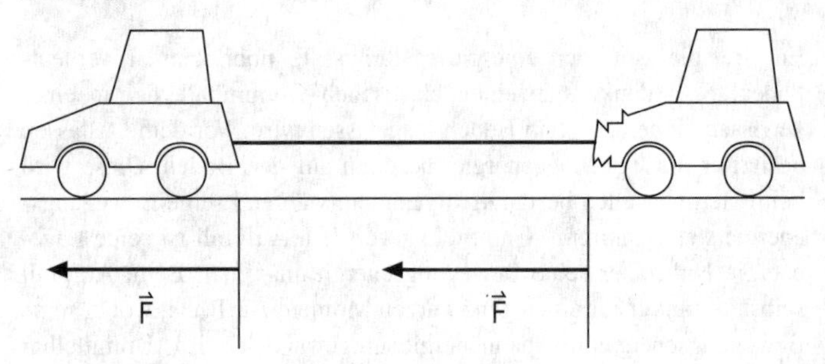

Anwendung von Seil oder Stange

Unter einer einfachen Maschine versteht man nun ein Gerät, das bei bestimmten Arbeiten in der Lage ist, den Angriffspunkt, die Richtung oder die Größe der erforderlichen Kraft zu verändern. Es handelt sich also um sog. *Kraftumwandler* oder *-umsetzer*.
Mit solchen Maschinen wurden in der Antike die Tempel und Pyramiden errichtet, und selbst heute sind sie nicht aus dem täglichen Leben wegzudenken. Zu den einfachen Maschinen gehören: *Seil*, *Hebel*, *Stange*, *Keil*, *feste* und *lose Rolle*, *Wellrad* und *Flaschenzug*.
Ein *Seil* kann den Angriffspunkt einer Kraft verlagern, ohne Richtung und Betrag der Kraft zu verändern. Ebenso wirkt eine *Stange*, mit der man zusätzlich auch Schubkräfte ausüben kann. Mit einer *festen Rolle* ist man in der Lage, nicht nur den Angriffspunkt der Kraft, sondern auch ihre Richtung zu verschieben. Der Betrag der Kraft bleibt unverändert.
Eine *lose Rolle* kann darüber hinaus auch den Betrag der notwendigen Kraft verringern. Die Abbildung zeigt dies recht schön. Die Kraft verteilt sich dabei zu gleichen Teilen auf die Deckenbefestigung des Seiles und auf die ziehende Person:

$$F = \frac{G + G_R}{2}$$

Das Gewicht der losen Rolle (G_R) muss natürlich berücksichtigt werden. Der Einsatz einer losen Rolle verringert zwar den Kraftaufwand, nicht aber die zu leistende Arbeit.

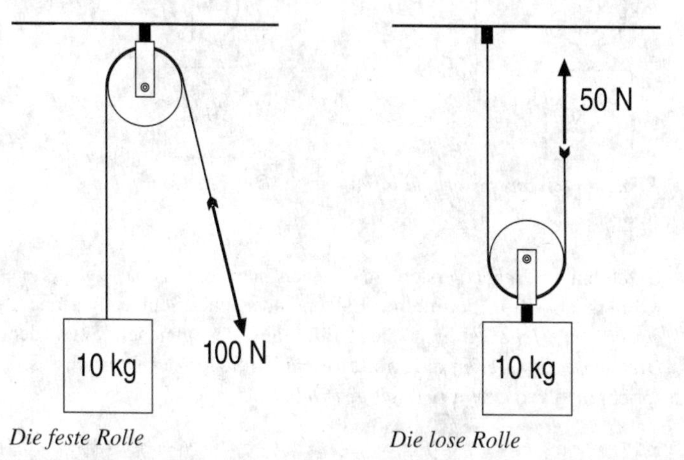

Die feste Rolle *Die lose Rolle*

Das würde dem Satz von der Energieerhaltung widersprechen. Der halbe Kraftaufwand muss mit dem doppelten Weg erkauft werden (*Goldene Regel der Mechanik*). Allerdings wird durch solche Maschinen manche Arbeit erst möglich.

Eine *Kombination aus festen* und *losen Rollen* (*Flaschenzug*) kann den notwendigen Kraftaufwand ganz erheblich vermindern. Verwendet man n Rollen, wobei die Hälfte fest sein muss, verteilt sich die Last auf n Seilabschnitte und reduziert sich somit auf 1/n des Lastgewichtes:

$$F = \frac{G + G_R}{n}$$

In diesem Falle steht G_R für das Gesamtgewicht der losen Rollen. Da Arbeit das Produkt aus Kraft und Weglänge ist, muss beim Flaschenzug die Kraft über einen n-mal längeren Weg wirken.

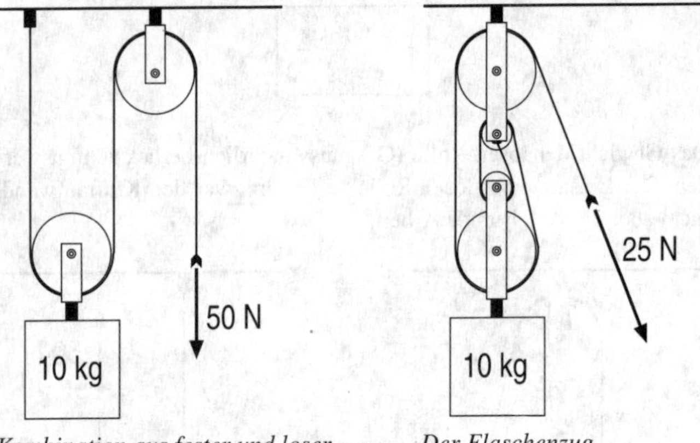

Kombination aus fester und loser Rolle *Der Flaschenzug*

Unter einem *Hebel* versteht man einen starren, drehbar gelagerten Körper, sehr oft in Form eines Balkens oder einer Stange. Bei einem *einseitigen Hebel* greifen die Kräfte auf der gleichen Seite der *Drehachse* an. Greifen die Kräfte zu beiden Seiten der Drehachse an, spricht man von einem *zweiseitigen Hebel*.

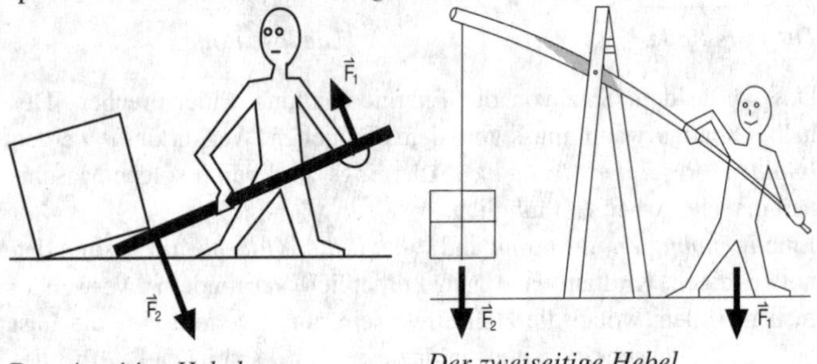

Der einseitige Hebel *Der zweiseitige Hebel*

Das Hebelgesetz setzt die am Hebel angreifenden Kräfte F_1 und F_2 in Relation zu ihren Abständen r_1 und r_2 von der *Drehachse* (*Hebelarm*):

$$F_1 \cdot r_1 = F_2 \cdot r_2$$

Auch der Hebel ist ein Kraftumsetzer. Man kann durch ihn sowohl Angriffspunkt wie auch Richtung und Betrag einer Kraft verändern. Durch den Einsatz eines Hebels kann eine (kleine) Kraft F_1 eine zweite (größere) Kraft F_2 hervorrufen oder ausgleichen. Nach dem Hebelgesetz gilt:

$$F_2 = F_1 \cdot \frac{r_1}{r_2}$$

Im Allgemeinen wird ein Hebel nur als *Kraftverstärker* verwendet (Türgriff, Waage, Flaschenöffner, Zange, Schraubenschlüssel, Brecheisen usw.).
Beim Hebel bestimmt das Produkt aus dem Betrag der Kraft F und der Länge des *Kraftarmes* r die Drehwirkung einer Kraft. Dieses Produkt bezeichnet man als *Drehmoment* M. Kraftrichtung und Kraftarm r stehen dabei senkrecht zueinander:

$$\text{Drehmoment} = \text{Kraft} \times \text{Kraftarm} \qquad M = F \cdot r$$

Die Einheit des Drehmomentes ergibt sich unmittelbar aus der Definition:

$$[M] = [F] \cdot [r] = 1\,\text{N} \cdot 1\,\text{m} = 1\,\text{Nm}$$

Diese Einheit darf aber unter keinen Umständen mit der Einheit der Energie (J=Nm) verwechselt werden, obwohl es sich in beiden Fällen um ein Produkt aus Kraft (N) und Länge (m) handelt!
Damit kann das Hebelgesetz auch wie folgt formuliert werden: Es besteht ein Gleichgewicht an einem Hebel, wenn das linksdrehende Drehmoment betraglich gleich ist zu dem rechtsdrehenden Drehmoment. Greifen mehr als zwei Kräfte an, dann müssen entsprechend die Summen der Drehmomente eingesetzt werden. Gleichgewicht am Hebel bedeutet also ein Gleichgewicht der Drehmomente und nicht der Kräfte (*Drehmomentausgleich*).
Ein *Wellrad* (auch *Stufenrad*) besteht aus zwei zentralen, fest miteinander verbundenen Rollen unterschiedlichen Durchmessers. Prinzipiell handelt es sich bei dem Wellrad um einen zweiseitigen Hebel, und somit findet hier das Hebelgesetz seine Anwendung.

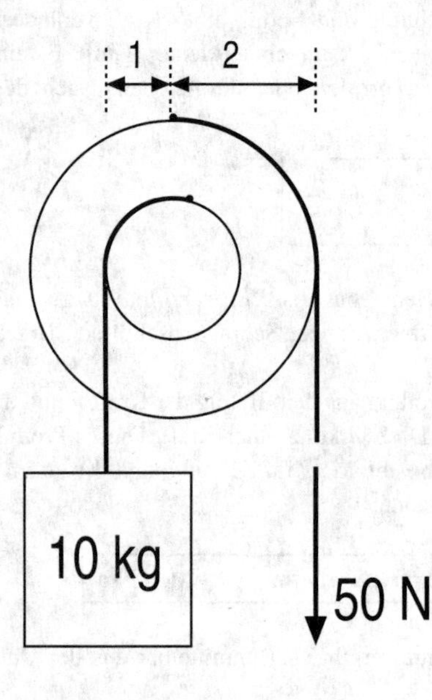

Das Well- oder Stufenrad

Ebenso wie es Kraftumsetzer gibt, so gibt es auch *Drehmomentumsetzer* oder *-wandler*. Ein Drehmomentwandler ist beispielsweise ein Riemen-, Ketten- oder Zahnradgetriebe.
Der Betrag der Kraft wird dabei nicht verändert (*Seil*). Aufgrund der unterschiedlichen Radien der Räder kommt es aber auch zu unterschiedlichen Drehmomenten. Das Drehmoment am kleinen Rad, $M_1=F\cdot r_1$, ruft ein größeres Drehmoment $M_2=F\cdot r_2$ am größeren Rad hervor. Allerdings muss das kleinere Rad dafür eine entsprechende Anzahl an Umdrehungen mehr ausführen (*Drehfrequenzumwandlung*) als das größere, da ja auch die Radumfänge unterschiedlich groß sind.
Für die *Drehmoment-* bzw. *Drehfrequenzumwandlung* ergibt sich:

$$\boxed{\frac{M_1}{M_2}=\frac{r_1}{r_2}}$$

Von der Gangschaltung eines Fahrrades her ist dies jedem ein Begriff. Wenn man mit dem Fahrrad startet, wählt man zunächst einen „kleinen“ Gang. Dabei sind die Durchmesser der beiden Zahnräder an Pedale und Hinterrad etwa gleich und die Drehmomente ebenso. Eine Umdrehung der Pedalen entspricht dann etwa auch einer Radumdrehung. Zur Steigerung der Geschwindigkeit bzw. zur Reduzierung des Kraftaufwandes schaltet man dann einen Gang „höher". Dabei wird dann am Hinterrad die Antriebskette auf ein kleineres Zahnrad umgelegt.

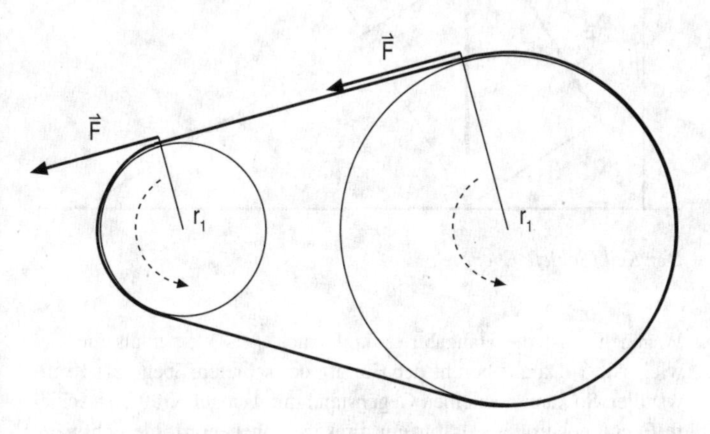

Das Riemengetriebe als Drehmomentwandler

Das letzte, noch nicht besprochene Beispiel für eine einfache Maschine ist der *Keil* (oder *Schiefe Ebene*). Es handelt sich hierbei lediglich um eine gegen die Horizontale geneigte Ebene. Die Gewichtskraft eines Körpers, der sich auf dieser Ebene befindet, kann in zwei Komponenten zerlegt werden. Eine senkrecht zur Ebene, die *Normalkraft* F_N, und eine andere parallel zur Ebene, die *Hangabtriebskraft* F_H.
Die letztere muss durch eine betraglich gleich große Haltekraft kompensiert werden, wenn der Körper in Ruhe verharren soll, oder durch eine entsprechende Zug-/Schubkraft, wenn man den Körper gleichförmig (reibungsfrei) hangaufwärts ziehen oder schieben will.
Im Gleichgewichtszustand gilt:

$$\frac{F_H}{F_G} = \frac{h}{s} \qquad \text{bzw.} \qquad F_H = F_G \cdot \frac{h}{s}$$

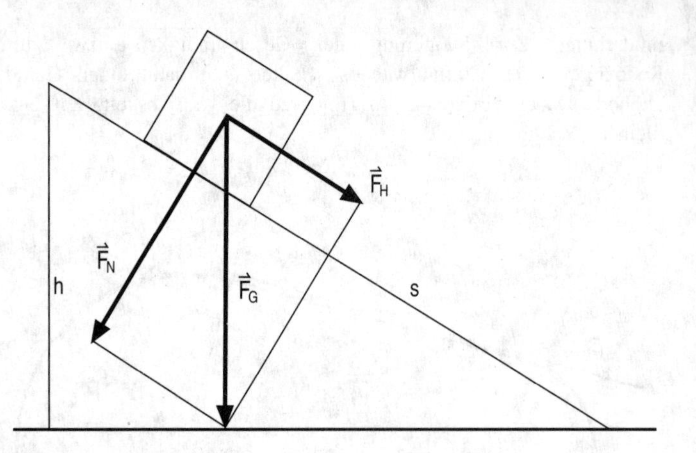

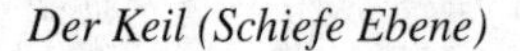

Der Keil (Schiefe Ebene)

Wegen $h<s$ ist die Hangabtriebskraft auch stets kleiner als die Gewichtskraft. Darauf beruht der Einsatz der schiefen Ebene als Kraftwandler. So kann man einen Gegenstand mit weniger Kraft eine schiefe Ebene hochrollen, als für ein direktes Anheben erforderlich wäre. Die dabei zu verrichtende Arbeit berechnet sich wie folgt:

$$\boxed{W = F_H \cdot s = F_G \cdot \frac{h}{s} \cdot s = F_G \cdot h}$$

Einfache Maschinen wie die beschriebenen sind also lediglich *Kraftwandler*. Mit ihrer Hilfe kann der Angriffspunkt einer Kraft, ihre Richtung oder ihr Betrag verändert werden. Eine zu verrichtende Arbeit kann dadurch erheblich erleichtert, aber niemals verringert werden. Eine kleinere Kraft muss dann entlang eines größeren Weges wirken. Diesen Sachverhalt bezeichnet man auch als *Goldene Regel der Mechanik*.

Jede (einfache) Maschine wird aber nur einen Teil der ihr zugeführten Arbeit als Nutzarbeit weitergeben, da ein Teil durch Reibung verlorengeht und z. B. als Wärme abgegeben wird (Reibungsverluste). Das Verhältnis von abgegebener Nutzarbeit W_{ab} zur zugeführten Arbeit W_{zu} wird als *Wirkungsgrad* η der Maschine bezeichnet:

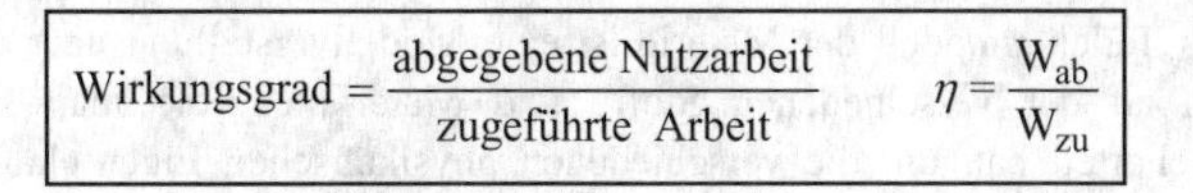

$$\text{Wirkungsgrad} = \frac{\text{abgegebene Nutzarbeit}}{\text{zugeführte Arbeit}} \qquad \eta = \frac{W_{ab}}{W_{zu}}$$

Der Wirkungsgrad η einer jeder realen Maschine ist immer kleiner als 1 bzw. beträgt weniger als 100%.
Ein *perpetuum mobile* ist eine (gedachte) Maschine, deren Wirkungsgrad größer als 1 ist. Eine derartige Maschine würde also mehr Arbeit abgeben, als ihr zugeführt wird. Dies widerspricht aber dem Satz von der Erhaltung der Energie.

TEILCHENMODELL DER MATERIE

Um sich eine Vorstellung davon zu machen, wie ein physikalisches Phänomen oder ein physikalischer Vorgang im einzelnen funktioniert, schafft man sich ein Modell, also eine gedankliche Vorstellung über den ablaufenden Prozess. Wenn man z. B. wissen möchte, warum ein Ziegelstein zerspringt, wenn man mit einem Hammer auf ihn einschlägt, dann bedarf es zunächst einer Kenntnis um den Aufbau des Steins.
Hier bieten sich zwei Wege an: ein direkter und ein indirekter. Wählt man den direkten Weg, so wird man den Stein in immer kleinere Teilstücke unterteilen. Zunächst auf mechanischem Wege, später, wenn die Teilstücke zu klein werden, mit chemischen Methoden. Irgendwann gelangt man aber an einen Punkt, wo eine weitere Teilung nicht mehr möglich ist, die Bruchstücke würde man dann als Atome bezeichnen. Dieser direkte, praktische Weg ist jedoch recht aufwendig und nicht immer gangbar.
Eine indirekte Methode geht nun den umgekehrten Weg: man denkt sich ein Modell aus. In diesem Falle wäre es die (mögliche oder hypothetische) Zusammensetzung des Steines aus vielen kleinen Bausteinen, die nicht weiter unterteilbar sind und deshalb Atome genannt würden. Diese Hypothese muss dann selbstverständlich mit Experimenten überprüft werden.
Wenn das auf diese Weise konstruierte Modell weitgehend mit der Wirklichkeit übereinstimmt, sollten sich Aussagen über den Ausgang der Experimente machen lassen, bevor man diese durchführt. Liefert das Experiment dann genau die vorhergesagten Ergebnisse, dann kann das Modell als richtig angenommen werden.

Das Teilchenmodell der Materie ist eine Modellvorstellung über den Aufbau der verschiedenen Stoffe und Materialien, die man sich geschaffen hat, um die verschiedenen physikalischen Eigenschaften der Körper zu deuten. Im einzelnen besteht diese Vorstellung aus der Vermutung, dass alle Materie aus kleinsten Bausteinen oder Teilchen aufgebaut ist und dass alle diese Teilchen über Kräfte miteinander wechselwirken bzw. aufeinander einwirken.
Diese so definierten Bausteine können *Atome*, *Ionen* oder *Moleküle* sein, wobei allerdings Moleküle ihrerseits wieder aus Atomen aufgebaut sind. Die chemischen Grundstoffe (*Elemente*) setzen sich aus gleichartigen Atomen oder Molekülen mit gleichartigen Atomen zusammen. Chemische Verbindungen dagegen sind aus verschiedenen Molekülen zusammengesetzt, die selbst wieder aus unterschiedlichen Atomsorten bestehen können.

> Beispiel: Kohlenstoff besteht aus Kohlenstoffatomen, die sich unter großem Druck bei hoher Temperatur in einem regelmäßigen Gitter anordnen können (Diamant). Wasser besteht aus Wassermolekülen, die ihrerseits aus zwei Wasserstoffatomen und einem Sauerstoffatom aufgebaut sind. Kochsalz ist eine chemische Verbindung aus Natrium- und Chloridionen.

So einfach dieses Modell ist, so gestattet es doch bereits die Erklärung sehr vieler physikalischer Phänomene, ohne dass die besondere Art der Bausteine (Atome, Ionen oder Moleküle) berücksichtigt werden müsste. Man spricht dann gemeinhin von Teilchen.
Die Materie, manchmal auch einfach als *Stoff* bezeichnet, besteht also aus kleinen Teilchen. Eine bestimmte Menge eines Stoffes, die ein festes räumliches Volumen ausfüllt, bezeichnet man in der Physik als *Körper*. Somit verfügt also jeder Körper über ein *Volumen* und eine *Masse* und damit auch über eine bestimmte *Dichte*.

> Beispiel: Ein Körper ist beispielsweise ein Block aus Metall, aber auch das Wasser in einem Glas oder die Luft in einem Fußball wird als Körper bezeichnet.

Bei einem Stoff unterscheidet man darüber hinaus zwischen *Stoffgemischen* und *Reinstoffen*. Reinstoffe sind nach der beschriebenen Modellvorstellung aus gleichen Teilchen aufgebaut, Stoffgemische dagegen aus verschiedenen Arten von Teilchen.

Beispiel: Reinstoffe sind z. B. Kupfer, Kohlenstoff, Wasser, Kochsalz, wenn sie ohne Beimengungen vorliegen. Stoffgemische sind dagegen beispielsweise Erde, Luft, Milch, Messing.

Die Kraftwirkung zwischen den einzelnen Teilchen ist von entscheidender Bedeutung für die makroskopischen Eigenschaften eines Körpers (Härte, Konsistenz, Aggregatzustand). Ursache für diese Kräfte ist die elektrische Anziehung oder Abstoßung zwischen den Stoffbausteinen. Dabei unterscheidet man zwischen *Kohäsion* und *Adhäsion*.
Unter *Kohäsion* versteht man die Kraft, die zwischen den gleichartigen Teilchen ein und desselben Körpers wirkt, während *Adhäsion* zwischen den Teilchen verschiedener Stoffe vorkommt.
In diesem Kontext sind die Kohäsionskräfte durch gegenseitige Anziehung der Teilchen für den Zusammenhalt eines Körpers verantwortlich.

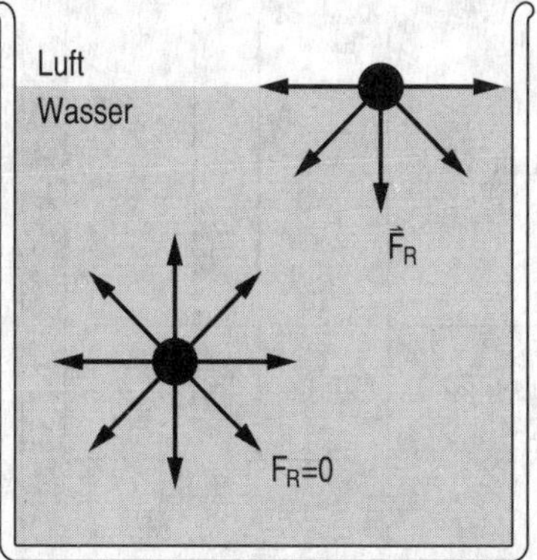

Zustandekommen der Oberflächenspannung

Eine bekannte Folge der Kohäsion ist die *Oberflächenspannung* von Flüssigkeiten. Die resultierende Kraftwirkung auf Teilchen im Inneren der Flüssigkeit ist Null, da die Kohäsionskräfte allseitig wirken können. Nicht so jedoch an der Oberfläche, hier entsteht eine resultierende, nach innen gerichtete Kraft. Diese Kraft sorgt dafür, dass die Flüssigkeitsteilchen durch leichte Körper nicht so schnell zur Seite gedrängt werden können. Diesen Umstand machen sich viele

Insekten zunutze, die auf der Wasseroberfläche laufen können. Tropfen einer Flüssigkeit oder Seifenblasen sind aufgrund der Kohäsionskräfte stets bestrebt, Kugelgestalt anzunehmen.
Im Gegensatz zur Kohäsion bezeichnet man mit Adhäsion den Zusammenhalt der Teilchen mehrerer verschiedener Stoffe. Er wird hervorgerufen durch wechselseitige Anziehungskräfte, die Adhäsionskraft.

Beispiel: Ein Tropfen Flüssigkeit (z. B. Farbe) wird durch Kohäsionskräfte zusammengehalten. Die Haftung einer Flüssigkeit auf einem Untergrund geschieht infolge der Adhäsion.

Diese wirken vornehmlich zwischen den Teilchen an den Oberflächen der beteiligten Körper, wenn diese in engem Kontakt miteinander stehen. Die Stärke der Adhäsion hängt von den verschiedenen Stoffen ab.
Das wichtigste Anwendungsbeispiel für die Adhäsion ist die *Kapillarität* von Flüssigkeiten. Wasser beispielsweise wird in engen Glasröhrchen (Kapillaren) gegen die Schwerkraft nach oben gezogen.

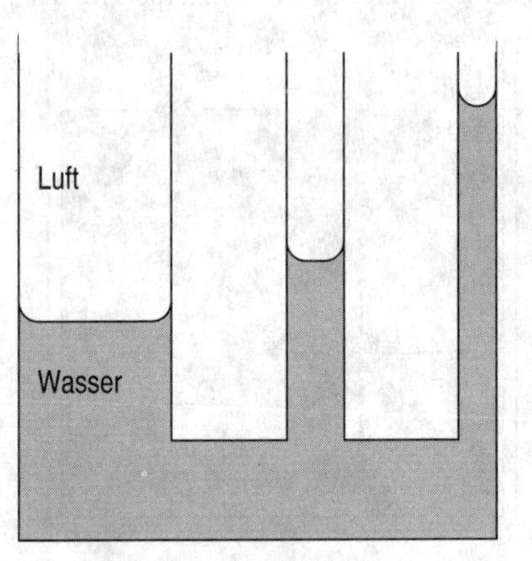

Kapillarität von Flüssigkeiten

Zudem ist die Oberfläche der Flüssigkeit innerhalb dieser Kapillaren nicht eben, sondern zeigt eine Krümmung (*Meniskus*). Erklären lässt sich dieses Verhalten mit den Anziehungskräften zwischen den Flüssigkeitsteilchen und der Gefäßwand. Die Adhäsionskräfte müssen dabei größer sein als die Kohäsionskräfte innerhalb der Flüssigkeit, was dazu führt, dass die Flüssigkeitsteilchen an der Gefäßwandung nach oben gezogen werden. Die Kohäsionskräfte dagegen sind bestrebt, die Flüssigkeitsoberfläche minimal zu halten (Oberflächenspannung), was insgesamt dazu führt, dass die Oberfläche der Flüssigkeitssäule etwas angehoben wird. Die Tatsache, dass ein Schwamm Wasser aufsaugt oder ein Stück Würfelzucker Kaffee, beruht ebenso wie das Aufsteigen von Kerzenwachs in einem Docht oder das Aufsaugen von Tinte durch Löschpapier auf der Kapillarität.

Aggregatzustände

Eng verbunden mit der Vorstellung eines Teilchenmodells der Materie ist der Begriff der *Aggregatzustände* oder *Zustandsformen*. Im Allgemeinen unterscheidet man drei solche Zustandsformen: *fest*, *flüssig* und *gasförmig*. Dementsprechend werden die Körper nach ihrer Erscheinungsweise in diese Kategorien eingeordnet als *Festkörper*, *Flüssigkeiten* und *Gase*.
Je nach den vorliegenden äußeren Bedingungen kann ein Körper alle drei Zustandsformen einnehmen. So kann Wasser beispielsweise auch als Eis (Festkörper) oder als Wasserdampf (Gas) vorkommen.
Das Modell beschreibt das Vorliegen eines Aggregatzustandes mit der Stärke der Kohäsionskräfte und der mittleren Bewegungsenergie der Bausteine innerhalb des Körpers.
Ein Festkörper ist dabei bestimmt durch die gleichmäßige Anordnung der einzelnen Teilchen. Diese haben innerhalb des Körpers einen festen Platz und können lediglich Schwingungen um diese Position ausführen (*Temperaturbewegung*).
In Kristallen oder Metallen ist diese Anordnung regelmäßig und wird als Kristall- bzw. Metallgitter bezeichnet. Die Abbildung rechts soll verdeutlichen, wie man sich den Aufbau eines solchen Festkörpers durch Atome vorzustellen hat. In der folgenden Abbildung ist ein Schnitt durch das Modell des Körpers in extremer Vergrößerung wiedergegeben.

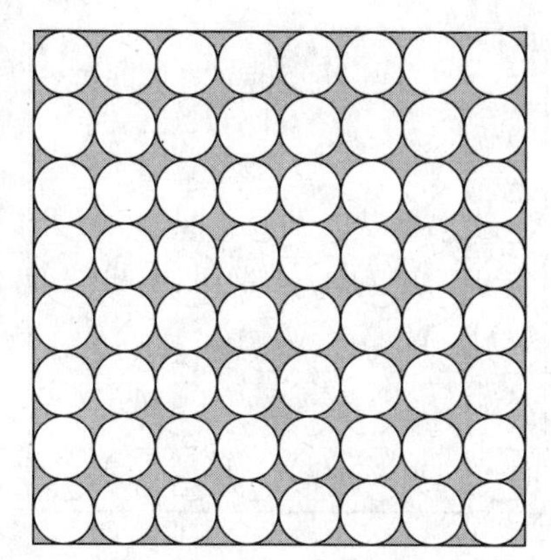

Modellvorstellung eines Festkörpers (Gitter)

Die einzelnen Schraubenfedern sollen dabei die Kohäsionskräfte und ihre Wirkung zwischen den einzelnen Teilchen symbolisieren und die Kreuze bezeichnen die Ruhelagen der Teilchen. Somit gibt das Bild eine Momentaufnahme der Temperaturbewegung wieder.

Temperaturbewegung (Gitterschwingungen)

Die Kohäsionskräfte vermitteln einem Festkörper also eine ganz bestimmte Form und ein festes Volumen. Sind die Teilchen in einem festen Stoff nicht regelmäßig angeordnet, so wird dieser Stoff als *amorph* bezeichnet. Glas beispielsweise ist ein *amorpher Stoff*.

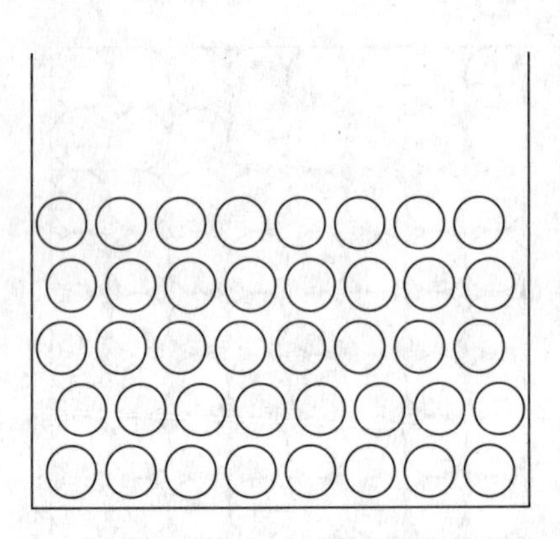

Teilchenmodell einer Flüssigkeit

Alle Flüssigkeiten weisen sehr viel kleinere Kohäsionskräfte als Festkörper auf. Die Teilchen liegen zwar dicht zusammen und führen Schwingungen aus, können sich aber auch gegeneinander unregelmäßig verschieben (Temperaturbewegung).

Darum haben Flüssigkeiten keine feste Form, sondern passen sich der umgebenden Gefäßwand möglichst gut an und bilden eine ebene Oberfläche (von Randeffekten wie Kapillarität einmal abgesehen). Auch hier sorgen die Kohäsionskräfte für ein festes Volumen. Die unterschiedlichen Zähigkeiten der verschiedenen Flüssigkeiten (z. B. Was-

ser, Öl, Honig) werden durch unterschiedlich starke Kohäsionskräfte verursacht.
Der mittlere Abstand der einzelnen Teilchen in einem Gas ist erheblich größer als in einer Flüssigkeit oder gar in einem Festkörper. Es treten prinzipiell keine Kohäsionskräfte mehr auf. Gase lassen sich sehr gut komprimieren und somit auf engstem Raum zusammenhalten. Die Teilchen eines Gases besitzen fast ausschließlich Bewegungsenergie, die sich in der Bahnbewegung der Teilchen äußert (*Temperaturbewegung*, *Brown'sche Bewegung*). Gasteilchen schwingen im Allgemeinen nicht. Die Teilchen stoßen untereinander und mit den Gefäßwänden, wobei sie ihre Geschwindigkeiten permanent verändern. Gase haben keine feste Gestalt und füllen jeden ihnen zur Verfügung stehenden Raum aus. Die Bewegung der einzelnen Gaspartikel kann beobachtet werden, obwohl die Teilchen selber sich jeder Beobachtung aufgrund ihrer Größe entziehen. Man visualisiert diese Bewegung durch feine Rauchpartikel, die Stöße durch die Gasteilchen erleiden und dadurch ihren Bewegungszustand verändern. Unter einem Mikroskop kann dieser Vorgang direkt beobachtet werden.

Die *Brown'sche Bewegung* ist ein direkter Beweis dafür, dass sich die Bausteine eines Stoffes in steter ungeordneter Bewegung befinden. Und genau diese Bewegung bezeichnet man auch mit dem Begriff *Temperaturbewegung* oder *thermische Bewegung*, weil bei Erhöhung der Temperatur auch die Bewegung der Teilchen an Heftigkeit zunimmt. Diese Bewegung ist auch die unmittelbare Ursache dafür, dass sich Flüssigkeiten oder Gase nach einiger Zeit selbständig miteinander und vollständig vermischt haben (*Diffusion*). Das beste Beispiel für die Diffusion ist die selbständige Ausbreitung von Gerüchen oder Düften.

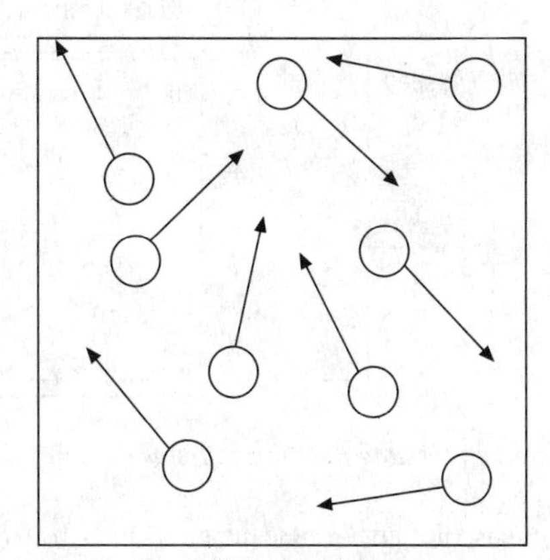
Ein Gas im Teilchenmodell

Druck

Eine mechanische Krafteinwirkung auf eine Flüssigkeit oder ein Gas gehorcht anderen Gesetzmäßigkeiten wie bei einem Festkörper. Aufgrund der geringeren Kohäsionskräfte (leichte Verschiebbarkeit) können Flüssigkeiten und Gase einer angreifenden Kraft einfach ausweichen.
Niemand würde mehr in ein Schwimmbecken springen, wenn das Wasser nicht ausweichen würde. Ganz abgesehen davon, dass uns fast jede Bewegung unmöglich wäre, würde die Luft nicht ausweichen.
Um die Kraftwirkung z. B. auf eine Flüssigkeit zu untersuchen, muss dieses Ausweichen von der Wirkungslinie der Kraft unterbunden werden. Dazu schließt man die Flüssigkeit in einem Gefäß derart ein, dass sie nicht seitlich ausweichen kann, sondern nur die Möglichkeit hat, in Kraftrichtung zu reagieren.
Typisches Beispiel ist eine Spritze: hier befindet sich die Flüssigkeit in einem Rohr (*Kolbenprober*), und die Kraft wird über einen dicht mit der Rohrwandung schließenden Stempel (*Kolben*) auf die Flüssigkeit übertragen, d. h., man „drückt" den Stempel in das Rohr hinein.

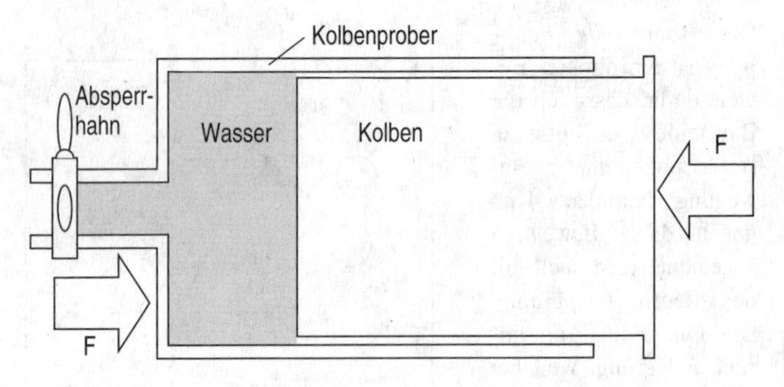

Kraftwirkung auf eine Flüssigkeit

Aus diesem Grunde nennt man den Zustand, in den man die eingeschlossene und nunmehr komprimierte Flüssigkeit infolge der Kraftwirkung versetzt hat, auch einen *Druckzustand*. Dieser Zustand wird auch als *Kolbendruck* bezeichnet und macht sich vor allem bemerkbar durch seine Kraftwirkung auf die Gefäßwände. Dabei wird keine Richtung bevorzugt. Versieht man den Kolbenprober aus der Abbildung auch mit seitlichen Öffnungen, so werden aus jeder

Öffnung gleiche Flüssigkeitsmengen herausschießen. Diese Kräfte wirken jedoch nicht nur auf die Wandung des Gefäßes, sondern auch in die Flüssigkeit hinein. Diese Erfahrung macht jeder, der z. B. in einem Schwimmbad taucht, ab einer bestimmten Wassertiefe.

Der Kolbendruck, hervorgerufen durch eine äußere Kraft, verursacht also in der Flüssigkeit eine allseitig wirkende gleichartige Kraft, deren Wirkungslinie stets senkrecht zu einer beliebigen Begrenzungsfläche gerichtet ist.

Wie kann man sich nun das Zustandekommen eines solchen Kolbendrucks erklären? Auch hier ist das Teilchenmodell eine große Hilfe. Die folgende Abbildung zeigt das Teilchenbild einer eingeschlossenen Flüssigkeitsmenge im Querschnitt.

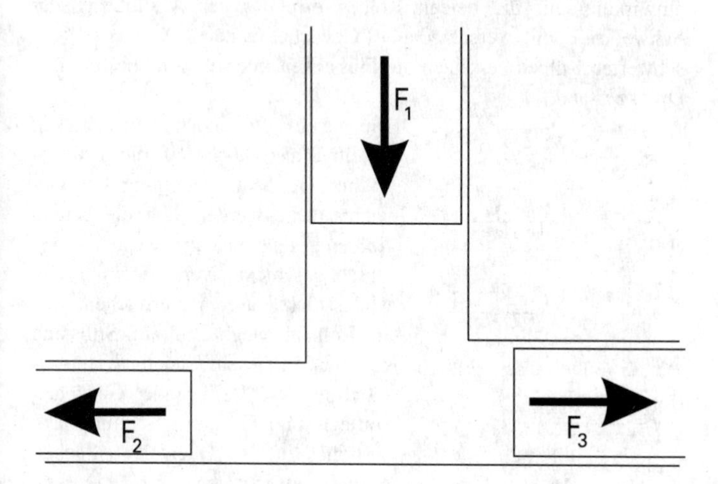

Kolbendruck im Teilchenmodell

Wenn man den Kolben 1 mit einer Kraft vom Betrag F_1 hineinschiebt, dann wird diese Kraft über die Kolbenfläche auf die anliegenden Teilchen übertragen, und von diesen wieder auf die benachbarten Teilchen usw.

Die Teilchen drücken sich gegenseitig in alle Richtungen weg. Dies ist auch der Grund, warum es zu einer Kraftwirkung auf die Begrenzungsflächen des Flüssigkeitsbehälters kommt, also auch zu den Kräften F_2 und F_3 auf die beiden anderen Kolben.

Wenn die Flächen der drei Kolben identisch sind, dann wird auch die Zahl der an einer Kolbenfläche anliegenden Teilchen ebenfalls für alle drei Kolben identisch sein.
Da die durch die Flüssigkeit erfolgende Krafteinwirkung auf eine doppelt so große Kolbenfläche auch von doppelt so vielen Teilchen übertragen wird, kann zu Recht die Vermutung (Hypothese) aufgestellt werden, dass sich auch der Betrag der Kraft verdoppelt. Mit anderen Worten, es wird vermutet, dass der Kraftaufwand proportional zum Flächeninhalt ist. Dies kann durch ein Experiment überprüft werden.
Zwei mit Flüssigkeit gefüllte Spritzen unterschiedlicher Querschnittsflächen sind durch einen Schlauch miteinander verbunden. Die Krafteinwirkung auf die beiden Kolben erfolgt unter Ausnutzung der Schwerkraft mit verschiedenen Gewichtsstücken. Die derart beschwerten Kolben versetzen die Flüssigkeit in einen ganz bestimmten Druckzustand.

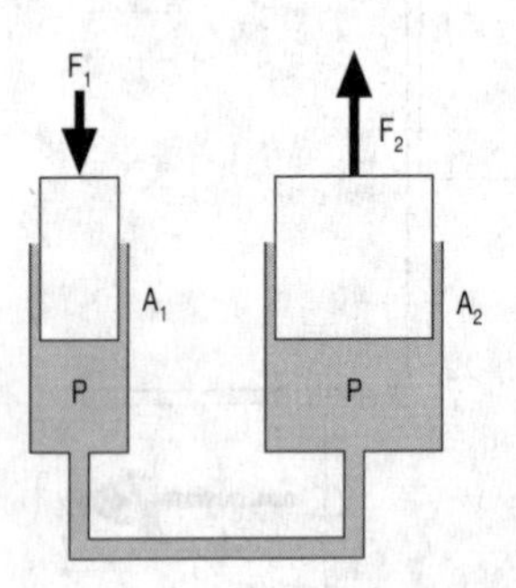

Versuch zum Kolbendruck

Die dabei auftretenden Kräfte wirken allseitig, also auch auf die Kolbenflächen. Je nach Verteilung der Gewichtsstücke werden sich die beiden Kolben gegeneinander bewegen.
Durch geschickte Verteilung der Gewichtsstücke kann man erreichen, dass die Kolbenbewegungen zum Stillstand kommen. In diesem Gleichgewichtszustand sind die Beträge der Gewichtskräfte F_1 und F_2 dann tatsächlich proportional zu den Querschnittsflächen A_1 und A_2 der Spritzen:

$$\frac{F}{A} = \text{konstant}$$

Dieser Quotient ist also unabhängig von der Größe der Fläche. Wird die Fläche größer, dann wird auch die Kraft zunehmen. Somit kann der Wert F/A als charakteristische Maßzahl für den Druckzustand innerhalb einer Flüssigkeit genommen werden. Dieser Quotient wird als Druck in der Flüssigkeit bezeichnet. Als Formelzeichen wird p verwendet:

$$\text{Druck} = \frac{\text{Kraftbetrag}}{\text{Flächeninhalt}} \qquad p = \frac{F}{A}$$

Als Einheit für den Druck verwendet man die nach *Blaise Pascal* (1623–1662) benannte Einheit *Pascal*, abgekürzt *Pa*:

$$[p] = \frac{[F]}{[A]} = \frac{1\,\text{N}}{1\,\text{m}^2} = 1\frac{\text{N}}{\text{m}^2} = 1\,\text{Pa}$$

Üblich sind allerdings Vielfache dieser Einheit: z. B. Hektopascal (hPa). Gemessen wird der Druck mittels eines *Manometers*, also eines Druckmessers. Geräte zur Messung des atmosphärischen Luftdruckes heißen *Barometer*.

Die beiden physikalischen Größen *Kraft* und *Druck* dürfen keinesfalls miteinander verwechselt werden. Eine Krafteinwirkung auf eine eingeschlossene Flüssigkeit führt immer zu einem *Druckzustand* in dieser Flüssigkeit. Dieser herrscht in der ganzen Flüssigkeit und bewirkt eine Kraft auf die Begrenzungsflächen.

Eine Kraft ist stets eine *vektorielle* (gerichtete) *Größe*, während es sich bei dem Druck um eine einen Zustand charakterisierende *Zahlengröße*, also um einen *Skalar* handelt.

Bei dem Versuch zum Kolbendruck hat eine kleine Gewichtskraft, die auf eine kleine Fläche wirkte, einer anderen, größeren Gewichtskraft über einer größeren Fläche das Gleichgewicht gehalten: Eine äußere Kraft vom Betrage F_1, die auf eine Fläche A_1 wirkt, ruft einen Druck F_1/A_1 hervor. Dieser (konstante) Druck kann seinerseits über einer größeren Fläche A_2 eine größere Kraft F_2 hervorrufen ($F_1/A_1 = F_2/A_2 = \text{konstant}$). Daraus kann man schließen, dass eine eingeschlossene Flüssigkeit, entsprechend eingesetzt, als Kraftwandler funktionieren kann (typische Beispiele hierzu wären die hydraulische Presse und der hydraulische Wagenheber):

$$F_2 = F_1 \cdot \frac{A_1}{A_2}$$

Mit dem Druck einer eingeschlossenen Flüssigkeit kann eine Kraft sowohl in der Richtung als auch im Betrag verändert werden. Auch der Angriffspunkt einer Kraft lässt sich so verschieben.
Alles, was bisher für Flüssigkeiten geschrieben wurde, gilt natürlich auch für Gase, mit der einzigen Ausnahme, dass Gase auf ein sehr viel kleineres Volumen zusammengepresst (komprimiert) werden können. Für Gase lassen sich aber noch weitergehende Aussagen treffen. So besitzt jede eingeschlossene Gasmenge einen Druck, ohne dass von außen eine Kraft auf dieses Gas ausgeübt wird. Dieser Druck entsteht durch die freie Teilchenbewegung innerhalb dieses Gases. Genauer gesagt besteht dieser Druck aus der Kraftwirkung, welche die schnellen Gasteilchen vermitteln, indem sie z. B. mit der Gefäßwand zusammenstoßen. In diesem Fall sind Druck und Volumen gekoppelt, also nicht unabhängig voneinander. Vergrößert man z. B. das Volumen, dann gewinnen die Teilchen mehr Raum für ihre Bewegung, und der Druck, also die Kraftwirkung auf die Begrenzungsflächen, verringert sich. Umgekehrt wird sich der Druck erhöhen, wenn die Teilchendichte zunimmt (Verkleinerung des Volumens) und somit mehr Teilchen pro Zeiteinheit mit den Begrenzungsflächen stoßen können. Dies ist auch der Inhalt des *Gesetzes von Boyle und Mariotte*. Das Produkt aus Druck p und Volumen V ist für ein eingeschlossenes Gas bei gleichbleibender Temperatur konstant:

$$p \cdot V = \text{konstant, wenn } T = \text{konstant}$$

Dieser mathematische Zusammenhang ist in der folgenden Abbildung grafisch dargestellt.

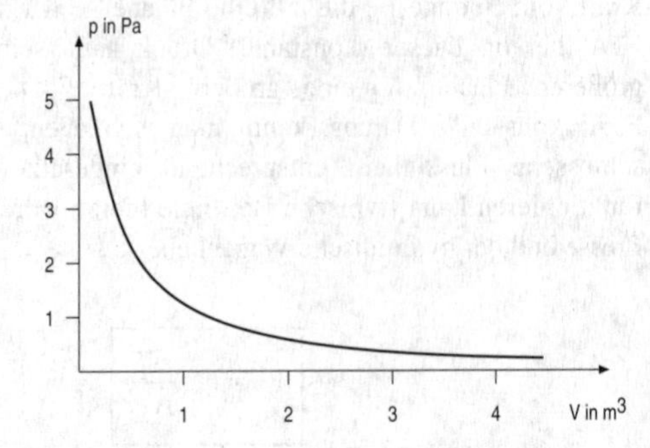

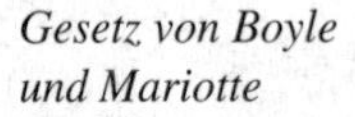
Gesetz von Boyle und Mariotte

Auf unserem Planeten ist man stets einem DruckEinfluss ausgesetzt, dem *Luftdruck*. Geht man ins Wasser, so wird man dort ebenfalls einen Druck verspüren, den *Schweredruck* des Wassers. Beiden Drucken ist die Ursache gemeinsam: die *Schwerkraft*, also die Anziehungskraft der Erde auf die Teilchen infolge der Gravitation.
Der Schweredruck innerhalb von Wasser ist selbstverständlich sehr viel größer als der Luftdruck, da die Wassermoleküle eine größere Masse aufweisen, als die vergleichsweise leichten Bestandteile der Luft.
Beim Tauchen macht sich z. B. der Schweredruck ab einer gewissen Tiefe unangenehm als Kraft auf Brust (Lunge) und Ohr (Trommelfell) bemerkbar. Tauchboote, die in sehr große Tiefen vordringen, müssen einem enormen Druck standhalten können und entsprechend stabil konstruiert sein. Diesen *Schweredruck*, der in einer Flüssigkeit mit zunehmender Tiefe größer wird und sich zeitlich nicht verändert, bezeichnet man deshalb manchmal auch als *hydrostatischen Druck*.
Verursacht wird dieser Druck durch das Gewicht der Flüssigkeit. Die höher gelegenen Flüssigkeitsschichten lasten wie ein Kolben auf den tiefer gelegenen Schichten, üben also einen Druck auf diese unteren Schichten aus, der sich aus der Gewichtskraft pro Flächeneinheit berechnen lässt.
Wie in den vorangegangenen Beispielen wird auch dieser Druck allseitig innerhalb der Flüssigkeit wirksam. Er hängt neben der Eintauchtiefe ganz entscheidend von der Dichte der Flüssigkeit ab.
Die Abbildung zeigt, wie der Schweredruck berechnet werden kann. Dazu betrachtet man eine Flüssigkeitsmenge oberhalb einer bestimmten Fläche A. Das Volumen V der Flüssigkeitssäule mit der Höhe h oberhalb der Fläche A beträgt: $V = A \cdot h$, und die Gewichtskraft ist demnach: $F_G = \gamma \cdot V = \gamma \cdot A \cdot h$. Für den Druck ergibt sich nach der Definition:

$$\boxed{p = \frac{F}{A} = \frac{\gamma \cdot A \cdot h}{A} = \gamma \cdot h = \rho \cdot g \cdot h}$$

ρ ist hierbei die Dichte der Flüssigkeit und γ ihre Wichte. In einer Flüssigkeit mit der Wichte γ herrscht also in einer Tiefe h ein Druck von $p=\gamma \cdot h$.

> <u>Beispiel:</u> In einer Wassertiefe von 1 m herrscht ein reiner Schweredruck von 0,1 bar, in 10 m Tiefe entspricht der Schweredruck etwa dem Luftdruck auf Meeresniveau: 1 bar. An der tiefsten Stelle der Ozeane (etwa 11 km) ist der Druck größer als 1100 bar. Das entspricht der Gewichtskraft einer Masse von 11000 kg pro cm^2.

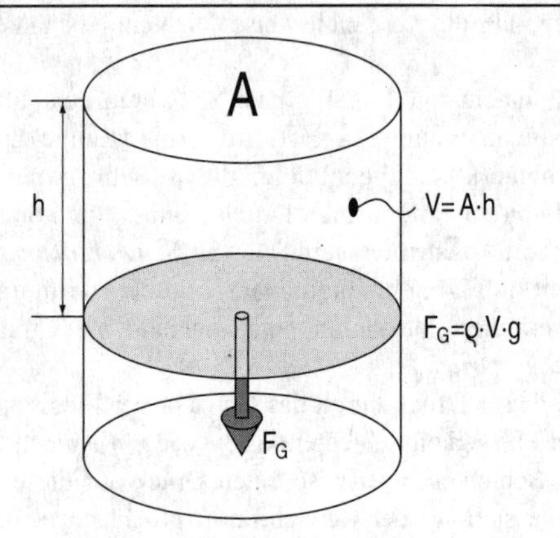

Berechnung des Schweredrucks

Die Formel für den Schweredruck beinhaltet nur die Wichte und die Eintauchtiefe.

Der Schweredruck ist damit vollkommen unabhängig von der Form und der Größe des Gefäßes. In einem Schwimmbad ist der Druck in 1 m Tiefe ebenso groß wie in einem Stausee in 1 m Tiefe.

In miteinander verbundenen und ruhenden Gefäßen, die nach oben hin offen sind und einen Flüssigkeitsaustausch untereinander erlauben, sind die Flüssigkeitsoberflächen stets auf gleicher Höhe (Ausnahme: *Kapillarität*), da der Schweredruck von der Tiefe, nicht aber von der Form der Gefäße abhängt. Typische Beispiele hierfür sind Schlauchwaage, Kaffeekanne und Geruchsverschlüsse in sanitären Anlagen.

Um die Unterschiede noch einmal herauszustellen: Unter dem *Kolbendruck* versteht man lediglich den Druck, der infolge einer

äußeren Kraft hervorgerufen wird und überall in der Flüssigkeit gleich groß ist. Der *Schweredruck* wird von dem Gewicht der Flüssigkeit selbst hervorgerufen und nimmt mit zunehmender Tiefe zu. Befindet sich die Flüssigkeit in einem offenen Gefäß, muss selbstverständlich noch der Luftdruck zum Schweredruck hinzuaddiert werden, wobei man dann von einem *absoluten Druck* spricht.
Gasförmige Körper unterliegen natürlich ebenfalls der Gewichtskraft, aber die Formel für den Schweredruck kann hier nicht einfach übernommen werden, da Gase im Gegensatz zu Flüssigkeiten kompressibel sind. Die Dichte (und damit auch die Wichte) hängt also von der „Eintauchtiefe" in ein Gas ab.
Die Erde ist von einer Gashülle umgeben, der Erdatmosphäre, die uns Menschen schützt und unsere Existenz ermöglicht. Diese Lufthülle ist nur durch die Schwerkraft an unseren Planeten gebunden und wird mit zunehmender Höhe über dem Erdboden immer dünner, bis sie irgendwann in den Weltraum übergeht.
Etwa 99,9% aller Luftmoleküle befinden sich dabei in der untersten Schicht, der Troposphäre, die bis etwa 12 km hinaufreicht. Vergleicht man die Erde mit einem Hühnerei, dann ist diese Schicht etwa 50mal dünner als die Eierschale.
Wir Menschen leben am Grund dieser Lufthülle und spüren den Schweredruck des auf uns lastenden Gasgemisches als *Luftdruck*. Auf Meereshöhe beträgt der Luftdruck im Mittel ungefähr 1013 mbar, was man auch als *Normdruck* bezeichnet. Je nach Wetterlage schwankt dieser Wert von 970 bis 1030 mbar. Ein Luftdruck von 1013 mbar bedeutet also, dass auf jedem cm^2 einer Körperoberfläche (also auch auf unserer Haut) eine Gewichtskraft lastet, die einem Gewichtsstück von 1 kg Masse entspricht. Allerdings spüren wir Menschen nichts von dieser Belastung, da auch unser Körperinnendruck so groß ist, dass sich äußerer und innerer Druck ausgleichen.
Der Luftdruck nimmt mit zunehmender Höhe ab und kann mit der sog. *barometrischen Höhenformel* berechnet werden:

$$p = p_0 \cdot e^{-\frac{\rho_0 \cdot g \cdot h}{p_0}}$$

p_0 und ρ_0 geben dabei den Druck und die Dichte am Erdboden an, und mit *e* wird die Exponentialfunktion bezeichnet.

Auftrieb

Der Schweredruck ist ebenfalls verantwortlich für das Phänomen des Auftriebs in Flüssigkeiten und Gasen. Jeder weiß, dass sich ein luftgefüllter Ball nur mit einer großen Kraftanstrengung unter Wasser drücken lässt und dass man sich im Wasser erheblich leichter fühlt als an Land.

Körper verlieren scheinbar an Gewicht, wenn sie sich in einer Flüssigkeit befinden. Tatsache ist jedoch, dass alle Körper eine aufwärts gerichtete Kraft erfahren, die sog. *Auftriebskraft* mit dem Betrag F_A, den man auch kurz mit *Auftrieb* bezeichnet. Die Auftriebskraft ist eine Folge des Schweredrucks, der mit zunehmender Eintauchtiefe zunimmt. Aus der folgenden Abbildung kann man das Prinzip des Auftriebs und seine Berechnung entnehmen.

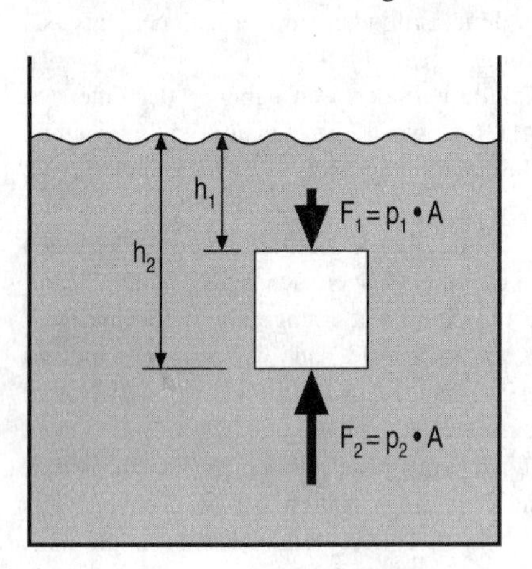

Berechnung des Auftriebs in Flüssigkeiten

Ein regelmäßiger Körper ist ganz in eine Flüssigkeit eingetaucht. Die Dichte der Flüssigkeit beträgt ρ_{Fl}. Die Kräfte auf die Seitenflächen, durch den Schweredruck der Flüssigkeit hervorgerufen, werden sich gegenseitig aufheben, aber nicht die Kräfte in vertikaler Richtung, aufgrund der Höhenausdehnung des Körpers:

Auf die Grundfläche A wirkt eine Kraft $F_2=p_2 \cdot A$ nach oben und auf die Deckfläche eine (kleinere) abwärts gerichtete Kraft $F_1=p_1 \cdot A$. Die Differenz dieser beiden Kräfte ergibt die Auftriebskraft: $F_A = F_2 - F_1 = p_2 \cdot A - p_1 \cdot A = \rho_{Fl} \cdot g \cdot h_2 \cdot A - \rho_{Fl} \cdot g \cdot h_1 \cdot A = \rho_{Fl} \cdot g \cdot A \cdot (h_2 - h_1) = \rho_{Fl} \cdot g \cdot V = \gamma_{Fl} \cdot V$. Das Produkt aus Wichte der Flüssigkeit und dem vom Körper verdrängten Flüssigkeitsvolumen entspricht also der Auftriebskraft des Körpers. Diese Gesetzmäßigkeit gilt für alle Körper, unabhängig von der jeweiligen Form, selbst wenn sie nur teilweise eingetaucht sind. Bei einem vollständig eingetauchten Körper ist der Auftrieb unabhängig von der Eintauchtiefe:

$$F_A = \rho_{Fl} \cdot g \cdot V = \gamma_{Fl} \cdot V$$

Dieser Zusammenhang ist auch als das *Gesetz des Archimedes* bekannt, benannt nach seinem Entdecker *Archimedes von Syrakus* (ca. 285 v. Chr.–212 v. Chr.):

> *Beim Eintauchen in eine Flüssigkeit erfährt jeder Körper eine aufwärts gerichtete Auftriebskraft. Diese ist vom gleichen Betrag wie die Gewichtskraft der vom Körper verdrängten Flüssigkeit.*

Beispiel: Wenn man versucht, einen Ball mit einem Durchmesser von 30 cm vollständig unter Wasser zu drücken, muss man eine Kraft von mehr als 140 N aufbringen ($F=0{,}01\ N/cm^3 \times 14.137\ cm^3$)!

Die Resultierende aus der Auftriebskraft und der Gewichtskraft eines vollständig eingetauchten Körpers bestimmt, ob er zu Boden sinkt, an die Oberfläche steigt oder in der Schwebe verharrt. Weil Gewichtskraft $F_G=\rho_K \cdot g \cdot V$ und Auftrieb $F_A=\rho_{Fl} \cdot g \cdot V$ beide von der Dichte bestimmt sind, kann der Vergleich der beiden Kräfte auf einen Vergleich der Dichten reduziert werden.

Ein (vollständig eingetauchter) Körper *sinkt* demnach zu Boden, wenn seine Dichte größer ist als diejenige der umgebenden Flüssigkeit. Er *steigt* nach oben, wenn die Dichte kleiner ist, und er *schwebt* in der Flüssigkeit, wenn die beiden Dichten gleich sind. Ein Körper, der nur teilweise in eine Flüssigkeit eingetaucht ist, *schwimmt* auf dieser Flüssigkeit. Seine Dichte ist auf jeden Fall geringer als die Dichte der Flüssigkeit. Er taucht so weit ein, bis der Betrag der Gewichtskraft und der des Auftriebs im Gleichgewicht sind.

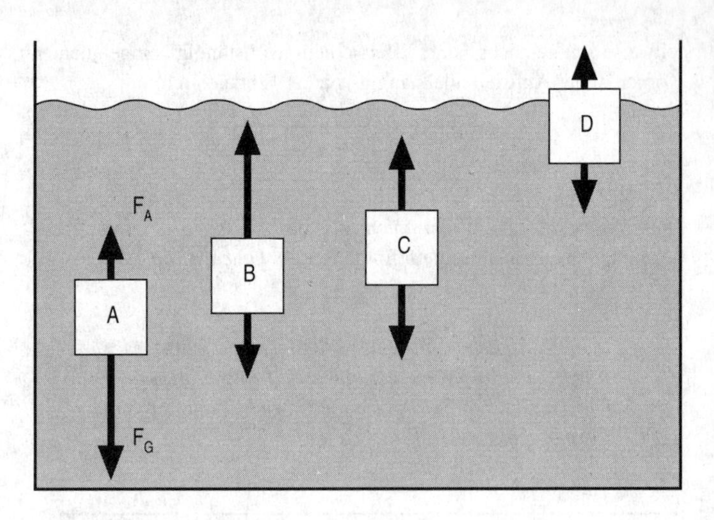

Auftrieb und Gewichtskraft

Eis beispielsweise besitzt eine geringere Dichte als Wasser und darum können Eisberge schwimmen.

> Beispiel: In einem U-Boot nutzt man diese Vorgänge aus. Beim Abtauchen wird die Masse des U-Bootes durch Wasseraufnahme in die Ballasttanks solange vergrößert, bis der Betrag der Gewichtskraft größer als der Auftrieb ist. Auf der Tauchtiefe angekommen, wird soviel Wasser wieder aus den Tanks geblasen, bis Gewicht und Auftrieb identisch sind – das U-Boot schwebt im Wasser. Beim Auftauchen leert man die Ballasttanks, bis der Auftrieb größer ist als der Betrag der Gewichtskraft.

Selbstverständlich lassen sich die Aussagen über Auftrieb auch auf Gase übertragen. So wird ein mit Helium gefüllter Ballon, genauso wie ein Heißluftballon, innerhalb der Luft eine Auftriebskraft erfahren, deren Betrag größer ist als seine Gewichtskraft. Sowohl die Dichte von Heliumgas als auch die Dichte der heißen Luft sind geringer als die umgebende Luftdichte. Ballone können ebenfalls steigen, sinken oder schweben.

Beispiel: Ein *Aräometer*, oder auch *Senkwaage*, zur Messung von Flüssigkeitsdichten ist ein stabförmiger Körper, welcher auf der Flüssigkeit schwimmt und um so tiefer eintaucht, je geringer die Dichte der Flüssigkeit ist.

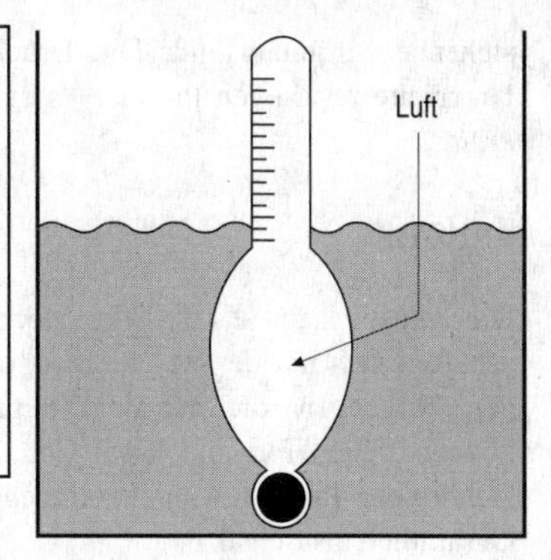

Aräometer

Die bisherigen Bemerkungen zum Thema Auftrieb haben allerdings nur den *statischen Auftrieb* berücksichtigt. Daneben gibt es noch den *dynamischen Auftrieb*, der es z. B. Vögeln oder Flugzeugen gestattet zu fliegen. Der dynamische Auftrieb entsteht als Folge der schnellen Luftbewegung um die gekrümmten Flügel bzw. Tragflächen und der damit verbundenen geringeren Luftdichte oberhalb der Flügel.

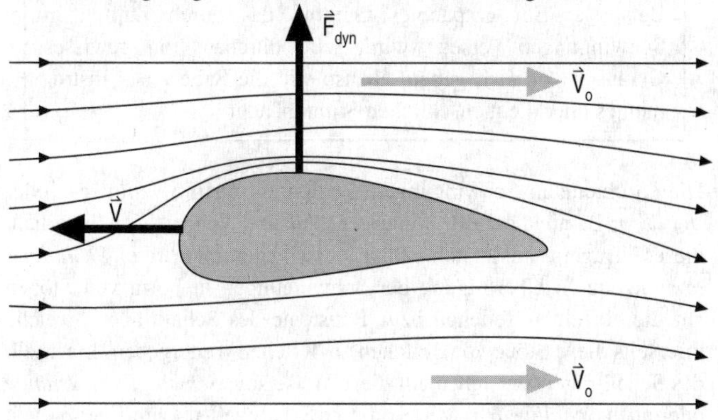

Dynamischer Auftrieb

Die langgezogene Tropfenform eines Flügelprofils setzt den Anströmungswiderstand stark herab. Gleichzeitig behindert die Wölbung der Tragfläche die oberen Strömungen etwas mehr als diejenigen unterhalb des Flügels. Die Abbildung oben zeigt schematisch das entstehende Strömungsbild. Die Druckunterschiede von Oberseite zu Unterseite resultieren in einer Kraft F_{dyn}, der *dynamischen Auftriebskraft*.

AKUSTIK

Die Akustik kann als Teil der Mechanik angesehen werden. Sie beschäftigt sich mit der Beschreibung der Ursachen und Auswirkungen von Vorgängen, die mit dem Begriff *Schall* umschrieben werden können. Jeder Ton und jedes Geräusch, die mit dem menschlichen Gehör oder Tastsinn wahrgenommen werden, bezeichnet man in ihrer Gesamtheit als Schall.

Entstehung von Schall

Schall entsteht durch sehr rasche Schwingungen um die Gleichgewichtslage eines elastischen Körpers, der dann folgerichtig auch als *Schallquelle* oder *Schallerreger* bezeichnet wird.

> Beispiele: Ein gespanntes Gummi, das durch Zupfen in Schwingungen versetzt wird, wird durchaus ein gewisses Geräusch von sich geben, ebenso wie die Saite eines Instrumentes oder die menschlichen Stimmbänder.

Die so erzeugten Schwingungen werden an einen *Schallträger* oder *-leiter*, z. B. an die Luft, weitergegeben und können sich innerhalb dieses Trägers ausbreiten. Physikalisch geschieht die *Schallausbreitung* durch Übertragung der Schwingungen in Form von Stößen auf die einzelnen Teilchen bzw. Bausteine des Schallträgers, welche ihrerseits diese Stöße von Teilchen zu Teilchen weitergeben. Innerhalb des Schallträgers entstehen auf diese Weise sog. *Schwingungszustände* oder auch *Schallwellen*. Mittels dieser Schallwellen kann Energie von der Schallquelle zum Schallempfänger übertragen und somit Information vermittelt werden, wie z. B. bei der menschlichen Sprache.
Als Schallempfänger wirken ebenfalls elastische Körper, welche durch die Schallwellen zu Schwingungen angeregt werden und somit den entsprechenden Ton umsetzen.

Die Schallschwingungen lassen sich mit den Begriffen *Frequenz* und *Amplitude* charakterisieren. Die Frequenz gibt dabei die Anzahl der Schwingungen pro Zeiteinheit an:

$$\text{Frequenz} = \frac{\text{Anzahl der Schwingungen}}{\text{Zeiteinheit}} \qquad \nu = \frac{n}{t}$$

Als Einheit verwendet man das *Hertz*, abgekürzt *Hz*, benannt nach dem Physiker *Heinrich Hertz* (1857–1894):

$$1\,\text{Hz} = \frac{1}{\text{s}}$$

In der Akustik wird vielfach auch die Einheit kHz (Kilohertz) verwendet.
Als *Amplitude* oder *Schwingungsweite* bezeichnet man die größte Auslenkung des schwingenden Körpers aus seiner Ruhelage.

Beispiele: Wenn zwei Menschen verbal miteinander kommunizieren, dann wird der Sprechende in seinem Kehlkopf die Stimmbänder durch Luftströmungen zu Schwingungen anregen. Die umgebende Luft wirkt dann als Schallträger und erlaubt somit eine Ausbreitung der Schallwellen bis zum Zuhörenden. In dessen Ohr werden die Schallwellen wiederum das Trommelfell zu Schwingungen anregen, die das Gehirn als Töne interpretieren wird.
In einem Mikrofon wird eine Membran durch die ankommenden Schallwellen zu Schwingungen angeregt. Diese Schwingungen werden dann in elektrische Spannungen umgesetzt, die wiederum eine Lautsprechermembran zu Schwingungen anregen können.

Ultraschall

So kann das menschliche Gehör Frequenzen von etwa 15 Hz bis 20 kHz wahrnehmen, wobei der obere Grenzwert mit zunehmendem

Alter drastisch abnehmen wird (*Hörschwelle*). Viele Tiere sind in der Lage, sehr viel höhere Frequenzen zu empfangen. Den Frequenzbereich von etwa 20 kHz bis 10 GHz (Gigahertz, 10^9 Hz) bezeichnet man als *Ultraschall*.

Weil die Wellenlängen der Ultraschallwellen so kurz sind (bei 10 GHz sind die Wellen nicht sehr viel länger als Lichtwellen), können diese Wellen gebündelt und zur Hinderniserkennung eingesetzt werden, z. B. als *Sonar* in der Schiffahrt, aber auch Fledermäuse und Delphine orientieren sich mit Lauten im Ultraschallbereich bei etwa 100–150 kHz.

Da Ultraschallwellen mit geringer Frequenz, also niedriger Schwingungsenergie ungefährlich sind, werden sie auch zu medizinischen Zwecken eingesetzt, etwa um Gewebestärken zu messen oder um das Heranwachsen eines Babys im Mutterleib beobachten zu können.

Mit höheren Ultraschallenergien lassen sich aber auch mineralische Ablagerungen im menschlichen Körper zertrümmern (Nieren- oder Blasensteine).

Weil Ultraschall so äußerst vielseitig ist und einfach gehandhabt werden kann, wird er heutzutage auch in vielerlei Form angewendet, z. B. auch in Bewegungsmeldern zum automatischen Türöffnen, und wir können froh sein, dass die Frequenzen jenseits unserer Hörschwelle liegen.

Schallempfindung

Die *Schallempfindung* lässt sich grob in drei verschiedene Kategorien einteilen: in *Töne*, *Klänge* und *Geräusche*.

Unter einem *Ton* (auch *Sinuston*) versteht man eine regelmäßige oder harmonische Schwingung (*Sinusschwingung*) bei einer festen Frequenz innerhalb eines Schallträgers.

> Beispiel: Eine diatonische Tonleiter ist eine Folge von acht Tönen (*Oktave*), die in einem ganz bestimmten Frequenzverhältnis zueinander stehen. Der letzte Ton einer Oktave hat die doppelte Frequenz wie der Anfangston. Um ein Instrument zu stimmen, wird beispielsweise der sog. *Kammerton* a' (gestrichenes a, 440 Hz) benutzt.

Die Höhe des Tones richtet sich dabei nach der Frequenz der Schwingung. Je größer die Frequenz ist, um so höher wird der Ton empfunden. Die *Lautstärke* eines Tones hängt von der Größe der Schwingungsamplitude ab. Jede Stimmgabel produziert beispielsweise einen ganz bestimmten Ton. Solche Töne lassen sich in Tonleitern zusammenfassen.
Ein *Klang* setzt sich aus mehreren Tönen zusammen und entsteht durch Überlagerung von verschiedenen Frequenzen, die ganzzahlige Vielfache (*Obertöne*) des tiefsten Tones (*Grundton*) sind. Der Anschlag einer Klaviertaste erzeugt beispielsweise einen Klang, ebenso alle gängigen Musikinstrumente.

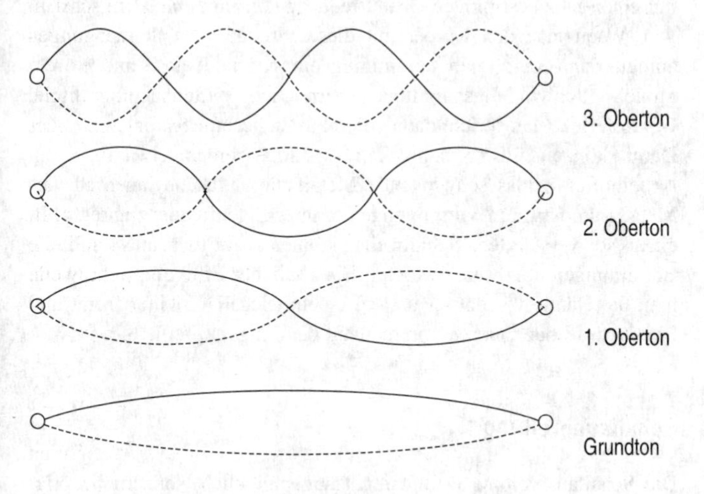

Schwingungen einer gespannten Saite

Jeder Klang lässt sich durch eine *Klangfarbe* charakterisieren. Weil in einem Klang nicht nur der Grundton übertragen wird, sondern auch noch die Obertöne, kann ein Klang durchaus unterschiedliche physiologische Eindrücke beim Zuhörer hervorrufen. Dieser Eindruck wird durch Anzahl und Stärke der Obertöne verursacht.
Ein Gemisch aus sehr vielen Tönen der unterschiedlichsten Frequenzen oder unregelmäßigen Schwingungen des Schallerregers wird gemeinhin als *Geräusch* bezeichnet. Haben alle Schwingungen die gleiche Amplitude, spricht man auch von *weißem Rauschen*.

Verkehrslärm ist im physikalischen Sinne ein Geräusch, ebenso der Stimmenlärm sehr vieler, durcheinandersprechender Personen. Auch das Rascheln, das beim Umblättern dieser Seite entsteht, ist ein Geräusch.
Selbst ein *Knall*, der beim Platzen eines Reifens oder bei einem Schuss entsteht, ist ein physikalisches Geräusch, allerdings von großer Amplitude und sehr kurzer Dauer.

Akustische Resonanz

Jeder elastische oder schwingungsfähige Körper besitzt die Fähigkeit, mit einer ganz bestimmten Grundfrequenz (*Eigenfrequenz*) zu schwingen. Wenn man den Körper mit dieser Frequenz zu Schwingungen anregt, dann kann man bei minimalem Kraftaufwand eine extrem große Schwingungsamplitude erreichen (Schaukel, Flöte, Orgelpfeife). Man spricht dann von (akustischer) *Resonanz*.
Damit können z. B. Schallwellen verstärkt werden, etwa in einem Nebelhorn, wo das schwingende Metall die Luftsäule innerhalb des Metallzylinders zum Mitschwingen in ihrer Eigenfrequenz anregt. Mit einer so verstärkten Schallwelle können natürlich auch größere Entfernungen überbrückt werden. Ein ähnlicher Effekt entsteht, wenn man die Hände vor dem Mund zu einem (Schall-)Trichter formt und hindurchruft oder auch, wenn man auf den Fingern pfeift.

Schallausbreitung

Die Schallausbreitung erfolgt nicht augenblicklich, sondern benötigt eine gewisse Zeit, um den Schwingungszustand von Teilchen zu Teilchen zu transportieren.

Beispiel: Aufgrund der Schallgeschwindigkeit in Luft von etwa 330 m/s wird bei einem Gewitter der Donner stets später wahrgenommen als der dazugehörige Blitz. Wenn man also einen Blitz sieht, muss man nur die Sekunden bis zum Eintreffen des Donners zählen, um festzustellen wie weit das Gewitter entfernt ist. Vergehen z. B. 10 s, ist das Gewitter noch über 3 km entfernt.

Die *Schallgeschwindigkeit* hängt von der gegenseitigen Kopplung dieser Teilchen ab. In einem Festkörper wird die Schallgeschwindigkeit im Allgemeinen größer sein als in einer Flüssigkeit oder in einem Gas.

Einige typische Schallgeschwindigkeiten	
in Luft (0°C)	332 m/s (≈1200 km/h)
in Luft (20°C)	334 m/s
in Wasser	1483 m/s
in Eisen	5180 m/s

Nun kann Schall aber nicht nur weitertransportiert, sondern auch *reflektiert* (zurückgeworfen) werden, ähnlich einem Lichtstrahl, der auf einen Spiegel trifft (*Schallreflektion*). Dieser Schall tritt dann als *Hall*, *Nachhall* oder *Widerhall* in Erscheinung.
Hall ist dabei nichts anderes als eine Schallreflektion, bei der Originalschall und reflektierter Schall nicht voneinander getrennt wahrgenommen werden können.
Nachhall kann sich günstig (z. B. in Konzerthallen) oder störend (z. B. in einem Musikstudio) bemerkbar machen. Im letzteren Falle kann der Nachhall durch schallabsorbierende Stoffe unterdrückt werden.
Ein *Echo* oder *Widerhall* kommt zustande, wenn Originalschall und reflektierter Schall über eine gewisse Zeitverzögerung (wenigstens 0,1s) beim Sender bzw. Empfänger ankommen, d. h., wenn sich der reflektierende Gegenstand noch in einer größeren Entfernung befindet (ab 16 m).

Lautstärke und Intensität

Die Wahrnehmung von Schall ist immer verbunden mit einer *Lautstärke*, mit welcher der Schall vom Empfänger aufgenommen wird. Dabei nimmt das rein subjektive Empfinden einer Lautstärke viel langsamer zu als die *physikalische Schallstärke* oder *-intensität*.

Hier gilt in grober Näherung das *Weber-Fechner'sche Gesetz*, nach dem bei jeder Verdoppelung der Schallintensität I die Lautstärke L um einen konstanten Betrag c zunimmt:

$$L = c \cdot \text{Log}(I)$$

Um nun ein Maß für die Lautstärke L eines Klanges zu erhalten, erhöht man die Schallintensität I eines Normal- oder Standardtones so lange, bis er, dem Empfinden nach, genauso laut ist wie der zu messende Klang. Diese Intensität setzt man dann in Relation zu derjenigen Intensität I_0 des Normaltones, mit der er gerade noch wahrgenommen wird (*Hörschwelle*).
Als Lautstärke eines Klanges definiert man dann:

$$L = 10 \cdot \text{Log}_{10} \frac{I}{I_0}$$

Die Einheit dieser so definierten Lautstärke ist 1 *Phon* oder 1 *Dezibel A*, kurz *dB(A)*. Das menschliche Ohr ist in der Lage, einen Lautstärkeunterschied von 1 dB(A), also einen Intensitätsunterschied von 25%, gerade noch zu erkennen.

Beispiel: Das Summen einer Mücke (manchmal durchaus störend) wird halb so laut empfunden wie das Summen von 10 Mücken. Und 100 Mücken empfinden wir erst als dreimal so laut wie eine einzelne.

In unserer heutigen Zeit sind die Menschen sehr vielen Lärmbelastungen ausgesetzt. Man spricht auch von *akustischer Umweltbelastung* bzw. *-verschmutzung*. Lärm ist durchaus in der Lage, einen Menschen krank zu machen, und zwar psychisch und physisch (z. B. Verkehrslärm oder Techno-Beat). Dabei ist die Lautstärke aber gar nicht so entscheidend. Auch ein relativ leises, permanentes Geräusch (z. B. das Surren eines Lüfters oder das Sirren einer Mücke) kann eine starke Belastung darstellen, in deren Folge alle Symptome von Müdigkeit bis Aggression auftreten können.
Daher kommen dem *Lärmschutz* und, damit verbunden, der *Schall-*

dämmung erhebliches Gewicht zu. Heute ist es in der Architektur üblich, dass Häuser und Wohnungen schalldämmend geplant und errichtet werden, z. B. Trittschalldämmung bei Holzfußböden oder Schalldämmung in Wänden. Die entsprechenden Materialien absorbieren die auftreffende Schallenergie und wandeln diese in kinetische Bewegung und damit in Wärme um.

Beispiele für typische Schallpegel	
0 dB(a)	Hörschwelle
20	Flüstern
40	normale Unterhaltungssprache
60	Schreibmaschine
80	starker Verkehrslärm
100	Diskothek (Techno-Beat)
120	durchstartender Jet
130	Schmerzgrenze

WÄRMELEHRE

Nachdem im Kapitel Mechanik über die verschiedenen Formen der Bewegung eines Körpers und die dabei auftretenden Kräfte geschrieben wurde, soll in diesem Abschnitt auf die Folgeerscheinungen solcher Bewegungen und Kräfte eingegangen werden.
Wie gezeigt wurde, wird einem Körper bei fast jeder Bewegung durch die Reibung ein Widerstand entgegengesetzt. Um diesen Widerstand zu überwinden, muss eine erhöhte Kraft angreifen, an dem Körper also eine vermehrte Arbeit verrichtet werden.
Diese zusätzliche Arbeit dient also lediglich zur Überwindung der Reibung und wird daher nicht in die Bewegungsenergie des Körpers einfließen, sondern aufgrund des Energieerhaltungssatzes in anderer Form als Energie in Erscheinung treten.
Dies ist eine Erfahrung, die jeder Mensch tagtäglich erlebt: Wenn man ein Streich- oder Zündholz über eine Reibfläche führt, muss man einen gewissen Reibungswiderstand überwinden und das Streichholz wird sich danach entzünden. Auch bei der Benutzung einer Luftpumpe muss ein Widerstand überwunden werden, und man wird feststellen, dass sich das Schlauchventil ganz erheblich erhitzt. Auch durch die Sonneneinstrahlung kommt es zu einer Wärmeübertragung, ebenso wie durch Vorgänge im Inneren von festen Körpern, bei denen scheinbar keine Bewegung auftritt.
Ganz allgemein kann man hier von *Wärme* sprechen, die irgendwie entsteht und transportiert wird. Die Erklärung dieses „irgendwie“ ist die zentrale Aufgabe der Wärmelehre.

TEMPERATUR

Jeder Körper befindet sich in einem ganz bestimmten „Wärmezustand“ oder *thermischen Zustand.*
Einen solchen Wärmezustand kann man mit Begriffen aus der Umgangssprache näher umschreiben. Wenn man einen Körper berührt, so empfindet man ihn beispielsweise als „kalt“, „warm“ oder „heiß“. Diese Beschreibung ist jedoch aus physikalischer Sicht unzureichend und nicht zuverlässig, denn zum einen hat jeder Mensch ein anderes Wärmeempfinden und andererseits gibt der menschliche Wärmesinn nur äußerst subjektive Eindrücke eines Wärmezustandes wieder.

Taucht man z. B. eine Hand in lauwarmes Wasser, dann wird man es auch so empfinden. Hat man aber diese Hand vorher eine gewisse Zeit lang in Eiswasser gehalten, dann wird dieses lauwarme Wasser als heiß empfunden.
Es ist also unbedingt ein objektives Messverfahren notwendig, um alle Wärmezustände, die ein Körper einnehmen kann, zu erfassen. Jedem Wärmezustand wird dann durch dieses Messverfahren ein bestimmter Zahlenwert zugeordnet.
Damit definiert man eine Zustandsgröße, die durch dieses Messverfahren eindeutig festgelegt ist. In diesem Fall wird die Zustandsgröße für den Wärmezustand eines Körpers mit dem Begriff *Temperatur* bezeichnet.
Um das Messverfahren aber zu begründen, müssen diejenigen Eigenschaften eines Körpers gefunden werden, die sich bei einer Änderung des Wärmezustandes ganz offensichtlich ebenfalls ändern.
Solche Eigenschaften sind beispielsweise die thermische Ausdehnung eines Körpers, die elektrische Leitfähigkeit oder ein Farbumschlag infolge der Zustandsänderung.
Im Allgemeinen verwendet man zur Temperaturmessung die Volumenausdehnung eines bestimmten Messkörpers. *Galileo Galilei* (1564–1642) war der erste, der ein solches Thermometer gebaut hat und sich dabei die Volumenausdehnung eines Gases zunutze gemacht hatte. Bewährt hat sich heute die Verwendung einer kleinen Menge Quecksilber, die in einem kugelförmigen Behälter mit angeschlossenem kapillarem Steigrohr untergebracht ist.
Ein solches Gerät wird auch als *Thermoskop* bezeichnet. Bringt man dieses Thermoskop mit einem anderen Körper in Kontakt, beispielsweise einer Menge heißen Wassers, so wird sich das Quecksilber ausdehnen. Nach einer gewissen Zeit werden sich die Wärmezustände von Thermoskop und Wasser angeglichen haben, und das Quecksilber wird sich nicht weiter ausdehnen.
Versieht man die Kapillare mit einer *Skala*, dann kann man jeden Wärmezustand einem Ausschlag auf dieser Skala zuordnen. Damit ist dann aus dem Thermoskop ein Thermometer geworden.
Was noch fehlt, ist eine eindeutige und reproduzierbare Einteilung dieser Skala. Dazu muss man wenigstens zwei Fixpunkte festlegen, die zwei bekannten Wärmezuständen eines bestimmten Materials entsprechen, und diesen jeweils einen festen Wert zuordnen. Den Abstand dieser Werte bezeichnet man als *Fundamentalabstand*. Zwi-

schen diesen beiden Fixpunkten kann die Skala dann beliebig unterteilt werden, damit auch allen anderen Wärmezuständen zwischen den beiden Fixpunkten ein Zahlenwert (eine Temperatur) zugeordnet werden kann.

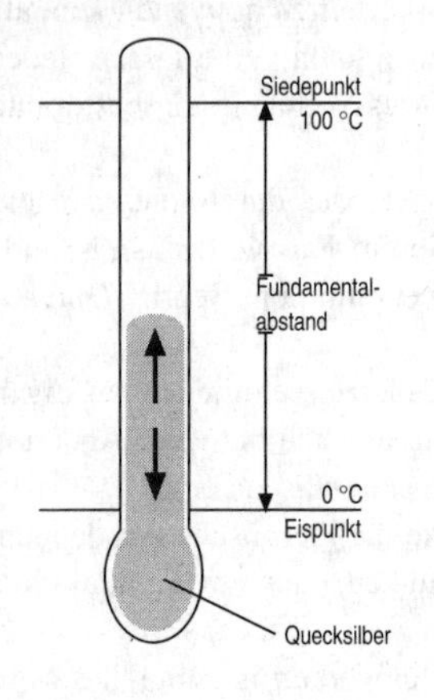

Thermoskop und Fundamental-abstand

Üblicherweise benutzt man als Material Wasser und nimmt als Fixpunkte den Eispunkt und den Siedepunkt von Wasser. Mit anderen Worten, man taucht das Thermoskop in Eiswasser und markiert den Ausschlag des Quecksilbers und wiederholt diesen Vorgang mit siedendem Wasser.

Damit sind die Fixpunkte bestimmt, und der Fundamentalabstand ist bekannt. Dieser Abstand lässt sich nun beliebig einteilen, womit man eine ganz bestimmte Temperaturskala erhält. Auf ähnliche Weise wird der Fundamentalabstand bei anderen Thermometerarten bestimmt. So kann man an einem Bimetallthermometer die rein mechanischen Zeigerausschläge zu den beiden Fixpunkten markieren oder im Falle eines Thermoelements die entsprechenden elektrischen Spannungen angeben. Je nach Anwendung kann dann eine entsprechende Einteilung dieses Abstandes erfolgen, die nicht notwendigerweise gleichmäßig sein muss.

Temperaturskalen

Es haben sich heute zwei solche Temperaturskalen durchgesetzt: die *Celsius-Skala* und die *Kelvin-Skala* sind international anerkannte Temperaturskalen.

In bestimmten Gegenden auf dem Globus finden darüber hinaus noch die alten Temperaturskalen °R (*Grad Reaumur*) nach *René Antoine Ferchault de Reaumur* (1683–1757) und °F (*Grad Fahrenheit*) nach *Daniel Gabriel Fahrenheit* (1686–1736) Verwendung. Zur Umrechnung der Temperaturen findet man im Anhang eine Tabelle.

Celsius-Skala

Benannt ist diese Skala nach dem Physiker und Astronom *Anders Celsius* (1701–1744), der die entsprechende Messvorschrift 1742 entwickelt hatte. Als Thermoskopflüssigkeit verwendete er Quecksilber und teilte den vorhin beschriebenen Fundamentalabstand willkürlich in 100 gleiche Teile auf. Inzwischen wird diese Skala wie folgt international vereinbart:
Bei einem Normdruck von 1013 mbar ordnet man der Temperatur von schmelzendem (Wasser-)Eis den Wert 0°C zu (Eispunkt von Wasser), d. h., bei Temperaturen unterhalb des Eispunktes liegt Wasser in fester Form (Eis) vor und oberhalb dieses Punktes in flüssigem Zustand. Als zweiten Fixpunkt wählt man die Temperatur von siedendem Wasser (Siedepunkt) und weist diesem Wärmezustand den Wert 100°C zu. Der Abstand dieser beiden Punkte auf der Skala wird in 100 gleiche Teile zerlegt. Dann gibt ein Teil dieser Skala einen Temperaturunterschied von 1°C an.
Selbstverständlich kann diese Skala auch nach oben und unten bei gleicher Einteilung fortgesetzt werden. Temperaturen unter dem Eispunkt erhalten dann ein negatives Vorzeichen (z. B. -20°C).
Es ist inzwischen erwiesen, dass es keine Temperatur gibt, die kleiner ist als -273,16°C. Allerdings gibt es keine technische Möglichkeit, einen Körper soweit abzukühlen.

Kelvin-Skala

Für den alltäglichen Umgang genügen Thermometer mit einer Celsius-Skala. Wenn es allerdings um technische oder wissenschaftliche Messungen geht, dann greift man eher auf die Skala zurück, die von *William Thomson* alias *Lord Kelvin* (1824–1907) eingeführt wurde.
Aus thermodynamischen Untersuchungen und theoretischen Überlegungen konnten die Wissenschaftler um die Mitte des 19. Jahrhunderts auf die Existenz eines *absoluten Nullpunktes der Temperatur* schließen, d. h., es gibt keine Temperatur, die kleiner ist als dieser spezielle Wert. Dieser Temperatur wird auf der Kelvin-Skala der Wert 0 K zugewiesen, was einem Wert von -273,16°C auf der Celsius-Skala entspricht.
Für Temperaturen bzgl. der Celsius-Skala verwendet man als Formelzeichen das griechische ϑ und für Kelvin-Temperaturen das

lateinische T. Zusätzlich erhält die Kelvin-Skala die gleiche Einteilung wie die Celsius-Skala. Somit können Temperaturdifferenzen unabhängig von der Skala in K angegeben werden:

$$\boxed{[\Delta T] = [\Delta \vartheta] = 1\mathrm{K}}$$

Damit sind die beiden Skalen lediglich um einen Zahlenwert von 273,16 gegeneinander verschoben und lassen sich leicht ineinander umrechnen:

$$\boxed{T = \vartheta + 273{,}16}$$

Während die Fixpunkte der Celsius-Skala willkürlich durch Eis- und Siedepunkt von Wasser festgelegt wurden, handelt es sich bei der Kelvin-Skala um eine *absolute Temperatur*.
Die Temperatur ist von der Masse des Körpers und seiner chemischen bzw. physikalischen Zusammensetzung unabhängig. Aus diesem Grunde kann die Temperatur als Basisgröße im internationalen Einheitensystem (SI) geführt werden.
Man hat sich dabei international auf die absolute oder Kelvin-Temperaturskala geeinigt.

Thermometer

Die Funktionsweise eines Thermometers beruht auf der thermischen Änderung einer physikalischen Größe (z. B. Druck, Volumen, elektrische Leitfähigkeit). Um die Temperatur eines Körpers zu messen, ist ein thermischer Kontakt des Körpers mit dem Thermometer notwendig. Über diesen Kontakt kommt es zu einem Temperaturausgleich zwischen beiden, und das Thermometer wird die Temperatur des Körpers annehmen bzw. die entsprechende physikalische Veränderung wird eintreten, es kommt also zu einem thermischen Gleichgewicht zwischen Thermometer und Körper. Die Temperatur kann dann auf einer entsprechenden Skala abgelesen werden.
Eine weite Verbreitung haben *Flüssigkeitsthermometer* erfahren, jedoch gibt es daneben eine Vielzahl anderer Instrumente, um Temperaturen in eindeutiger Weise zu messen.

Im Allgemeinen sind Flüssigkeitsthermometer mit Quecksilber oder Alkohol gefüllt (z. B. Fieberthermometer). Ein solches Thermometer besteht aus einem Flüssigkeitsbehälter und einem Steigrohr mit konstantem, sehr dünnem Querschnitt (Kapillare). Oberhalb der Flüssigkeit ist die Luft abgepumpt und das Steigrohr luftdicht verschlossen. Um die Kapillare zu schützen, befindet sich diese normalerweise in einem zusätzlichen Gehäuse. Dieses Gehäuse ist mit einer Skala versehen, die es ermöglicht, die Temperaturen abzulesen. Ausgenutzt wird hierbei die Ausdehnung eines Körpers, wenn er aufgewärmt wird bzw. die Kontraktion beim Abkühlen des Körpers.

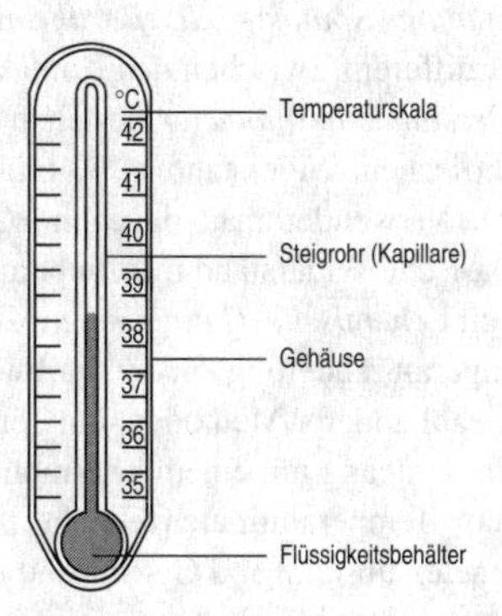

Aufbau eines Flüssigkeitsthermometers

Daher steigt bzw. sinkt der Flüssigkeitsstand in dem Steigrohr. Die Länge der Flüssigkeitssäule im Steigrohr dient dann als Maß für die Temperatur, die an der Skala abgelesen wird.
Der Messbereich eines solchen Flüssigkeitsthermometers ist natürlich durch Schmelz- und Siedepunkt der Thermometerflüssigkeit eingeschränkt.
So wird das Quecksilber in einem Thermometer bei -39°C fest, und bei etwa +357°C wird es sieden und verdampfen. Ein *Quecksilberthermometer* kann also nur im Bereich von etwa -30°C bis +300°C sinnvoll eingesetzt werden. Dagegen lässt sich ein *Alkoholthermometer* von -100°C bis +60°C verwenden.
Aus diesen Gründen ist man stets auf der Suche nach geeigneten Verfahren und Materialien, mit denen sich auch in anderen Temperaturbereichen vernünftige Skalen angeben lassen. So gibt es *Metallthermometer*, die auf der Volumenausdehnung von festen Körpern basieren. In *Gasthermometern* macht man sich z. B. die Volumenausdehnung einer bestimmten Gasmenge infolge der Erwärmung bei konstantem Druck zunutze.

Bei *Thermoelementen* baut sich zwischen den Kontaktstellen zweier unterschiedlicher Metalle eine elektrische Spannung auf (*Thermospannung, Kontakt- oder Berührungselektrizität*), die von der Temperaturdifferenz zwischen den Kontaktstellen abhängt.
Widerstandsthermometer bestehen aus metallischen Leitern, die ihren elektrischen Widerstand z. B. mit zunehmender Temperatur vergrößern. Verwendet man dagegen *Halbleiterthermometer*, so sinkt der elektrische Widerstand mit zunehmender Temperatur.
Es gibt *chemische Thermometer*, die aus Farbstoffen bestehen und bei Temperaturänderung einem Farbwechsel unterliegen, und noch eine Vielzahl anderer Methoden, um Temperaturen zu bestimmen.
Beim Umgang mit einem Thermometer ist zu beachten, dass es erst zu einem Temperaturgleichgewicht zwischen Thermometer bzw. Thermometersubstanz und Gegenstand kommen muss. Zunächst wird jedes Thermometer lediglich seine eigene Temperatur anzeigen.

Beispiele für Temperaturen (genähert)		
absoluter Nullpunkt	0 K	-273 °C
Schmelzpunkt Wasser	273 K	0 °C
Siedepunkt Wasser	373 K	100 °C

Temperatur im Teilchenmodell

Um sich eine Vorstellung von der Natur der Temperatur zu machen, bedient man sich zweckmäßigerweise eines Modells der Materie, des *Teilchenmodells*. Dazu stellt man sich vor, dass jeder Körper, ob fest, flüssig oder gasförmig, aus unvorstellbar vielen, kleinsten Bestandteilen aufgebaut ist. Alle diese Teilchen befinden sich in ständiger Bewegung.
Diese Temperaturbewegung wird in einem festen Körper aus Schwingungen um die (ortsfeste) mittlere Position eines jeden Teilchens (*Gleichgewichtslage*) bestehen. In einer Flüssigkeit oder einem Gas werden sich die einzelnen Bauteile eher ungeordnet und mit unterschiedlicher Geschwindigkeit bewegen.
Diese Bewegungen werden an Heftigkeit zunehmen, wenn der betreffende Körper erwärmt wird. Die kinetische Energie (Bewe-

gungsenergie) der Teilchen erhöht sich also. Damit ist die Temperatur als *ein Maß für die mittlere kinetische Energie der Teilchen* definiert.

THERMISCHE VOLUMENÄNDERUNG

Jeder Körper wird auf eine Temperaturerhöhung reagieren. Im Allgemeinen wird sich ein Körper ausdehnen, wenn er aufgewärmt wird (*Wärmeausdehnung*) und zusammenziehen bei Abkühlung (*Wärmekontraktion*).
Die dabei auftretende Änderung des Volumens wird um so größer sein, je größer die Temperaturänderung ist. Dabei ist die Volumenänderung in einem Festkörper sehr viel geringer als in einer Flüssigkeit oder etwa einem Gas.
Bei der thermischen Ausdehnung eines Körpers können ganz enorme Kräfte auftreten, die bei technischen Konstruktionen unbedingt beachtet werden müssen.

> Beispiele: Dehnungsfugen in Betonkonstruktionen, Lagerung von Brücken auf Rollen, Überdruckventile an Kesseln, Durchhängen von elektrischen Freileitungen.

Nimmt ein Körper bei der Temperatur ϑ_1 ein Volumen V_1 ein und bei einer anderen Temperatur ϑ_2 das Volumen V_2, dann kann die *thermische Volumenänderung* $\Delta V = (V_2 - V_1)$ eines festen Körpers bei der Temperaturänderung um $\Delta\vartheta = (\vartheta_2 - \vartheta_1)$ wie folgt berechnet werden:

$$\Delta V = \gamma \cdot V_0 \cdot \Delta\vartheta$$

Hierbei bezeichnet V_0 das Volumen, das der Körper bei einer Temperatur von 0°C hat. γ gibt den *Volumenausdehnungskoeffizienten* des Materials an, aus dem der Körper besteht.
γ ist also eine Materialkonstante, die angibt, um wieviel sich das Volumen eines Körpers ändert, wenn er bei 0°C ein Volumen von

1 m^3 hat und dann um 1 K auf 1°C erwärmt wird. Die Einheit von γ ergibt sich aus der Definition:

$$[\gamma] = \frac{1}{K}$$

Wenn ein fester Körper eine längliche Form aufweist (Draht, Stab, Rohr), dann wird sich die Volumenänderung bevorzugt in dieser Richtung auswirken. Man spricht dann von einer *thermischen Längenänderung*.

Die Längenänderung Δl eines festen Körpers ist abhängig von der Größe der Temperaturänderung $\Delta\vartheta$ und der Länge l_0 bei 0°C sowie vom Material, aus dem der Körper besteht.

Aus experimentellen Untersuchungen wird die folgende Beziehung abgeleitet:

$$\Delta l = \alpha \cdot l_0 \cdot \Delta\vartheta$$

α wird als *Längenausdehnungskoeffizient* bezeichnet und gibt an, um wieviel sich ein Körper verlängert, wenn er bei 0°C eine Länge von 1 m aufweist und dann um 1 K auf 1°C erwärmt wird. Der Längenausdehnungskoeffizient ist eine Materialkonstante, d. h., er ist abhängig vom Material, aus dem der Körper besteht. Darüber hinaus hängt er noch von der Temperatur ab.

Der Volumenausdehnungskoeffizient γ ist ungefähr dreimal so groß wie der Längenausdehnungskoeffizient α:

$$\gamma \approx 3 \cdot \alpha$$

Beispiel: Stahl und Beton besitzen etwa den gleichen Längenausdehnungskoeffizienten: $\alpha_s = 1{,}2 \cdot 10^{-5}\ K^{-1}$. Sie dehnen sich also im Verbund als Stahlbeton in gleicher Weise aus (nur dadurch sind Stahlbetonkonstruktionen überhaupt möglich). So wird sich eine Brücke aus Stahlbeton (100 m Länge bei 0°C) bei einer Erwärmung von -5°C auf +40°C um $\Delta l = 1{,}2 \cdot 10^{-5} \cdot 100\ m \cdot 45\ K = 5{,}4 \cdot 10^{-2}\ m = 5{,}4\ cm$ ausdehnen. Diesem Umstand muss man durch Dehnungsfugen am Brückenanfang bzw. -ende Rechnung tragen.

Anwendungen

Die Längenausdehnung kann man sich beispielsweise auch zur Temperaturmessung in einem Metallthermometer zunutze machen. Eine der bekanntesten Anwendungen ist das „Bimetall".

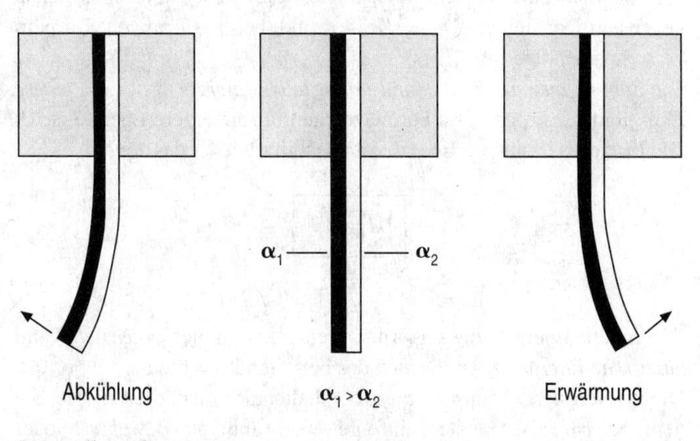

Bimetallstreifen

Nimmt man zwei Metallstreifen, die unterschiedliche Längenausdehnungskoeffizienten haben, und verbindet diese fest miteinander, erhält man einen *Bimetallstreifen*. Ein Bimetallstreifen wird sich bei Temperaturänderung krümmen, und zwar derart, dass bei einer Erwärmung das Metall mit dem höheren Ausdehnungskoeffizienten eine geringere Krümmung aufweisen, also außen liegen wird.
Bimetallstreifen werden technisch auch als Schalter eingesetzt. Ein Bimetallschalter kann durch seine Krümmung bei Temperaturänderung einen elektrischen Kontakt betätigen (*Wärmeschalter*) und findet damit Verwendung als Temperaturregler (*Thermostat*), z. B. in Kühlschränken, Waschmaschinen oder Heizlüftern.
Für die Verwendung in einem Bimetallthermometer wird ein langer Bimetallstreifen, zu einer Spirale geformt und mit einem Zeiger versehen, über einer Skala angebracht.

WÄRMEENERGIE

Nach dem Teilchenmodell befinden sich alle Bausteine eines Körpers in ständiger ungeordneter Bewegung. Dieser Bewegung entspricht somit auch eine Bewegungsenergie dieser Teilchen. In flüssigen und vor allem festen Körpern tritt noch eine Lageenergie (potenzielle Energie) der Teilchen hinzu. Der Ursprung dieser Lageenergie liegt in den *Kohäsionskräften*, mit denen sich die verschiedenen Teilchen gegenseitig anziehen. Diese Kräfte sind bei gasförmigen Körpern verschwindend gering.
Die *Summe aus kinetischer und potenzieller Energie* ergibt die *innere Energie* des Körpers. Das Formelzeichen für die innere Energie ist U. Die Einheit der inneren Energie ist auch hier wieder das *Joule*:

$$\boxed{[U] = 1\ J}$$

Die innere Energie eines Körpers beinhaltet immer *potenzielle* *und* *kinetische Energie* *aller* *Teilchen* des betreffenden Körpers.
Die innere Energie eines Körpers beinhaltet also nicht die Energie, die dem Körper als Ganzem, infolge einer äußeren Bewegung oder besonderen Lage, zukommt, sondern ausschließlich die Energien, die ihm aufgrund der kinetischen und potenziellen Energie der Teilchen innewohnt.
Eine Erhöhung der inneren Energie resultiert immer in einer Zunahme der Temperatur, insbesondere einer Erhöhung der Bewegungsenergie aller einzelnen Teilchen. Im Gegensatz dazu bedeutet eine Abnahme der Temperatur stets auch eine Verringerung der inneren Energie.
Es sei an dieser Stelle mit Nachdruck darauf hingewiesen, die Begriffe *Temperatur* und *innere Energie* nicht zu verwechseln. Es handelt sich um grundverschiedene physikalische Größen. *Energie* ist immer ein Ausdruck für die Fähigkeit, Arbeit zu verrichten bzw. Energie umzuwandeln, und *Temperatur* ist lediglich ein Maß für die mittlere kinetische Energie der Teilchen.
Zur Verdeutlichung des Unterschiedes von Temperatur und Energie bietet sich folgendes Gedankenexperiment an: Vereinigt man z. B. zwei gleich große Flüssigkeitsmengen mit gleicher Temperatur T und innerer Energie U, dann besitzt das resultierende Gemisch immer noch

dieselbe Temperatur T, aber die innere Energie hat sich zwangsläufig verdoppelt.

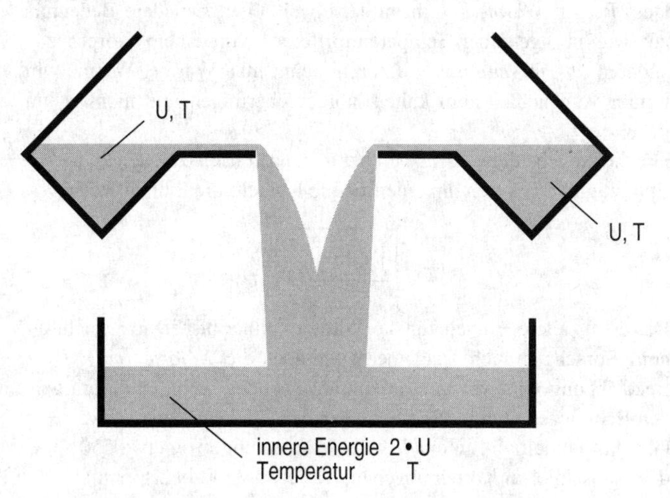

Unterschied von Energie und Temperatur

Veränderung der inneren Energie

Die innere Energie eines Körpers kann durch Zufuhr von *Wärme* erhöht werden. Dies geschieht z. B. beim Heizen eines Zimmers.

Wenn zwei Körper in thermischem Kontakt miteinander stehen, dann werden sich die Temperaturen der beiden Körper solange verändern, bis sie vom gleichen Betrage sind. Dabei wird sich der wärmere Körper, also derjenige mit der höheren Temperatur, abkühlen, also seine innere Energie verringern, und der kühlere Körper wird sich erwärmen und seine innere Energie somit erhöhen.

> Beispiel: Reibt man im Winter die Hände gegeneinander oder stampft mit den Füßen auf, so erhöht man die innere Energie der entsprechenden Hautpartien, was in einer Temperaturerhöhung resultiert und somit von uns wahrgenommen wird.

Wärme

Dem Begriff *Wärme* kommt in der Physik eine besondere Bedeutung zu: Die infolge einer Temperaturdifferenz von einem Körper zum anderen *übertragene innere Energie* nennt man Wärme. Wärme wird immer vom heißen zum kalten Körper übertragen und niemals umgekehrt.
Für die Angabe der Wärme benutzt man das Formelzeichen Q, und als Einheit gilt, da es sich um eine Energie handelt, die Einheit *Joule*:

$$[Q] = 1\ \text{J}$$

Die etwas ältere Einheit für die Wärme konnte bisher noch nicht aus dem Sprachgebrauch ausgemerzt werden: die *Kalorie (cal)*. Diese Bezeichnung wird vor allem dann angewendet, wenn es darum geht, den Energiegehalt einer Speise anzugeben. So kann beispielsweise ein Glas koffeinhaltige Limonade eine Wärmemenge von etwa 550 cal an den menschlichen Körper abgeben, was etwa 2300 J entspricht:

$$1\text{cal} = 4{,}18\ \text{J}$$

Die innere Energie eines Körpers lässt sich auch durch rein mechanische Arbeit, die an ihm verrichtet wird, erhöhen. Auch in diesem Falle drückt sich die Zunahme der inneren Energie durch eine Temperaturerhöhung aus.
Im täglichen Sprachgebrauch benutzt man den Begriff Wärme eigentlich im Sinne von Temperatur. Diese beiden Größen dürfen aber nicht miteinander verwechselt werden!

Energieerhaltung

Eine der wichtigsten und grundlegendsten Gesetzmäßigkeiten in der Physik ist der *Satz von der Energieerhaltung.*
Im Falle der *Änderung der inneren Energie* bedeutet dies, dass sich die innere Energie eines Körpers um genau den Betrag ändert, der ihm in Form von *Wärme* oder *Arbeit* zugeführt bzw. entzogen wurde.
Dies soll nun etwas näher erläutert werden: Um die Temperatur eines

Körpers B um einen Betrag ΔT zu erhöhen, muss die innere Energie dieses Körpers ebenfalls um einen ganz bestimmten Betrag ΔU vergrößert werden.

Das kann durch die Zufuhr einer Wärmemenge $Q = \Delta U$ von einem Körper A oder durch Verrichtung einer mechanischen Reibungsarbeit vom Betrage $W = \Delta U$ (oder durch beides: $Q+W = \Delta U$) durch den Körper A erreicht werden. Die Temperaturerhöhung ΔT selbst ist abhängig vom Betrag der Wärme Q bzw. der Arbeit W, dem Material, aus dem der Körper besteht, und der Masse des Körpers. Dabei wird ΔT um so größer sein, je kleiner der Körper ist, also je weniger Masse er besitzt und je größer die zugeführte Energiemenge ist:

$$\Delta T \propto \frac{\Delta U}{m}$$

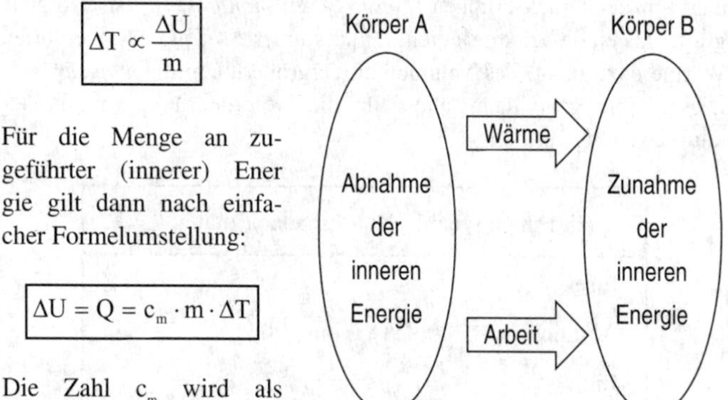

Änderung der inneren Energie

Für die Menge an zugeführter (innerer) Energie gilt dann nach einfacher Formelumstellung:

$$\Delta U = Q = c_m \cdot m \cdot \Delta T$$

Die Zahl c_m wird als *spezifische Wärmekapazität* bezeichnet und ist kennzeichnend für das Material, aus dem der zu erwärmende Körper besteht. Sie gibt an, wieviel Wärme bzw. Arbeit nötig ist, um einen Körper mit der Masse 1 kg um einen Temperaturunterschied von 1 K zu erwärmen. Die Beziehungen gelten allerdings nur, wenn mit der Temperaturerhöhung keine Änderung des *Aggregatzustandes* verbunden ist. Die Einheit der spezifischen Wärmekapazität hat keinen speziellen Namen und ergibt sich aus der letzten Formel zu:

$$[c_m] = \frac{[\Delta U]}{[m] \cdot [\Delta T]} = \frac{1\,J}{1\,kg \cdot 1\,K} = 1\frac{J}{kg \cdot K}$$

Wasser hat unter allen natürlich vorkommenden Stoffen die größte spezifische Wärmekapazität. Aus diesem Grunde, und weil wir über einen fast unerschöpflichen Vorrat an Wasser verfügen, wird Wasser als Wärmeträger in Heizungen eingesetzt oder als Kühlmittel in Kraftwerken. Diese große Wärmekapazität sorgt auch für die klimatischen Unterschiede von See- zu Landgebieten.

Im Falle eines Gases muss man unterscheiden zwischen der spezifischen Wärmekapazität bei konstantem Volumen c_v und derjenigen bei konstantem Druck c_p.

Erwärmt man ein Gas, so wird bei konstantem Druck das Volumen zunehmen (*Gesetz von Gay-Lussac*). Bei konstantem Volumen wird sich dagegen der Druck erhöhen (*Gesetz von Amontons*). c_p ist also stets größer als c_v, da bei konstantem Druck immer ein Teil der zugeführten Wärme dazu dient, das Volumen zu vergrößern (*Ausdehnungsarbeit*). Dieser Teil geht dann aber für die Vergrößerung der Temperaturbewegung verloren.

Einige spezifische Wärmekapazitäten	
Eisen	0,45 kJ/(kg·K)
Aluminium	0,90
Eis	2,09
Wasser	4,18

Bildet man das Produkt aus spezifischer Wärmekapazität und Masse, $c_m \cdot m$, so erhält man die *Wärmekapazität eines Körpers*:

$$C = c_m \cdot m$$

Die Wärmekapazität eines Körpers gibt an, wieviel Energie notwendig ist, um den Körper um 1 K zu erwärmen. Die Einheit der Wärmekapazität folgt unmittelbar aus der Formel:

$$[C] = [c_m] \cdot [m] = 1 \frac{J}{kg \cdot K} \cdot 1kg = 1 \frac{J}{K}$$

Immer, wenn man zwei Körper unterschiedlicher Temperatur derart zusammenbringt, dass zwischen beiden ein Wärmeaustausch stattfinden kann, werden beide Körper bestrebt sein, ihre Temperaturen anzugleichen, also einen Zustand des *thermischen Gleichgewichtes* zu erreichen. Es kommt zu einem *Wärmeaustausch* zwischen ihnen, wobei einer der beiden so lange Energie an den anderen abgibt, bis beide die gleiche Temperatur aufweisen.

> *Wärme wird immer vom heißeren auf den kälteren Körper übertragen und niemals umgekehrt.*

Nach dem Energieerhaltungssatz ist der Betrag der Wärmemenge Q_+, die der kältere Körper dabei aufgenommen hat, genauso groß wie der Betrag der Wärmemenge Q_-, die der heißere abgegeben hat:

$$Q_+ = Q_-$$

Beispiel: Für ein Vollbad lässt man meist eine Menge Wasser in die Badewanne ein, um dann festzustellen, dass es immer noch zu heiß oder zu kalt ist. Üblicherweise probiert man dann so lange mit verschiedenen Mengen an kaltem oder heißem Wasser herum, bis die Temperatur angenehm ist. Es lässt sich aber eine Menge Wasser (und damit Geld) sparen, wenn man sich die gewünschte Wassertemperatur bzw. die entsprechenden Wassermengen für ein Vollbad errechnet. Wenn man 100 l Wasser mit einer Temperatur von 40°C wünscht und die Temperaturen von kaltem und heißem Wasser 10°C bzw. 60°C betragen, dann rechnet man sich die nötigen Mengen an kaltem und heißem Wasser wie folgt aus (1 Liter Wasser hat ziemlich genau 1 kg Masse): die innere Energie des kalten Wassers wird um $Q_+ = c_{Wasser} \cdot x\ kg \cdot (40-10)\ K$ erhöht, während das heiße Wasser eine entsprechende Wärmemenge $Q_- = c_{Wasser} \cdot (100 - x)\ kg \cdot (60-40)\ K$ abgibt. $x = 100\ kg \cdot (60-40)/(60-10)$ gibt dabei die benötigte Menge an kaltem Wasser an. Demnach braucht man für das Vollbad etwa 40 l kaltes Wasser und 60 l heißes Wasser.

AGGREGATZUSTÄNDE

Jeder Stoff kann prinzipiell in allen drei *Aggregatzuständen* auftreten: als *fester Körper*, als *Flüssigkeit* oder in *Gasform*. Unter Zufuhr oder Entzug von Wärme kann man eine Änderung des Aggregatzustandes jederzeit erzwingen. Dabei wird eine Zustandsänderung in einen höheren oder angeregteren Zustand immer mit der Zufuhr von Energie verbunden sein. Bei jedem Übergang zu einem niedrigeren Zustand wird Energie in Form von Wärme freigesetzt.
Der höchste Zustand ist dabei der gasförmige, und der niedrigste ist die feste Form. Die Abbildung zeigt die möglichen Übergänge zwischen den verschiedenen Aggregatzuständen und gibt auch gleichzeitig die entsprechende Nomenklatur wieder.

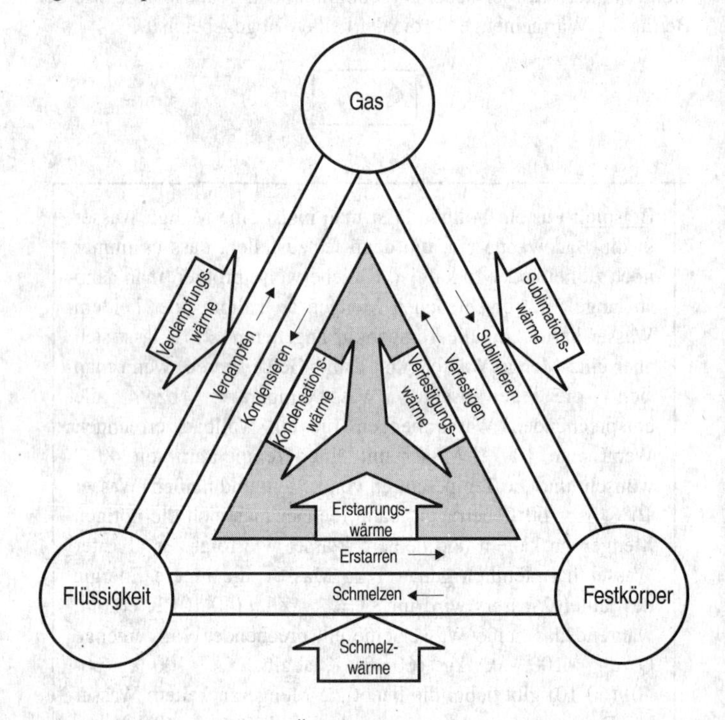

Aggregatzustände und ihre Änderungen

Schmelzen und Erstarren

Den Übergang vom festen in den flüssigen Zustand bezeichnet man als *Schmelzen*. Wenn man einem festen Körper Energie in Form von Wärme zuführt, dann wird diese Wärmezufuhr zu einer Erhöhung der inneren Energie und damit auch der Temperatur führen. Ab einer bestimmten Temperatur (*Schmelztemperatur* oder *Schmelzpunkt*), die im einzelnen von dem Stoff und vom Druck abhängt, führt eine weitere Energiezufuhr zu einem Aufbrechen der inneren Struktur des Körpers, er schmilzt.

Während des gesamten Schmelzvorganges ist die Temperatur des Körpers konstant und gleich der Schmelztemperatur. Erst wenn der gesamte Körper geschmolzen ist, kann eine weitere Zufuhr von Energie wieder zu einer Temperaturerhöhung des nunmehr flüssigen Körpers führen. Die Wärmemenge, die während des Schmelzvorgangs zugeführt wurde, nennt man *Schmelzwärme* Q_s.

Die *spezifische Schmelzwärme* q_s gibt an, wieviel Energie oder Arbeit nötig ist, um 1 kg eines festen Stoffes bei konstanter Temperatur zu schmelzen. Sie berechnet sich aus dem Quotienten von Schmelzwärme Q_s und Masse m des Körpers:

$$q_S = \frac{Q_S}{m}$$

Die Einheit der spezifischen Schmelzwärme wird wie folgt angegeben:

$$[q_S] = \frac{[Q_S]}{[m]} = 1\,\frac{J}{kg}$$

Im *Teilchenmodell* kann der Schmelzvorgang wie folgt beschrieben werden: Alle Teilchen im Festkörper (*Kristallstruktur*) führen kleine Schwingungen um ihre ortsfesten Ruhelagen aus. Mit der Zufuhr von Energie nehmen nicht nur die Schwingungen an Heftigkeit und Auslenkung zu, sondern auch der mittlere Teilchenabstand, bis die *Kohäsionskräfte* beim Erreichen der Schmelztemperatur das Kristallgitter nicht mehr zusammenhalten können - der Körper wird flüssig.

Zum Aufbrechen des Kristallgitters muss Arbeit gegen die Kohäsionskräfte verrichtet werden. Diese Arbeit wird von der zugeführten

Schmelzwärme erbracht. Die Schmelzwärme führt also nicht zu einer Erhöhung der mittleren Bewegungsenergie der Teilchen, sondern vergrößert lediglich den Abstand zwischen den einzelnen Kristallbausteinen und erhöht so die potenzielle Energie der Teilchen. Die innere Energie eines Körpers ist im flüssigen Zustand also höher als im festen Zustand (bei gleicher Temperatur).
Es gibt aber durchaus auch Stoffe, für die sich keine bestimmte Schmelztemperatur angeben lässt. Diese Materialien, z. B. Asphalt, Glas oder Wachs, werden erst zähflüssig und gehen nur allmählich in den flüssigen Zustand über.

Typische Schmelztemperaturen und spezifische Schmelzwärmen bei 1013 mbar		
Sauerstoff	-219 °C	14.000 J/kg
Quecksilber	-39 °C	12.000 J/kg
Eis	0 °C	334.000 J/kg
Eisen	1535 °C	270.000 J/kg

Der umgekehrte Prozess, also der Übergang von flüssig zu fest, heißt *Erstarren*. Dabei gibt ein Körper Energie in Form von Wärme ab. Die innere Energie nimmt, ebenso wie die Temperatur, immer weiter ab bis zu einem bestimmten Punkt (*Erstarrungspunkt*, *Erstarrungstemperatur*). Jede Wärmeabgabe darüber hinaus wird nicht mehr zu einer weiteren Temperaturabnahme führen, sondern in den VerfestigungsProzess einfließen.
Im Teilchenbild bedeutet Verfestigen, dass die Heftigkeit der Teilchenbewegung (ungeordnete Bewegung und Schwingungen um nicht ortsfeste Gleichgewichtslagen) immer weiter abnimmt, bis die Kohäsionskräfte beim Erreichen der Erstarrungstemperatur die Teilchen in eine gitterförmige Anordnung zwingen, so dass sie nur noch Schwingungen um ortsfeste Gleichgewichtslagen ausführen können, der Körper wird fest.
Erst wenn der komplette Körper erstarrt ist, wird die Temperatur weiter absinken. Die gesamte, während des Erstarrungsprozesses abgegebene Wärmemenge nennt man *Erstarrungswärme*. Neben der Er-

starrungswärme gibt es noch die *spezifische Erstarrungswärme*. Die Erstarrungswärme, spezifische Erstarrungswärme und die Erstarrungstemperatur sind betraglich gleich der Schmelzwärme, der spezifischen Schmelzwärme bzw. der Schmelztemperatur.
Sehr viele Stoffe dehnen sich bei Erwärmung aus und haben deshalb im flüssigen Zustand eine geringere Dichte (ρ=m/V) als im festen Zustand. Sie benötigen mehr Platz und vergrößern somit ihr Volumen.
Doch keine Regel ohne Ausnahme, und die heißt hier *Wasser*. Wasser hat im festen Zustand eine geringere Dichte als im flüssigen, beansprucht in Eisform daher etwa 10% mehr Platz. Aus diesem Grund kann Eis schwimmen (Eisberge), können Flaschen oder Rohrleitungen zerplatzen. Die dabei auftretenden Kräfte sind ungeheuer groß. Der natürliche VerwitterungsProzess hat hier seine Ursache: Wasser, das auch in kleinste Gesteinsritzen vordringen kann, gefriert im Winter und kann selbst riesige Felsen sprengen. Schmelz- bzw. Erstarrungstemperatur sind druckabhängig.
Andere Stoffe, die ein ähnliches Temperaturverhalten wie Wasser zeigen, sind *Quecksilber* und *Wismut*.
Bei sehr vielen Stoffen steigt die Schmelztemperatur mit steigendem Druck. Da mit dem Schmelzen auch eine Volumenausdehnung verbunden ist, muss gegen den äußeren Druck Ausdehnungsarbeit verrichtet werden. Somit wird der Schmelzvorgang natürlich erschwert.
Auch hier gibt es wieder eine Ausnahme: *Eis*. Da Eis mit zunehmender Temperatur sein Volumen verkleinert, wird der Schmelzvorgang durch erhöhten äußeren Druck begünstigt, die Schmelztemperatur nimmt ab. Würde es diese Ausnahme nicht geben, könnten wir im Winter nicht Schlittschuh laufen (der Druck der Kufen setzt den Schmelzpunkt so weit herab, dass Wasser selbst bei Minusgraden noch flüssig ist und wir darauf gleiten können). Inlandeisgletscher, wie in den Alpen, können sich nur deshalb talwärts schieben, weil ihr großes Gewicht dafür sorgt, dass sie sich auf ihrer Unterseite verflüssigen und so auf einer dünnen Wasserschicht gleiten können. Ansonsten wäre die Gleitreibung zwischen Gletscher und Erdboden zu groß.
Es gibt noch eine physikalische Besonderheit im Zusammenhang mit dem Erstarren: Es ist durchaus möglich, eine Flüssigkeit, die allerdings von sehr hoher Reinheit sein muss, unter die Erstarrungstemperatur abzukühlen, ohne dass sie erstarrt. Diesen Zustand nennt man

Unterkühlung bzw. *unterkühlte Flüssigkeit*. Bringt man dann einen kleinen Fremdkörper ein oder erschüttert die Flüssigkeit kurzfristig, dann erstarrt sie schlagartig.
Die Erstarrungstemperatur einer Flüssigkeit lässt sich durch spezielle Beigaben herabsetzen. Das schönste Beispiel hierfür ist Wasser. Wasser gefriert bei 0°C. Warum ist dann ein Meer wie die Ostsee im Winter nicht immer zugefroren, sondern nur in sehr kalten Wintern? Nun, das Geheimnis liegt im Salz begründet. Gibt man Kochsalz in Wasser, so löst es sich auf, und die Temperatur des Wassers sinkt. Für das Aufbrechen des Kristallgefüges im Salz, also das Auflösen des Salzes, wird Energie benötigt. Die erforderliche Energie (*Lösungswärme*) wird der Bewegungsenergie des Wassers und der Salzkristalle entzogen, worauf natürlich die Temperatur sinkt. Aus diesem Grunde verwendet man im Winter Gefrierschutzmittel z. B. in der Kühlflüssigkeit eines Autokühlers.
Mischt man Kochsalz mit zerstoßenem Eis von 0°C im Massenverhältnis von etwa 1:2, so entsteht eine flüssige Salzlösung, deren Temperatur um -18°C beträgt. Die zum Auflösen des Salzes und zum Schmelzen des Eises erforderliche Wärme wird der Bewegungsenergie der Teilchen (Salz- und Eiskristalle) entzogen, was natürlich die Temperatur der Mischung absenkt. Eine solche Mischung nennt man auch *Kältemischung*.

Verdampfen und Kondensieren

Den Übergang vom flüssigen in den gasförmigen Zustand bezeichnet man als *Verdampfen*. Man unterscheidet hierbei zwischen *Sieden* und *Verdunsten*. Als Sieden bezeichnet man den Übergang bei der *Siedetemperatur* und als Verdunsten den Übergang bei einer Temperatur unterhalb der Siedetemperatur.
Führt man einem (flüssigen) Körper Energie in Form von Wärme zu, dann erhöht sich mit der inneren Energie zwangsläufig auch die Temperatur. Ab einer ganz bestimmten, von Material und Druck abhängigen Temperatur (*Siedetemperatur*) wird die weitere Wärmezufuhr nicht zu einer Temperatursteigerung führen, die Flüssigkeit siedet. Während des Siede- oder Verdampfungsvorganges bleibt die Temperatur konstant. Der Siedevorgang ist beendet, wenn alle Flüssigkeit in den gasförmigen Zustand überführt wurde.

Im Teilchenmodell sieht es entsprechend so aus: alle Teilchen der Flüssigkeit bewegen sich durcheinander und führen dazu noch Schwingungen aus. Mit der Zufuhr von Energie nimmt die Heftigkeit dieser Bewegungen zu, und der mittlere Abstand der Teilchen vergrößert sich (*thermische Volumenausdehnung*). Ist die Siedetemperatur erreicht, bilden sich allenthalben in der Flüssigkeit Dampfblasen, die wegen der geringeren Dichte nach oben steigen und an der Oberfläche der Flüssigkeit den in ihnen enthaltenen Dampf entlassen. Die bei der Siedetemperatur zugeführte Wärme wird also nicht mehr in Bewegungsenergie umgesetzt, sondern dient lediglich zur Vergrößerung des Abstandes der Teilchen untereinander und erhöht somit nur die potenzielle Energie der Teilchen. Damit gilt auch hier: Die innere Energie eines Gases ist bei gleicher Temperatur größer als die einer Flüssigkeit.

Die für den VerdampfungsProzess notwendige Wärmemenge bezeichnet man auch als *Verdampfungswärme* Q_v. Und auch in diesem Fall kann man eine *spezifische Verdampfungswärme* q_v angeben, welche die Wärmemenge bezeichnet, die notwendig ist, um 1 kg einer Flüssigkeit bei konstanter Temperatur in den gasförmigen Zustand zu bringen, also zu verdampfen:

$$q_V = \frac{Q_V}{m}$$

Die Einheit der spezifischen Verdampfungswärme ist die gleiche wie für die spezifische Schmelzwärme.

Typische Siedetemperaturen und spezifische Verdampfungswärmen bei 1013 mbar		
Sauerstoff	-183 °C	214 kJ/kg
Quecksilber	357 °C	285 kJ/kg
Wasser	100 °C	2256 kJ/kg
Eisen	2750 °C	6340 kJ/kg

Eine Flüssigkeit kann durchaus auch bei Temperaturen unterhalb des Siedepunktes in den gasförmigen Zustand übergehen. Man spricht dann von *Verdunsten*. Das Verdunsten einer Flüssigkeit läuft stets an ihrer Oberfläche ab. Eine große Oberfläche und eine hohe Temperatur der Flüssigkeit begünstigen den VerdunstungsProzess. Die zum Verdunsten notwendige Energie wird der unmittelbaren Umgebung und der Flüssigkeit selbst entzogen, weshalb ihre Temperatur absinkt (*Verdunstungskälte*).

> Beispiele: Das Trocknen von nasser Wäsche auf der Leine ist ein VerdunstungsProzess, bei dem das Wasser an der Oberfläche der Wäsche in den gasförmigen Zustand übergeht. Darum fühlt sich nasse Wäsche immer kalt an. Schweiß, der auf der Haut verdunstet, sorgt für eine Abkühlung, da er zum Teil der Hautoberfläche die für das Verdunsten notwendige Wärme entzieht.

Der umgekehrte Prozess, bei dem ein gasförmiger Körper in den flüssigen Zustand übergeht, heißt *Kondensation*.
Dabei gibt ein gasförmiger Körper so lange Wärme ab, bis seine innere Energie und damit seine Temperatur, abhängig von äußerem Druck und Material, einen festen Punkt erreicht hat (*Kondensationstemperatur*, *Kondensationspunkt*), ab dem keine weitere Temperaturabsenkung erfolgt. In dem Moment setzt die Kondensation ein, und der Körper verflüssigt sich. Erst wenn der gesamte Körper in Form einer Flüssigkeit vorliegt, wird eine weitere Wärmeabgabe wieder zu einer Temperaturabsenkung führen.
Die während der Kondensation abgegebene Wärmemenge wird als *Kondensationswärme* bezeichnet. Sie ist betraglich genauso groß wie die Verdampfungswärme. Unter der *spezifischen Kondensationswärme* versteht man die Wärmemenge, die frei wird, wenn 1 kg eines Gases bei konstanter Temperatur in den flüssigen Zustand übergeht. Ihre Einheit ist die gleiche wie die der spezifischen Verdampfungswärme.
Auch beim Verdampfen und Kondensieren unterliegen die meisten Stoffe einer Volumenänderung. Beim Verdampfen dehnen sich alle Stoffe aus, da ein Gas erheblich mehr Platz beansprucht als eine Flüssigkeit. Darum ist die Dichte eines Gases erheblich geringer als die Dichte der entsprechenden Flüssigkeit. Hier gibt es keine Ausnahme.

> Beispiel: Beim Verdampfen werden aus 1 l Wasser etwa 1700 l Wasserdampf (bei 1013 mbar äußerem Druck).

Die Siedetemperatur (=Kondensationstemperatur) ist abhängig vom Material des Stoffes und dem umgebenden Druck. Je höher der äußere Druck, desto höher ist auch die Siedetemperatur.
Auch in diesem Fall gibt es wieder eine Kuriosität. Eine Flüssigkeit von sehr hoher Reinheit kann über die Siedetemperatur hinaus erhitzt werden, ohne dass es zu einem Verdampfen kommt. Dieses Phänomen wird als *Siedeverzug* (*überhitzte Flüssigkeit*) bezeichnet und kann unter Umständen recht gefährliche Folgen haben. Die Verdampfung kann durch das Einbringen eines winzigen Fremdkörpers oder durch eine Erschütterung dann nämlich schlagartig einsetzen und das Volumen sofort enorm vergrößern (*Explosion*).
Aus diesem Grund fügt man in technischen Anlagen, in denen Stoffe von hoher Reinheit verarbeitet werden, diesen Stoffen bereits vor dem Sieden ganz bestimmte Fremdkörper (*Siedesteinchen*) zu, die keinen Einfluss auf den Stoff selbst besitzen und somit die Entstehung eines Siedeverzugs verhindern.

> Beispiel: Wasser siedet unter normalem Luftdruck (1013 mbar) bei 100°C. Im Gebirge wird Wasser aufgrund des geringen Luftdruckes bereits bei viel niedrigeren Temperaturen sieden, oberhalb von 3000 m schon bei 90°C. Das Garen von Speisen dauert daher im Gebirge erheblich länger als im Flachland. Bei Verwendung eines Dampfdruckkochtopfes geht es wegen des hohen Drucks im Inneren des Topfes natürlich sehr viel schneller (auch im Flachland).

Sublimieren und Verfestigen

Mit Sublimieren bezeichnet man den direkten Übergang eines festen Körpers in den gasförmigen Aggregatzustand. Der hierzu umgekehrte Prozess ist das Verfestigen (Resublimieren) eines Gases.

Die entsprechenden Vorgänge können unter bestimmten äußeren Bedingungen (Druck, Temperatur) mit allen bekannten Stoffen durchgeführt werden.

WÄRMETRANSPORT

Unter dem Begriff Wärmetransport fasst man alle Vorgänge zusammen, bei denen sich Energie in Form von Wärme ausbreitet. Der Wärmetransport kann in drei Kategorien eingeteilt werden: *Wärmeströmung (Konvektion)*, *Wärmeleitung* und *Wärmestrahlung*.
Der Wärmetransport verläuft dabei stets vom wärmeren zum kälteren Körper.

Wärmeströmung

Bei der *Wärmeströmung*, oder auch *Konvektion*, wird die innere Energie von strömenden Flüssigkeiten oder Gasen transportiert. Die Abbildung zeigt genau, was man unter Konvektion zu verstehen hat: oberhalb der Erwärmungsstelle wird das warme Wasser aufgrund seiner geringeren Dichte (thermische Volumenausdehnung) aufsteigen, und kaltes Wasser muss von der Seite her nachströmen, um den freien Raum wieder zu füllen. Im oberen Teil des Rohres wird sich das erwärmte Wasser wieder abkühlen, um dann im rechten Teil wieder nach unten zu fließen. Auf diese Art bildet sich innerhalb des Rohres eine Wasserströmung aus, die Wärme (erhöhte innere Energie) mit sich führt (*freie Konvektion*). Wird diese Strömung durch Pumpen oder Gebläse (bei Gasen) unterstützt oder erzeugt, dann spricht man von *erzwungener Konvektion*.

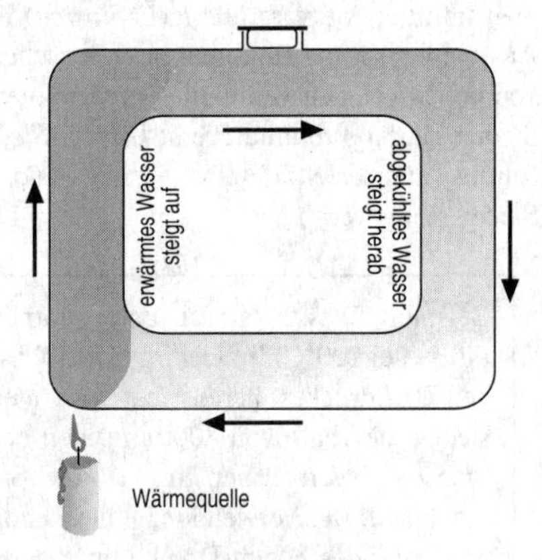

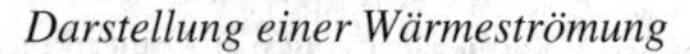
Darstellung einer Wärmeströmung

Auch die Benutzung einer Wärmflasche, die man mit heißem Wasser füllt und mit ins Bett nimmt, ist eine Form von Konvektion.

> *Der Wärmetransport durch Konvektion ist stets mit einem Materietransport verknüpft.*

Beispiele: freie Konvektion: Meeres- und Luftströmungen können Wärme transportieren, die das Klima beeinflussen kann (Golfstrom, Passatwinde). In der Zentralheizung wird Wärme mit dem Wasser in die verschiedenen Heizkörper transportiert. Beim Automotor wird überschüssige Wärme mit dem Kühlwasser abtransportiert.
erzwungene Konvektion: Ein Fön zum Haartrocknen erzeugt einen erwärmten Luftstrom.

Wärmeleitung

Bei der Wärmeleitung wird innere Energie innerhalb eines Körpers weitergeleitet. Dabei besitzen die Teilchen eines Körpers an Stellen mit höherer Temperatur eine größere kinetische Energie. Sie werden diese Energie durch Stöße teilweise an die ihnen benachbarten Teilchen mit geringerer Bewegungsenergie weitergeben. Diese werden ein Gleiches tun, und so wird sich der Wärmetransport von Teilchen zu Teilchen vollziehen, ohne dass Materie mitbewegt wird.

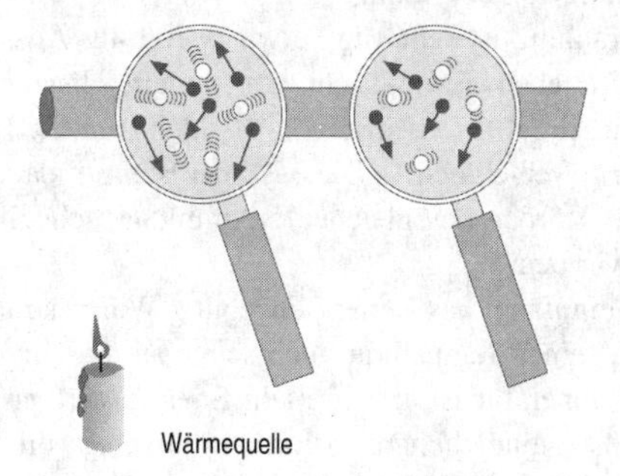

Darstellung der Wärmeleitung

Alle Stoffe unterscheiden sich hinsichtlich ihrer *Wärmeleitfähigkeit*. Alle elektrischen Leiter, insbesondere Metalle, sind beispielsweise auch sehr gute Wärmeleiter. In ihnen transportieren die freien Elektronen die Wärme sehr viel effektiver als die trägen Atomrümpfe, die auf ihren Gitterplätzen festsitzen. Nichtmetalle, wie z. B. Kork, Holz, Glas, Wolle oder Kunststoffe, sind sehr schlechte Wärmeleiter. Gase sind ebenfalls äußerst schlechte Wärmeleiter. Kupfer z. B. leitet die Wärme etwa 550mal besser als Glas, 700mal besser als Wasser und rund 16000mal besser als Luft.
Die schlechte Wärmeleitfähigkeit von Gasen prädestiniert diese geradezu als Wärmedämmstoff für Häuser (Hohlblocksteine, Gasbeton, Doppelverglasung).

Beispiele: Um eine heiße Backform anzufassen, benutzt man meist einen Kochhandschuh oder ein Handtuch. Diese bestehen aus Stoff und leiten die Wärme nur sehr schlecht, wirken also als Wärmeisolatoren. Berührt man ein Kork- bzw. ein Metallstück gleicher Temperatur, so wird man das Metall als sehr viel kälter empfinden, weil es die Körperwärme sehr viel besser, und damit schneller, abführt als das Stück Kork.

Wärmestrahlung

Bei der *Wärmestrahlung* wird die Energie ohne jedes Dazutun von Materie transportiert. Wärmestrahlung wirkt auch im Vakuum (Wärmestrahlung von der Sonne).
Die Wärmestrahlung ist sehr eng verwandt mit der Ausstrahlung von Licht. Sie wird ebenso wie Licht von hellen, glänzenden Flächen *reflektiert* (zurückgeworfen) und von dunklen, matten Flächen recht gut *absorbiert* (verschluckt). Dies ist der Grund dafür, dass sich dunkle, matte Körper bei gleicher Bestrahlung schneller als helle, glänzende erwärmen.
Jeder Körper empfängt aus seiner Umgebung Wärmestrahlung, strahlt aber aufgrund seiner Temperatur auch selbst an die Umgebung ab. Je höher seine Temperatur ist, um so mehr Energie wird er pro Sekunde abstrahlen, also eine höhere *Strahlungsleistung* erbringen. Eine dunkle, matte Oberfläche begünstigt den Wärmeaustausch des Körpers mit der Umgebung.

Ist die Temperatur eines Körpers höher als die Temperatur seiner Umgebung, dann strahlt er mehr Energie ab, als er empfängt, und er wird sich abkühlen. Ist seine Temperatur aber niedriger als die Umgebungstemperatur, dann wird er von der Umgebung mehr Energie empfangen, als er selbst abstrahlt, und in diesem Falle wird er sich langsam aufwärmen. Beide Prozesse dauern jeweils so lange an, bis sich ein Temperaturgleichgewicht zwischen Körper und Umgebung eingestellt hat.
Es gibt also verschiedene Arten des Wärmetransportes. Manchmal möchte man aber jeden möglichen Wärmetransport unterbinden. Eine *Thermosflasche* ist dafür ein wunderbares Beispiel, da hierbei alle drei Transportvorgänge wirksam unterbrochen werden müssen.
Wenn man ein Getränk möglichst lange heiß aufbewahren will, muss eine Wärmeabgabe so gut es geht verhindert werden. Aus diesem Grunde sind Thermosflaschen aus doppelwandigem Glas gefertigt und dazwischen evakuiert. Die Glaswände sind nach innen und außen verspiegelt und darüber hinaus noch in einem Schutzbehälter isoliert gelagert.

Beispiele: Heizstrahler oder Infrarotlampen übertragen die Wärme per Strahlung, so dass es zu keinem Kontakt mit dem Strahler kommt. Helle Kleidung im Sommer schützt vor der Einstrahlung der Sonne, dunkle Kleidung im Winter begünstigt die Wärmeaufnahme durch Sonnenstrahlung.

Heizen und Kühlen

Nachdem nun die Arten des Wärmetransportes vorgestellt wurden, stellt sich die Frage nach der Nutzung dieser Möglichkeiten. Die verschiedenen Transportvorgänge werden in den weitaus meisten Fällen beim Heizen und Kühlen benötigt. Dies soll im weiteren an verschiedenen Beispielen veranschaulicht werden.
In einem *Kühlschrank* befindet sich im Innenraum der Verdampfer. Eine Flüssigkeit (*Kältemittel*) wird hier in Rohrleitungen unter vermindertem Druck verdampft. Die dazu notwendige Wärme (Verdampfungswärme) wird dem Innenraum des Kühlschranks entzogen. Eine Pumpe (*Kompressor*) saugt den Dampf ab und presst ihn in Rohrschlangen (*Kondensator*) außerhalb des Kühlschranks. Hier

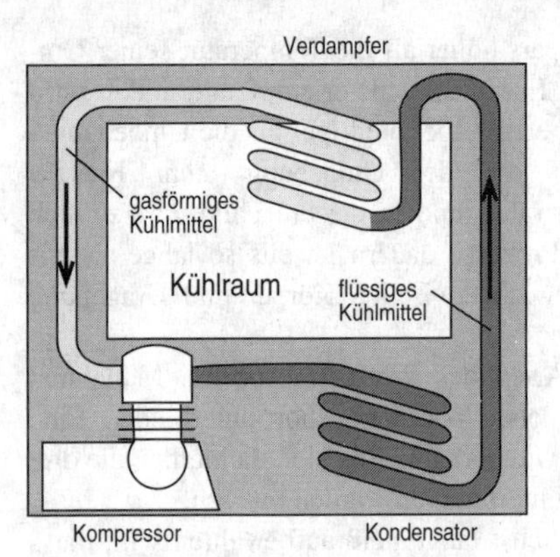

Funktionsprinzip eines Kühlschranks

kondensiert der Dampf unter erhöhtem Druck und gibt dabei Kondensationswärme ab. Die Flüssigkeit gelangt danach erneut in den Verdampfer. Es handelt sich somit um einen geschlossenen Kreislauf, und insgesamt wird ständig Energie aus dem Kühlschrankinneren tiefe Temperatur) nach außen (hohe Temperatur) gepumpt.

Eine *Wärmepumpe* vollzieht ebenfalls diesen Kreislauf, jedoch in umgekehrter Richtung. Sie entzieht der Außenluft oder dem Grundwasser Energie und führt diese dem Hausinneren zum Heizen zu. Der Verdampfer wird also nach draußen verlegt. Die entnommene Wärme wird in der Regel im Haus vom Kondensator an das Heizungswasser abgegeben. Dabei kann die Wärmepumpe etwa 3mal soviel Wärme abgeben, wie ihr, z. B. in Form von elektrischer Energie, zum Betrieb zugeführt werden muss. In beiden Fällen handelt es sich um eine erzwungene Konvektion.

Gibt es auch eine Möglichkeit, den Vorgang der Wärmestrahlung im Bereich Heizen oder Kühlen zu nutzen? Die Antwort lautet: Ja.

Die Sonne strahlt pro Sekunde eine Energie von etwa $3{,}7 \cdot 10^{26}$ J in den Weltraum ab. Davon gelangt ein winziger Bruchteil zur Erde. In großer Höhe beträgt die einkommende *Strahlungsleistung*, also die Energie, die pro Sekunde auf 1 m^2 auftrifft, ungefähr 1,37 kW. Diesen Wert nennt man auch *Solarkonstante:*

$$\boxed{L_o = 1{,}37\,\mathrm{kW/m^2}}$$

In Mitteleuropa beträgt die empfangene Strahlungsleistung der Sonne an der Erdoberfläche unter günstigen Bedingungen etwa 1 kW/m^2.

Diese von der Natur kostenlos zur Verfügung gestellte Energie wird in zunehmendem Maße genutzt: in *Sonnenkollektoren*, *Solarzellen* und *Sonnenöfen*. Die gängigste Anwendung ist der *Sonnenkollektor*. In diesem wird Wasser durch die Einstrahlung der Sonne erwärmt. Diese Wärme gelangt dann über *Konvektion* an einen sog. *Wärmetauscher*. Der Wärmetauscher ist dabei lediglich ein Gerät, das zur Energieübertragung von einem Körper höherer Temperatur zu einem Körper niedrigerer Temperatur dient. Von hier kann die Wärme dann vielfältig genutzt werden, etwa zur Einspeisung in die Heizungsanlage.

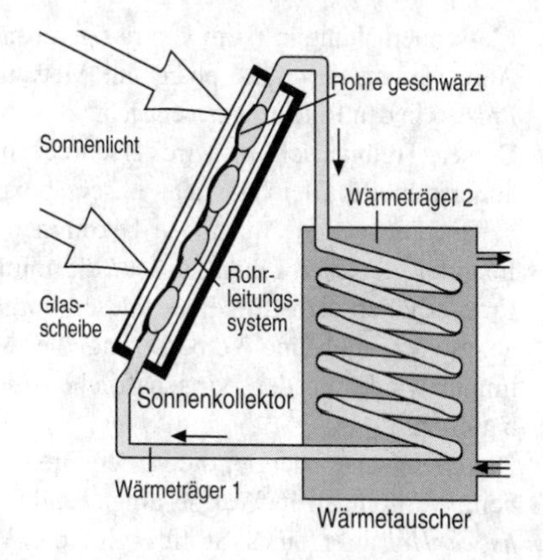

Schema eines Sonnenkollektors

Treibhauseffekt

Die Wärmestrahlung von der Sonne hat aber nicht nur Vorteile. Glas ist zwar für die Wärmestrahlung der Sonne recht gut durchlässig, aber nicht mehr für die von den erwärmten Gegenständen ausgehende Strahlung. Dies weiß jeder, der schon einmal ein Treibhaus betreten hat oder einen Wintergarten sein eigen nennt. Einem Treibhaus wird mehr Energie zugestrahlt, als es selbst wieder abstrahlen kann. Die Folge: das Innere erwärmt sich.

Die zunehmende Anreicherung der Erdatmosphäre mit Kohlendioxid und Methan infolge der Verbrennung von Biomasse und durch Massentierhaltung bewirkt einen globalen Treibhauseffekt.

Dabei versteht man unter Biomasse zum einen die fossilen Brennstoffe wie Kohle, Erdöl und Erdgas, die im Laufe von Jahrmillionen entstanden sind und chemische Energie gespeichert haben, und zum anderen den pflanzlichen Bewuchs unseres Planeten, der durch fortgesetzte Abholzung und Brandrodung einen nicht abzuschätzenden Schaden erleidet.

Massentierhaltung in Form von riesigen Rinderherden trägt erheblich zur Anreicherung der Atmosphäre mit Methan bei, das beim Verdauungs-Prozess in den Rindermägen entsteht.
Dieser Treibhauseffekt wird erschreckende Auswirkungen auf das äußerst labile Gleichgewicht unseres ökologischen Systems „Erde" haben. Die ersten Anzeichen bekommen wir bereits zu spüren: die Inlandeisgletscher gehen zurück, die mittleren Temperaturen auf der Erde erhöhen sich. Ein Ende dieser Vorgänge ist bislang noch nicht abzusehen, und eine Verbesserung dieses Zustandes scheitert leider immer wieder an den wirtschaftlichen Interessen mancher Industrienationen...
Die chemische Energie, die in den Brennstoffen gespeichert ist, wird beim Verbrennen in Wärme umgewandelt und freigesetzt. Der *spezifische Heizwert* eines Stoffes gibt die Wärmemenge an, die beim Verbrennen von 1 kg dieses Stoffes frei wird.

Einige spezifische Heizwerte	
trockenes Holz	16.000 kJ/kg
Braunkohle	20.000 kJ/kg
Steinkohle	30.000 kJ/kg
Heizöl	42.000 kJ/kg
Wasserstoff	140.000 kJ/kg

WÄRMEKRAFTMASCHINEN

Wärmekraftmaschinen dienen zur Umwandlung der inneren Energie eines Gases in mechanische Energie, die dann zum Antrieb von Pumpen oder Generatoren verwendet werden kann.
In Abhängigkeit von der Art der Energiezufuhr unterscheidet man zwischen *Dampfmaschinen* und *Verbrennungsmaschinen*.
Nach den Vorarbeiten von *Papin* (1647–1714) und *Savery* (um 1700), die unabhängig voneinander Dampfpumpen konstruierten, baute der Engländer *Newcomen* (1663–1729) im Jahre 1712 die erste funktionierende Dampfmaschine. Nachdem diese Dampfmaschine von *James*

Watt (1736–1819) wesentlich verbessert wurde, begann ein Zeitalter der technischen Revolution: die Industrialisierung nahm ihren Lauf. Während *Newcomen* und *Watt* noch Kolbendampfmaschinen bauten, traten in der zweiten Hälfte des 19. Jahrhunderts bereits die ersten *Dampfturbinen* und *Verbrennungsmaschinen* auf. *G.P. de Laval* (1835–1912) entwickelte 1883 die erste Dampfturbine, und *Etienne Lenoir* (1822–1900) konstruierte 1860 den ersten, noch mit Stadtgas betriebenen Verbrennungsmotor nach Ideen von *Christiaan Huygens* (1629–1695) und *Papin*. Der von *Lenoir* konstruierte Motor war zwar noch recht schwerfällig, jedoch fanden sich sehr schnell viele Ingenieure und Techniker, welche das Prinzip aufgriffen und weiterentwickelten. *Christian Reithmann* (1818–1909) baute bereits zwischen 1872 und 1873 den ersten 4-Takt-Motor. Nur vier Jahre später stellte *Nikolaus August Otto* (1832–1891) sein Modell eines Gasmotors vor. Die weitere Entwicklung des Verbrennungsmotors, der nach *Otto* auch als *Ottomotor* bezeichnet wird, ist verknüpft mit Namen wie *Eugen Langen* (1833–1895), *Gottlieb Daimler* (1834–1900) und *Wilhelm Maybach* (1846–1929).
Eine Verbesserung der Wirtschaftlichkeit von Verbrennungsmotoren gelang dem Ingenieur *Rudolf Diesel* (1858–1913) 1897 mit der Konstruktion des nach ihm benannten *Dieselmotors*.
Die Bestandteile eines Otto- oder Dieselmotors unterliegen einer erheblichen Belastung durch die großen Kräfte, die beim Bewegen des Kolbens auftreten. Dies fördert natürlich die Verschleißanfälligkeit solcher Motoren. Eine Verbesserung stellt hier der sog. *Drehkolbenmotor*, 1954 von *Ferdinand Wankel* entwickelt, dar. Leider hat sich der *Wankelmotor* nie so recht durchsetzen können.
Die Entwicklung der Wärmekraftmaschinen hat die bisher größte Wandlung im gesellschaftlichen Umfeld des Menschen verursacht. Was mit der Dampfmaschine begonnen hat, ist heute noch nicht vollendet. Die Wärmekraftmaschinen haben nicht nur unsere Umwelt und Lebensbedingungen verändert, sondern auch eine neue menschliche Denkweise hervorgerufen. Die Prinzipien der Humanität wurden weiterentwickelt, und für den modernen Menschen ist es selbstverständlich, dass Maschinen einen großen Teil unserer Arbeit übernehmen und dadurch zu einer Erhöhung der Lebensqualität beitragen. Wärmekraftmaschinen ist eine schnelle Verbreitung von Kultur und Wissen zu verdanken, und die persönliche Mobilität eines jeden einzelnen ist kein besonderes Privileg mehr.

Natürlich hatte diese Entwicklung auch ihre Schattenseiten: kriegerische Konflikte konnten z. B. auf einmal über enorme Distanzen geführt werden und waren nicht mehr auf eng begrenzte Gebiete beschränkt, und heute gerät auch zunehmend die ökologische Kehrseite der Industrialisierung in das Blickfeld der Öffentlichkeit. Die Wärmeverluste in den verschiedenen Wärmekraftmaschinen werden zu einem Großteil an die unmittelbare Umgebung abgegeben und tragen somit zu lokalen Klimaveränderungen bei. Ebenso muss man sich heute auch Gedanken über die bei einer Verbrennung entstehenden Folgeprodukte machen, die erheblich zur Umweltbelastung beitragen. Dabei sind mit diesen Folgeprodukten nicht nur jene Produkte oder Prozesse zu berücksichtigen, die ausschließlich beim Betrieb der Wärmekraftmaschine entstehen, sondern auch solche, die bei der Weiterverwendung der zur Verfügung gestellten Energie auftreten, beispielsweise in industriellen Produktionsbetrieben. Dort entstehen dann ebenfalls wieder Abfallprodukte, die ihrerseits das ökologische Gleichgewicht weiter beeinflussen können. Aus diesen genannten Gründen müssen zukünftige Konstruktionen von Wärmekraftmaschinen stets auch unter ökologischen Gesichtspunkten erfolgen.

Dampfmaschinen

Eine Dampfmaschine besteht im wesentlichen aus einer *Kesselanlage* und dem *Arbeitsraum*. In der Kesselanlage wird unter hohem Druck (etwa 200 bar) extrem heißer Wasserdampf von ungefähr 500°C erzeugt, der sich dann in der eigentlichen „Dampfmaschine", dem Arbeitsraum, ausdehnen kann und damit einen Kolben (*Kolbendampfmaschine*) oder eine Turbine (*Dampfturbine*) antreibt. Im Gegensatz zur Kolbendampfmaschine wird in einer Dampfturbine direkt, ähnlich einer Windmühle, ohne Umweg über Pleuelstange und Kurbelwelle, eine Drehbewegung erzeugt. Dazu wird der heiße Dampf unmittelbar auf die Schaufeln eines Laufrades gelenkt, das dadurch in Rotation versetzt wird.
Die Energieverluste (Reibung und Abwärme durch Abgase und Transport des Wasserdampfes von der Kesselanlage bis in den Arbeitsraum), die bei einer Kolbendampfmaschine zwangsläufig auftreten, sind ganz erheblich. So stehen nur etwa 20% der zugeführten Energie für eine mechanische Arbeit zur Verfügung. Bei Dampfturbinen liegt die „Arbeitsausbeute" mit 35% schon erheblich höher.

Die Energie, die dem heißen Wasserdampf innewohnt, wird im Allgemeinen aus der Verbrennung von Biomasse gewonnen. Zum Betrieb moderner Dampfturbinen nutzt man heutzutage auch die Wärme aus atomaren Prozessen zur Erwärmung bzw. Verdampfung des Wassers.
Die große Zeit der Kolbendampfmaschinen ist jedoch schon lange vorbei, am bekanntesten waren wohl die Dampflokomotiven und die Dampfschiffe.
Heute gibt man in einem Kraftwerk und für Schiffsantriebe der Dampfturbine den Vorzug.

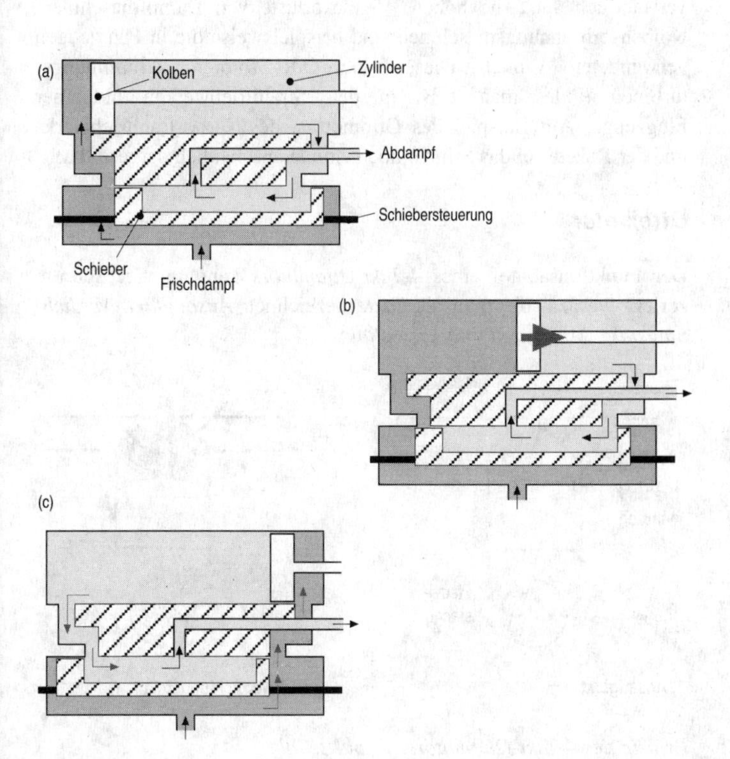

Prinzip der Kolbendampfmaschine (mit Schiebersteuerung)

Verbrennungsmaschinen

Die weiteste Verbreitung haben aber die Verbrennungsmaschinen gefunden. Im Gegensatz zu den Dampfmaschinen benötigt eine Verbrennungsmaschine keine Kesselanlage mit Feuerung. Die innere Energie wird direkt aus dem VerbrennungsProzess eines Energieträgers gewonnen und in mechanische Energie umgewandelt.
Bei den Verbrennungsmaschinen kann man ebenfalls zwischen *Kolbenverbrennungsmaschinen* und *Verbrennungsturbinen* unterscheiden. Die bei der Verbrennung entstehenden Explosionsgase treiben direkt den Kolben bzw. die Turbine an. Damit vermeidet man selbstverständlich auch die hohen Wärmeverluste von Dampfmaschinen. Kolbenverbrennungsmaschinen sind beispielsweise die in Fahrzeugen verwendeten Wankel-, Diesel- oder Otto-Motoren. Verbrennungsturbinen findet man z. B. in den Strahltriebwerken moderner Flugzeuge. Am Beispiel des Ottomotors, des Turbostrahltriebwerks und der Rakete sei das Prinzip noch einmal anschaulich dargestellt.

Ottomotor

Der Funktionsablauf eines *4-Takt-Ottomotors* kann in vier Schritte zerlegt werden, die man als *Takte* bezeichnet: *Ansaugtakt*, *Verdichtungstakt*, *Arbeitstakt* und *Auspufftakt*.

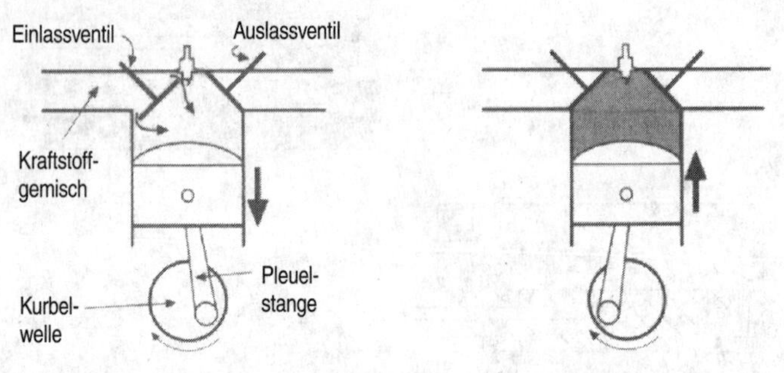

Prinzip des 4-Takt-Ottomotors: 1. und 2. Takt

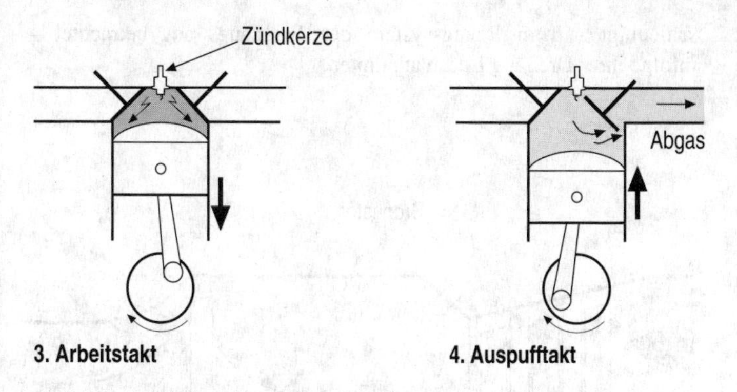

Prinzip des 4-Takt-Ottomotors: 3. und 4. Takt

Im Ansaugtakt wird ein Brennstoffgemisch durch die Abwärtsbewegung des Kolbens in den Zylinder (*Arbeitsraum*) gesaugt. Bei der Aufwärtsbewegung wird dieses Gemisch dann hochkomprimiert und somit auch stark erwärmt (*Verdichtungstakt*). Zum Zeitpunkt der größten Verdichtung genügt ein Funke der Zündkerze, um das Gemisch zur Explosion zu bringen. Der dabei entstehende hohe Gasdruck treibt den Kolben wieder abwärts, wobei diese Bewegung über Pleuelstange und Kurbelwelle zur Verrichtung von Arbeit ausgenutzt wird (*Arbeitstakt*). Durch den Schwung bewegt sich der Kolben wieder nach oben und befördert die entstandenen Verbrennungsgase (*Abgas*) aus dem Zylinder nach draußen (*Auspufftakt*). Der nächste Takt wäre dann wieder ein Ansaugtakt.
Um nun beispielsweise in einem Automotor einen gleichmäßigen Lauf zu erhalten, muss man wenigstens 4 derartige Motoren in Reihe schalten (4-Zylinder-Motor), damit bei jeder Kolbenbewegung ein Arbeitstakt vorliegt. Ist dies nicht der Fall, dann wird sich der Motor, und damit auch das Auto, nur noch ruckelnd vorwärts bewegen.

Turbostrahltriebwerk

Flugzeuge können durch Luftschrauben (Propellerflugzeuge) oder durch Strahltriebwerke (Düsenflugzeuge) angetrieben werden. Die Luftschraube wird durch einen Kolbenmotor angetrieben und beschleunigt – vom Bezugssystem des Flugzeugs aus betrachtet – infolge ihrer Drehung Luft nach hinten.

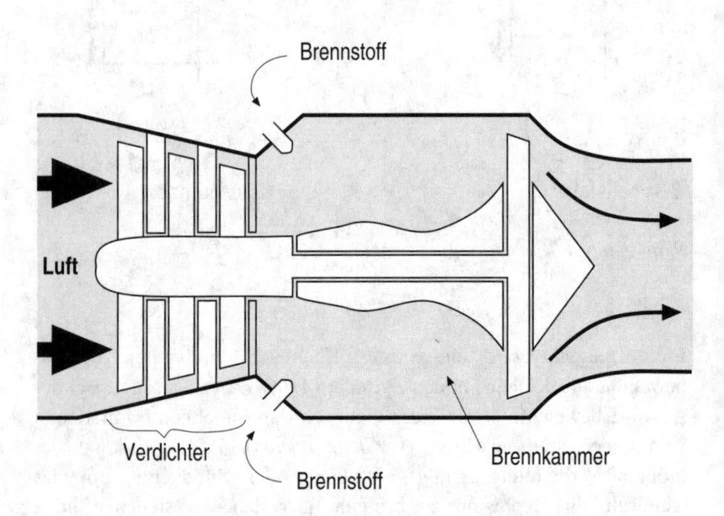

Funktionsprinzip des Turbostrahltriebwerks

Dieser Luftstrahl erzeugt dann aber eine nach vorn gerichtete Gegenkraft, die das Flugzeug antreibt. Eine ähnliche Funktionsweise hat das Strahltriebwerk, in dem ein Gasstrahl nach rückwärts beschleunigt wird und das Flugzeug vorwärts schiebt. Die Abbildung zeigt im Querschnitt ein Turbostrahltriebwerk, wie es in der Zivilluftfahrt an modernen Flugzeugen verwendet wird. Es besteht aus einem Verdichter, der Luft ansaugt und komprimiert. Dieser Druckluft wird dann in der Brennkammer der Treibstoff zugeführt. Das so entstandene Gemisch wird entzündet und verbrennt explosionsartig unter erheblicher Vergrößerung seines Volumens. Da sich das Gas innerhalb des Triebwerks aber nur in einer Richtung ausdehnen kann, erzeugt es einen enormen Rückstoß, der das Flugzeug vorwärts treibt. Ein Teil der so gewonnenen Bewegungsenergie wird dabei zum Antrieb des Verdichters über eine Gasturbine abgezweigt.

Rakete

Auch eine Rakete ist im Prinzip nichts anderes als eine Wärmekraftmaschine, ein gigantisches Strahltriebwerk. Damit eine Rakete aber auch in den luftleeren Raum vordringen kann, muss sie den zur Verbrennung notwendigen Sauerstoff selber mitführen. Dieser und der Brennstoff (z. B. Wasserstoff oder Kerosin) werden in der Brennkammer zusammengeführt und kontrolliert zur Explosion gebracht. Auch in diesem Falle treibt der Rückstoß der ausströmenden Gase die Rakete vorwärts.

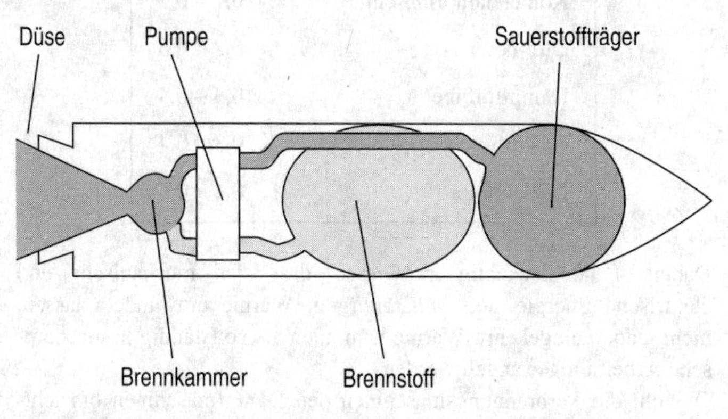

Schematische Darstellung einer Rakete

Wirkungsgrad

Jede Wärmekraftmaschine wird nur einen Teil der ihr zugeführten Wärme in Form von nutzbarer mechanischer Arbeit weitergeben. Der *Wirkungsgrad* η gibt dabei das Verhältnis von möglicher Nutzarbeit W zur zugeführten Wärmemenge Q an:

$$\text{Wirkungsgrad} = \frac{\text{abgegebene Nutzarbeit}}{\text{zugeführte Energie}} \qquad \eta = \frac{W}{Q}$$

Der Wirkungsgrad jeder Wärmekraftmaschine ist immer kleiner als 1 bzw. kleiner als 100%. Ein Wirkungsgrad von 0,45 oder 45% bedeu-

tet, dass nur 45% der eingesetzten Energie nach Umwandlung durch die Maschine als nutzbare Arbeit zur Verfügung stehen.
Damit kennzeichnet der Wirkungsgrad die Wirtschaftlichkeit einer Wärmekraftmaschine: je größer der Wert des Wirkungsgrades, um so wirtschaftlicher arbeitet die Maschine bzw. um so mehr Arbeit kann mit ihr verrichtet werden.

Wirkungsgrad einiger Wärmekraftmaschinen	
Kolbendampfmaschine	0,1 – 0,2
Ottomotor	0,2 – 0,3
Dampfturbine	0,3 – 0,4
Gasturbine	0,3 – 0,4
Dieselmotor	0,4 – 0,5

Dabei ist noch wichtig zu wissen, dass sich mechanische und elektrische Energie stets *vollständig* in Wärme umwandeln lassen, nicht jedoch umgekehrt. Wärme kann niemals vollständig in mechanische Arbeit umgewandelt werden.
Obwohl die Verbrennungsmaschinen den Dampfmaschinen hinsichtlich des Wirkungsgrades meist überlegen sind, werden auch heute noch Dampfmaschinen konstruiert und eingesetzt. Neben dem Wirkungsgrad spielen auch andere Faktoren eine nicht unerhebliche Rolle, z. B. Brennstoffkosten, Raumbedarf, Wartungskosten oder Lebensdauer. Technische und wirtschaftliche Vorgaben bzw. Grenzen verhindern ein beliebiges Steigern des Wirkungsgrades.
Kolbendampfmaschinen leisten heutzutage bis zu 3,5 MW, ein Dieselmotor kann wirtschaftlich bis zu 22 MW leisten, und in Großkraftwerken werden Dampfturbinen bis etwa 500 MW eingesetzt.

ELEKTRIZITÄTSLEHRE

MAGNETISMUS

Ein natürlicher *Magnet* besteht aus bestimmten Eisenerzen (*Magneteisenstein*), die auf verschiedene andere metallische Körper, z. B. Eisen, anziehende Kräfte ausüben. Dieses Phänomen wird als *Magnetismus* bezeichnet. Ein Magnet ist nur an seiner Wirkung auf einen anderen Körper erkennbar. Wir Menschen besitzen kein natürliches Sinnesorgan zur direkten Wahrnehmung von Magnetismus.

Bereits in der Antike waren die geheimnisvollen Kräfte des Magnetismus bekannt, wie uns durch *Thales von Milet* (ca. 624–546 v. Chr.) überliefert ist. Wenn man dem römischen Geschichtsschreiber *Plinius* (24–79) Glauben schenken darf, dann wurde der Magnetismus durch den Hirten Magnes entdeckt, als dieser zufällig an einen Ort kam, an dem die Eisenspitze seines Hirtenstabes wie durch Zauberei am Boden haften blieb. Er grub die Erde um und fand den dann nach ihm benannten Stein Magnetes.

Tatsächlich aber wird der Magnetstein nach der antiken Stadt Magnesia benannt sein. Nach *Alexander von Aphrodisia* (um 200) war der Magnetstein gleich einem Tier, das nach Eisen hungert. Schon *Plutarch* (50–125) schrieb den alten Ägyptern Kenntnisse über die Polarität des Magneten zu. Und von *Augustinus* (354–430) wissen wir, dass die Wirkung des Magneten durch eine silberne Platte nicht abgeschwächt wurde.

Im 13. Jahrhundert führte man dann gezielt Experimente zum Magnetismus durch. Allerdings gingen die meisten der Erkenntnisse im Mittelalter wieder verloren, da die Menschen ein viel größeres Interesse an Magie und Zauberei hatten. Auch ein Zeitgenosse Martin Luthers, der Arzt und Gelehrte *Paracelsus* (1493–1541), schrieb den magnetischen Kräften heilende Eigenschaften zu, die aber eher dem Aberglauben des Volkes entstammten und zum Teil auch heute, am Ende des 20. Jahrhunderts, noch von sog. Wunderheilern verbreitet werden.

In natürlichen Erzen ist der Magnetismus nur schwach ausgeprägt. Um ihn technisch nutzen zu können, werden künstliche Magnete aus Stahl oder anderen Werkstoffen hergestellt (*ferromagnetische Stoffe*).

Unter dem Begriff *ferromagnetische Stoffe* fasst man alle diejenigen Materialien zusammen, die magnetisierbar sind und in Bezug auf den Magnetismus ein ähnliches Verhalten aufweisen wie Eisen (lat. *ferrum*). Dazu gehören vor allem Nickel, Kobalt und viele Legierungen dieser Metalle.
Künstlich hergestellte *Dauermagnete* können ihre magnetischen Eigenschaften über mehrere Jahre hinweg beibehalten. Die Form eines Magneten kann dabei ebenso vielfältig sein wie sein Anwendungsbereich.

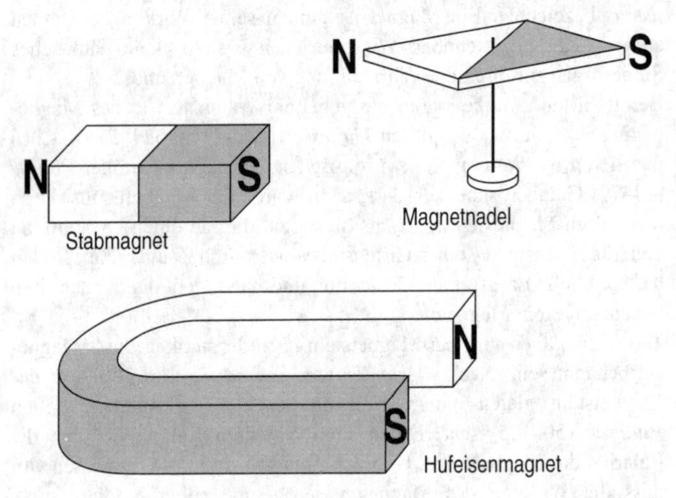

Verschiedene Formen von Magneten

Im Gegensatz zu den Kräften, die infolge der Gravitation auftreten, können magnetische Kräfte sowohl *anziehend* wie auch *abstoßend* auf andere Körper oder Magnete wirken. Magnetische Kräfte wirken durch fast alle Stoffe hindurch, lassen sich aber durch ein ferromagnetisches Material abschirmen.
Daraus kann man ableiten, dass magnetische Kräfte von ganz anderer Natur sein müssen als die Massenanziehungskräfte.
Experimente zeigen ferner, dass ein Magnet, unabhängig von seiner Form, stets über zwei Bereiche verfügt, an denen die Magnetwirkung besonders stark hervortritt. Diese Bereiche werden als *Magnetpole* bezeichnet.

Eine Besonderheit ist die Magnetkraft zwischen den Polen. Wenn man zwei Magnete zusammenbringt, so werden sie sich ausrichten und Pol zu Pol anziehen. Dreht man jedoch einen der beiden Magnete derart, dass der andere Pol gegenüber dem Pol des anderen Magneten steht, dann wird man eine abstoßende Kraft bemerken.

Die beiden Pole sind also durchaus nicht gleichwertig, und zu ihrer Unterscheidung könnte man sie mit Plus- und Minus-Pol bezeichnen. Durchgesetzt hat sich allerdings eine etwas andere Benennung. Hängt man nämlich einen Magneten leicht drehbar auf, so wird er sich immer drehen und entlang einer ganz bestimmten Richtung orientieren. Diese Richtung entspricht dann ziemlich genau der geographischen Nord-Süd-Richtung. Der in Richtung Norden weisende Magnetpol wird danach als *magnetischer Nordpol* bezeichnet als *magnetischer Südpol* entsprechend der andere. Man macht sich dieses Verhalten in einem *Magnetkompass* zunutze, wo eine drehbar gelagerte *Magnetnadel* stets in Nord-Süd-Richtung zeigt.

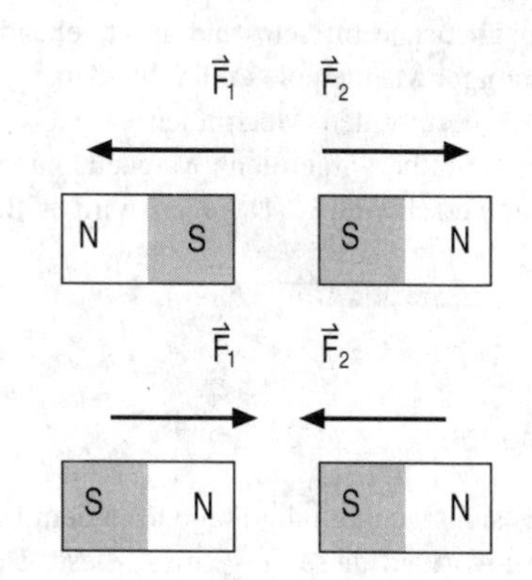

Kraftwirkung der Magnetpole eines Stabmagneten

Ungleichnamige Magnetpole (S-N) ziehen sich an, gleichnamige (N-N oder S-S) stoßen sich ab.

Da ein Magnet also über zwei verschiedene Pole verfügt, die stets entgegengesetzt lokalisiert sind, bezeichnet man ihn auch als *magnetischen Dipol*. Bis zum heutigen Tage wurden noch keine *magnetischen Monopole* (Einzelpole) entdeckt. In der Frühzeit des Universums mag es welche gegeben haben, und theoretisch könnten sogar welche existieren. Die Entdeckung eines magnetischen Monopols hätte ungeheure Auswirkungen auf die gesamte Physik, aber sie ist sehr unwahrscheinlich.

Ein nichtmagnetischer Stoff aus einem ferromagnetischen Material kann durch Annähern eines Magneten seinerseits zum Magneten werden. Man bezeichnet diesen Vorgang als *magnetische Influenz*. Dabei werden die beiden Magnete mit ungleichnamigen Polen zueinander ausgerichtet sein. Die magnetische Anziehungskraft zwischen einem Magneten und einem ferromagnetischen Material kann dann durch magnetische Influenz und anschließende Anziehung zweier ungleichnamiger Magnetpole erklärt werden.
Bei bestimmten Materialien, wie etwa *Weicheisen,* wird der durch Influenz hervorgerufene Magnetismus nach einer gewissen Zeit wieder verschwinden. Dagegen wird z. B. Stahl dauerhaft magnetisiert bleiben.

Modell

Es stellt sich nun die Frage nach dem Ursprung des Magnetismus. Die Antwort auf diese Frage muss dieses Buch leider schuldig bleiben, da dieses Gebiet zu einem der schwierigsten in der theoretischen Physik gehört und eine Erörterung der Ursachen den Rahmen sprengen würde.
Für das weitere Verständnis soll daher ein gedankliches Modell konstruiert werden. Das Modell der *Elementarmagnete.*
Was passiert, wenn man einen magnetischen Dipol in der Mitte zwischen den Polen zerteilt? Nun, die beiden Teilstücke werden, jedes für sich, die gleichen Eigenschaften und das gleiche Verhalten wie der ursprüngliche Dipol zeigen. Diese Zerteilung lässt sich natürlich immer weiter fortsetzen. Und jedesmal werden wieder neue Dipole entstehen.
Irgendwann allerdings wird man an eine Grenze gelangen. Alle Materie ist ja aus sog. kleinsten Teilchen (Atome) aufgebaut, die sich nicht weiter zerteilen lassen. Die kleinsten Magnete, die sich durch obige Zerteilung konstruieren lassen, nennt man *Elementarmagnete.* Somit ist der Magnetismus also offenbar eine Eigenschaft der Atome selbst.
Diese sind, wohlgemerkt, nur ein gedankliches Modell. Über den tatsächlichen Aufbau eines Elementarmagneten und die Größe eines solchen kann man auf diese Weise keine Aussage machen.

Wichtig ist nur, ob dieses Gedankenmodell auch alle physikalischen Vorgänge des Magnetismus erklärt und ob es in der Lage ist, auch Voraussagen zu treffen, die sich experimentell verifizieren lassen.
Ein entscheidender Punkt ist die Frage, warum manche Stoffe magnetisch sind und andere nicht.

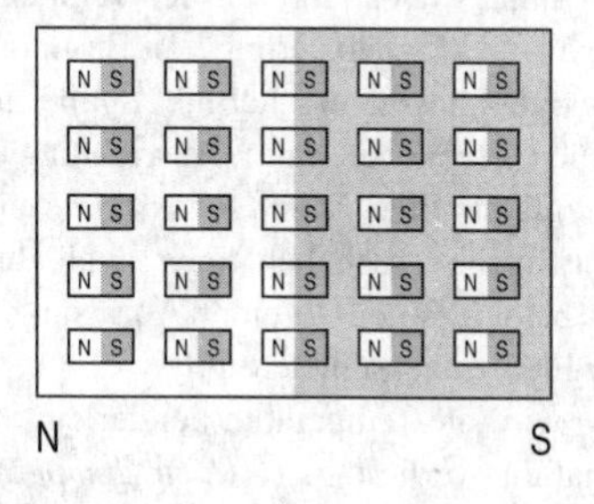

Magnetisierter Stoff nach dem Modell der Elementarmagnete

Wenn sich ein Magnet aus einzelnen Elementarmagneten zusammenfügen lässt, dann sind alle diese Magnete parallel und gleich ausgerichtet wie die Abbildung zeigt. Im Inneren des Magneten kompensieren sich die Magnetwirkungen der gegenüberstehenden ungleichnamigen Magnetpole, an den Enden des Magneten kommt es dagegen durch Zusammenwirken der gleichnamigen Pole zu einer Verstärkung der Magnetwirkung.

Nicht magnetisierter Stoff nach dem Modell der Elementarmagnete

Zerschneidet man den Dipol, dann ist es jetzt auch einsichtig, warum immer wieder nur Dipole entstehen (Elementarmagnete lassen sich nicht zerteilen).
In einem ferromagnetischen Material, das nicht magnetisiert ist, liegen die einzelnen Elementarmagnete kreuz und quer durcheinander und kompensieren sich so in ihrer Wirkung auch nach außen hin. Mit dem Modell der Elementarmagnete ist man auch in der Lage zu verstehen, was mit dem Begriff *Magnetisieren* eigentlich gemeint ist. Der Vorgang besteht schlicht und einfach darin, die regellos verteilten magnetischen Dipole

innerhalb eines ferromagnetischen Stoffes gezielt auszurichten. Dies kann z. B. durch die Magnetwirkung eines sehr starken Magneten erreicht werden. Das Modell erklärt auch, warum sich ein Körper nicht beliebig stark magnetisieren lässt. Wenn alle Dipole ausgerichtet sind, ist eine magnetische Sättigung erreicht.
Die Magnetisierung ist darüber hinaus abhängig von der Temperatur des Stoffes. So ist beispielsweise eine Magnetisierung von Eisen oberhalb von 770°C nicht mehr möglich, weil die heftige *Temperaturbewegung* der kleinsten Teilchen eine dauerhafte Ausrichtung der Elementarmagnete nicht mehr zulässt. Eine *Entmagnetisierung* eines Stoffes kann ebenfalls durch Erhitzen geschehen, aber auch durch starke Erschütterungen, was in beiden Fällen zu einer Auflösung der gleichsinnigen Ausrichtung der Elementarmagnete führt.
Nach *Pierre Curie* (1859–1906) wird die Temperatur, bei der ein Stoff seine magnetischen Eigenschaften verliert, als *Curie-Temperatur* bezeichnet.

Magnetfeld

Der Bereich, in dem die magnetischen Kräfte eines Magneten wirksam werden können, wird als *Magnetfeld* bezeichnet. Das Magnetfeld überträgt, gleichsam wie das Schwerefeld, die magnetischen Kräfte. Es ist nicht an einen materiellen Träger gebunden und prinzipiell von unbegrenzter Reichweite. Mit zunehmender Distanz vom Magneten nimmt allerdings die Stärke des Feldes und somit auch die Stärke der Kraftwirkung ab.
Magnetfelder sind unsichtbar, können aber visualisiert werden. Zur grafischen Darstellung von Magnetfeldern zeichnet man *Magnetfeldlinien*. Der Verlauf dieser Feldlinien gibt in jedem Punkt des Feldes die Richtung der magnetischen Kräfte wieder. Diese Feldlinien sind aber auch nur ein gedankliches Modell. Sie dienen lediglich zur Veranschaulichung der Realität.
Die Magnetfeldlinien werden jeweils mit einer Richtung versehen, welche die Richtung der Kraft angibt, die ein magnetischer Nordpol im Magnetfeld erfährt. Daraus folgt unmittelbar, dass die Feldlinien außerhalb des Magneten immer vom Nord- zum Südpol des Magneten gerichtet sind (ungleichnamige Pole ziehen sich an). Innerhalb

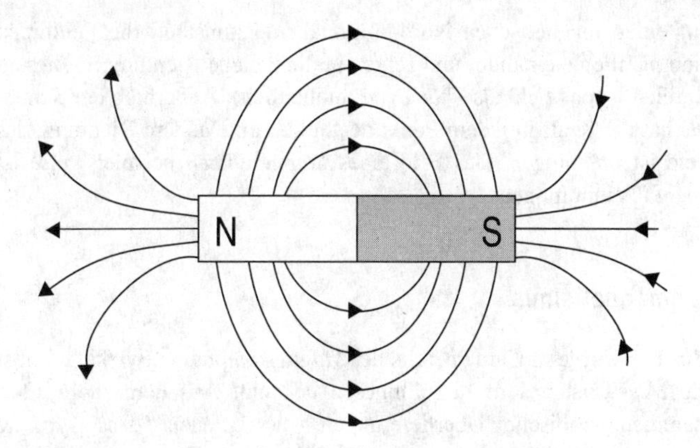

Feldliniendiagramm eines Stabmagneten

des Magneten muss man sich die Feldlinien vom Süd- zum Nordpol fortgesetzt denken, denn magnetische Feldlinien sind stets geschlossene Linien.

Da ein Magnetfeld keine Lücken aufweist, muss man sich durch jeden Punkt des Feldes eine Feldlinie denken. Bei der Veranschaulichung gibt man aber nur einige wenige, für das Feld charakteristische, an. Ein solches *Feldlinienbild* wie in den Abbildungen kann zwangsläufig nur einen Schnitt durch das reale räumliche Feld wiedergeben.

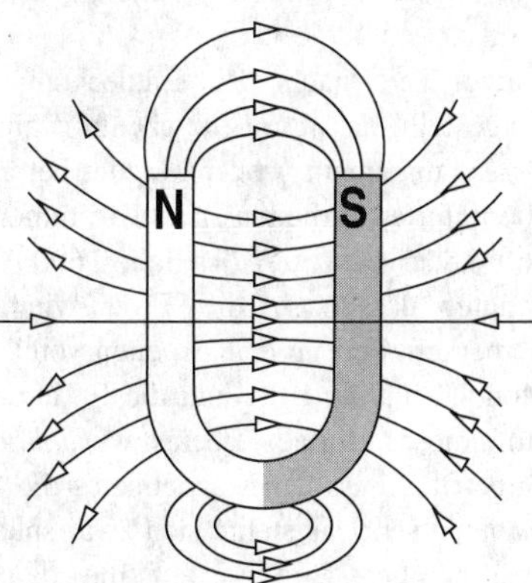

Feldliniendiagramm eines Hufeisenmagneten

Man unterscheidet zwischen *homogenen* und *inhomogenen Magnetfeldern*. Die Abbildung zeigt das Feld eines *Hufeisenmagneten*, so benannt nach seiner Form. Zwischen den beiden Schenkeln ist die Kraft auf einen magnetischen Nordpol annähernd konstant, die Feldlinien sind parallel zueinander und zeigen in die gleiche Richtung. In diesem Bereich ist das Feld also *homogen* (einheitlich). Außerhalb der Schenkel hat die Kraft in jedem Punkt des Feldes eine andere Richtung, das Feld ist *inhomogen.* Das Feld eines *Stabmagneten* beispielsweise ist ebenfalls inhomogen.

Erdmagnetismus

Um 121 wurde in China bereits der *Magnetkompass* entwickelt. Selbst die Missweisung war den Chinesen bekannt. Aus dem Jahre 1242 stammen arabische Überlieferungen, die belegen, dass syrische Seefahrer sich in sternlosen, dunklen Nächten mittels eines Magnetsteins orientierten. Allerdings muss der Magnetkompass den Arabern bereits viel früher bekannt gewesen sein, denn *Albertus Magnus* (1193–1280) verwies auf eine arabische Schrift, die davon berichtet.
Im Jahre 1300 hat *Flavio Gioja* den Kompass in Europa eingeführt, und *Christoph Columbus* hatte auf seinen Fahrten einen Kompass an Bord.
Lange Zeit nach der Entdeckung des Magnetismus hat man festgestellt, dass die Erde ebenfalls ein Magnetfeld besitzt und somit als ein ungemein großer Magnet betrachtet werden kann. Die ersten überlieferten Arbeiten hierzu stammen von *William Gilbert* (1540–1603), der etwa um das Jahr 1600 Versuche ausführte und zeigen konnte, dass sich die Erde wie ein großer Magnet verhält. Bemerkenswert an den Arbeiten von Gilbert war die Erstellung eines Modells für die Erde und die Erklärung des Kompassverhaltens mit Hilfe dieses Modells. Ebenso wie *Johannes Kepler* (1571–1630) nahm Gilbert an, dass der Magnetismus die Ursache für die Bewegung der Planeten sei. Das stellte sich zwar später als falsch heraus, hatte aber wohl großen Einfluss auf die damalige Wissenschaft und war wahrscheinlich auch wegbereitend für die Entwicklung einer Theorie der Schwerkraft durch *Isaac Newton* (1643–1727).
Inzwischen weiß man, dass sehr viele Himmelskörper, also Sterne, Planeten und Monde, über derartige Magnetfelder verfügen. So besitzen Jupiter und Saturn ein sehr starkes Magnetfeld, während der Erdmond über kein messbares Magnetfeld verfügt. Das Erdmagnetfeld ähnelt dabei (in Erdnähe) demjenigen eines Stabmagneten.

Benutzt man einen Magnetkompass, so sind einige Dinge zu beachten. Je nach Ort des Beobachters wird eine Magnetnadel, die sich ja entlang der Erdmagnetfeldlinien orientiert, nicht nur von der geographischen Nord-Süd-Richtung abweichen (*Missweisung*, *Deklination*), sondern auch von der Horizontalen, d. h. von der Erdoberfläche (*Inklination*).

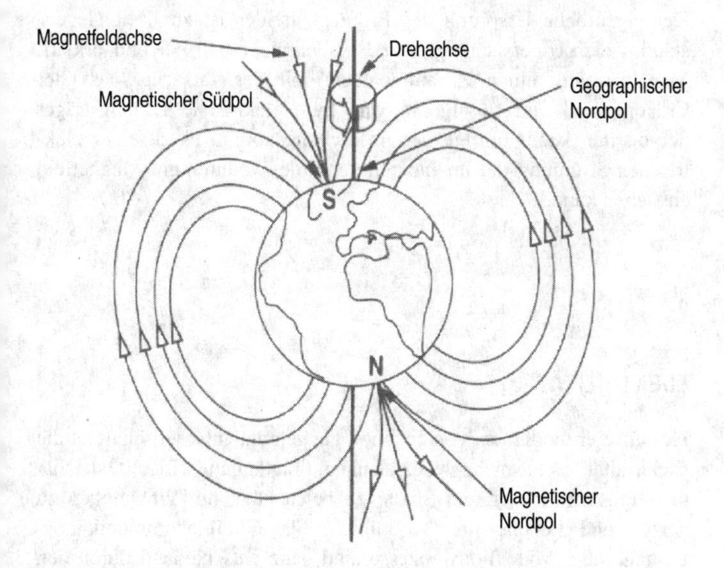

Magnetfeld der Erde

Innerhalb Deutschlands beträgt die mittlere Deklination etwa 4° nach Westen und die Inklination ungefähr 64°. Der *magnetische* Südpol der Erde fällt nicht etwa mit dem entsprechenden geographischen Pol zusammen, sondern liegt nahe beim *geographischen* Nordpol im nördlichen Kanada. Dieses kleine Verwirrspiel liegt in der Definition der Magnetkraft begründet: der nach Norden weisende Pol einer Magnetnadel (vom magnetischen Südpol der Erde angezogen) wird als magnetischer Nordpol der Nadel festgelegt. Die Abweichung von geographischem und magnetischem Pol ist die Ursache für das Zustandekommen der Deklination.

Die Positionen der Erdmagnetpole sind nicht fest. Sie wandern mit einer Geschwindigkeit von mehreren Kilometern pro Jahr umher und verändern so die Werte für Deklination und Inklination. Außerdem polt sich das Erdmagnetfeld von Zeit zu Zeit um, innerhalb der letzten 4 Millionen Jahre etwa 9mal. Darüber hinaus schwankt auch die Intensität des Feldes so stark, dass es etwa im Jahre 4000 kaum noch zu messen sein wird.
Der eigentliche Ursprung des Erdmagnetfeldes ist zur Zeit Gegenstand vieler Untersuchungen und bisher nicht befriedigend erklärt. Man vermutet einen Zusammenhang mit der Tatsache, dass der Erdkern heiß und flüssig ist, was freie elektrische Ladungsträger hervorrufen kann. Infolge der Erddrehung kommt es zu einer elektrischen Strömung tief im Inneren der Erde, wodurch ein Magnetfeld entstehen kann.

ELEKTRIZITÄT

Aus unserer modernen, von Technologie geprägten Gesellschaft ist die Elektrizität nicht mehr wegzudenken. Tagtäglich wird Elektrizität benötigt, um Häuser und Städte zu beleuchten, um Wohnungen zu heizen und Lebensmittel zu kühlen, für die Telekommunikation. Beinahe alle Produktionsprozesse sind ganz entscheidend durch den Einsatz der Elektrizität bestimmt.
Viele benutzen die Elektrizität, ohne sich Gedanken zu machen, was Elektrizität überhaupt ist und wie sie erzeugt wird. Man schließt ein Elektrogerät an einer Steckdose an, und es funktioniert (meistens).
Wenn man versucht, Elektrizität zu verstehen, muss man etwa 160 Jahre in der Geschichte zurückgehen. Zwar war die Elektrizität schon im 18. Jahrhundert bekannt, aber damals wurden elektrische Erscheinungen als Kuriositäten behandelt und dienten eher zur Belustigung der vornehmen Gesellschaft.
Erst nach der Entdeckung der *Induktion* durch *Michael Faraday* (1791–1867) im Jahre 1831 wurde die technische Entwicklung der Elektrizität eingeleitet. Und im Jahre 1866 konnte *Wilhelm von Siemens* (1816–1892) die erste Maschine zur Stromerzeugung mit prak-

tischem Nutzen vorstellen. Bereits 15 Jahre später wurde in Berlin-Lichterfelde die erste elektrische Straßenbahn in Betrieb genommen. Die ersten elektrischen Kochgeräte gab es im Jahre 1890.
Zur selben Zeit gelang es *Marconi* (1874–1937), eine Nachricht auf drahtlosem Weg, per Funk, zu versenden.
Elektrizität ist heute, nachdem mehr als ein Jahrhundert vergangen ist, alltäglich. Sie wird für den Betrieb von elektrischen Geräten benutzt, und sie ist allgegenwärtig, wenn man mit Kunststoffgegenständen umgeht. Außerdem wissen wir, dass Elektrizität involviert ist, wenn bei einem Gewitter ein Blitz den Himmel erhellt.
Der Name *Elektrizität* ist dem griechischen Sprachgebrauch entlehnt. In der Antike konnten die Griechen bereits durch Reiben eines Bernsteins mit Tüchern leichte Körper von diesem Bernstein anziehen lassen oder auch auf diese Weise Funken erzeugen. Der Bernstein hatte seinen Namen nach dem Fluss, wo er gefunden wurde: *electron*. Elektrizität bedeutet demnach etwa soviel wie „Bernsteineigenschaft“. Es ist allerdings nicht leicht einzusehen, dass die Elektrizität aus der Steckdose und diejenige, die beim Reiben eines Bernsteins entsteht, und ein Blitz denselben Ursprung haben.
Lange Zeit glaubten die Wissenschaftler an zwei Arten der Elektrizität, eine ruhende und eine strömende Elektrizität.
Um zu einem Verständnis der Elektrizität zu gelangen, fängt man am besten bei der Erscheinung an, die jedem von uns bekannt ist: das Einschalten einer Lampe. Wenn man den Stecker einer Tischlampe in die Steckdose steckt und den Schalter der Lampe betätigt, dann leuchtet sie auf (wenn die Glühbirne in Ordnung ist), und man sagt: „Es fließt ein (elektrischer) Strom.“

> Warnung: Der Umgang mit Elektrizität ist heute für jeden alltägliche Praxis. Die sachgemäße Benutzung von Batterien ist ungefährlich. Das Hantieren an elektrischen Leitungen, an der Netzsteckdose, an angeschlossenen Geräten, z. B. Lampenfassungen, kann **tödliche** Folgen haben! Niemals blanke Kontakte berühren oder elektrische Geräte mit nassen Händen bedienen! Der Mensch besitzt kein Sinnesorgan zur direkten Wahrnehmung der Elektrizität.

Elektrische Ladung

Mit dem Begriff Strom möchte man andeuten, dass sich etwas bewegt. Es „strömt" also etwas durch die elektrische Leitung. Dieses Etwas nennt man schlicht *elektrische Ladung*. Experimente zeigen, dass es zwei Arten von elektrischer Ladung gibt, die man als *elektrisch positiv (+)* und *elektrisch negativ (-)* bezeichnet. Elektrische Ladungen sind stets an die klassischen Elementarteilchen, die Bausteine der Atome, gebunden, von denen es drei gibt: *Protonen*, *Elektronen* und *Neutronen*.

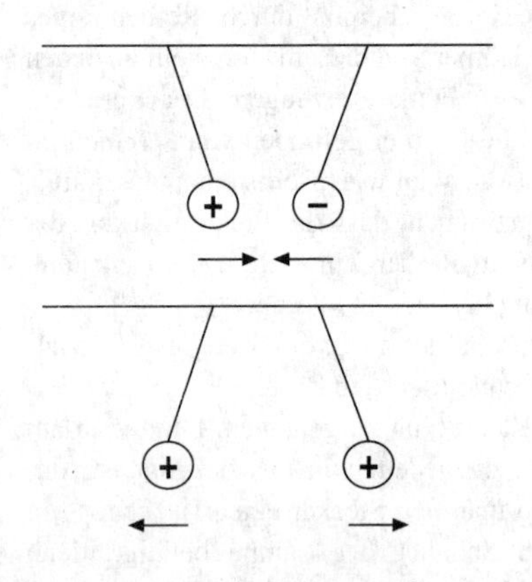

Kraftwirkung zwischen elektrischen Ladungen

Die Ladung eines Elektrons ist negativ (-e). Der Betrag dieser Ladung wird auch als *Elementarladung e* bezeichnet, da es keine kleineren Elementarteilchen gibt, zumindest nicht im Rahmen dieser Betrachtungen. Inzwischen weiß man aber, dass auch diese klassischen Elementarteilchen ihrerseits aus noch kleineren Bausteinen zusammengesetzt sind und dass es auch elektrische Ladungen mit dem Betrag $1/3$e und $2/3$e gibt. Ein Proton trägt eine, dem Elektron entsprechende, positive Ladung (+e). Neutronen sind elektrisch neutral, sie tragen keine Ladung.

Welche Eigenschaften haben nun diese elektrischen Ladungen? Eine Ladung ist, unabhängig von ihrem Betrag, immer an Materie gebunden (Ladungsträger). In einem elektrisch neutralen Körper (mit Ausnahme des Neutrons) sind immer gleiche Anzahlen von positiven und negativen Ladungsträgern vorhanden wie auch in einem elektrisch neutralen Atom. Überwiegt die Zahl von positiven oder negativen Ladungen, dann ist der Körper insgesamt ebenfalls positiv oder negativ geladen. Wenn man also von der Ladung eines Körpers

spricht, dann meint man eigentlich immer den Überschuss an Elementarladungen, den er trägt.
Zwischen elektrisch geladenen Körpern kommt es stets zu einer *Kraftwirkung*. Dabei ziehen sich, ähnlich wie beim Magnetismus, ungleichnamige Ladungen an, während sich gleichnamig geladene Körper abstoßen. Ein elektrisch neutraler Körper wird von einem geladenen Körper angezogen. Der Betrag der Anziehungskraft ist um so größer, je mehr (Überschuss-)Ladungen ein Körper trägt. Ebenso wird eine Verringerung des Abstandes der Körper eine Verstärkung der Kraftwirkung hervorrufen.
Die Ladungen, die ein leitender Körper trägt, werden sich gleichmäßig auf der äußeren Oberfläche verteilen. Ursache ist die gegenseitige Abstoßung gleichnamiger Ladungen. An stark gekrümmten Stellen, z. B. Kanten, Ecken oder Spitzen, sind die Ladungen dichter gepackt. In einen geschlossenen Metallkasten oder einen nicht zu weitmaschigen Gitterkäfig (*Faraday-Käfig*) können aufgebrachte Ladungen nicht eindringen. Sie werden sich ausschließlich auf der außen liegenden Oberfläche ansammeln, unabhängig davon, wieviel Ladungen man aufbringt. Aus diesem Grunde ist man im Inneren eines solchen Käfigs, z. B. in einem Auto, vollkommen vor der Einwirkung elektrischer Kräfte geschützt.

> Autos und Flugzeuge mit einer metallischen Außenwandung wirken wie *Faraday-Käfige*. In ihrem Inneren ist man z. B. vor Blitzeinschlägen sicher geschützt.

Bringt man einen geladenen Körper in Kontakt mit einem ungeladenen, so werden sich die Ladungen gleichmäßig über beide Oberflächen verteilen (*Ladungsübertragung*). Besitzt einer der beiden Körper eine sehr viel größere Oberfläche, dann werden fast alle Ladungsträger auf diesen Körper übergehen. Dieses Phänomen macht man sich beispielsweise bei einem *Blitzableiter* zunutze, der mit dem leitenden Erdboden verbunden ist, wobei sich die Ladungsträger dann theoretisch gleichmäßig auf die Oberfläche von Blitzableiter und Erde verteilen. Wegen der großen Oberfläche der Erde wird man aber nichts mehr von einer Ladung bemerken können.
Ein geladener Körper lässt sich selbstverständlich auch wieder entladen, dazu bringt man eine entsprechende, entgegengesetzte Ladung auf, die sich mit der vorhandenen Ladung „vermischt“ und den Körper nach außen hin als elektrisch neutral erscheinen lässt.

Ein wichtiger Satz in Zusammenhang mit der elektrischen Ladung ist das Gesetz von der *Ladungserhaltung*:

> *In einem elektrisch abgeschlossenen System bleibt die Gesamtladung erhalten. Die Anzahl der positiven und negativen Ladungsträger ist konstant.*

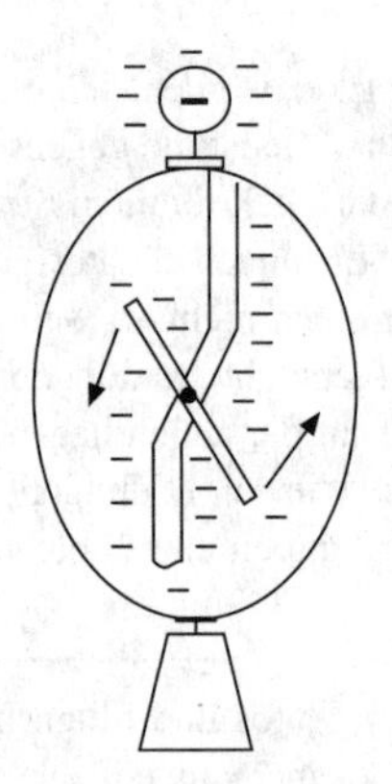

Elektroskop (schematisch) zum Nachweis elektrischer Ladungen

Ein solches System liegt dann vor, wenn von außen keine Ladungen zu- oder abgeführt werden können. Ein elektrischer Stromkreis beispielsweise ist ein elektrisch abgeschlossenes System.
Ladungen können mit einem *Elektroskop* nachgewiesen und gemessen werden. Eine auf den Kopf des Elektroskops aufgebrachte elektrische Ladung wird infolge der Ladungsverteilung auch auf die feste Mittelstange und den beweglichen Zeiger übertragen. Durch die Abstoßung gleichnamiger Ladungen kommt es zu einem Ausschlag des Zeigers. Wenn man jedoch diesen Vorgang genau betrachtet, dann wird man bemerken, dass es bereits zu einem Ausschlag des Zeigers kommt, bevor man den Elektroskopkopf berührt. Daraus kann man auf eine Umverteilung der Ladungsträger im Elektroskop schließen. Man bezeichnet dies als *elektrische Influenz*. Erklären lässt sich dieses Phänomen ebenfalls durch die Abstoßungskräfte der gleichnamigen Ladungen bzw. die Anziehung ungleichnamiger Ladungen.
Im Normalfall bestehen Kopf, Stange und Zeiger eines Elektroskops aus Metall. Die freien Elektronen können auf die Annäherung eines geladenen Körpers reagieren und werden sich an der Oberfläche des Elektroskopkopfes gegenüber einem positiv geladenen Körper sam-

meln (Anziehung) bzw. in Stange und Zeiger, wenn der Körper negativ geladen ist (Abstoßung).

Je nachdem, wo sich die Elektronen dabei aufhalten, herrscht an dem anderen Ende ein Elektronenmangel bzw. ein Überschuss an positiven Ladungsträgern. Bei Entfernen des Körpers werden sich die Ladungen wieder vermischen, d. h., die Elektronen werden sich wieder gleichmäßig verteilen.

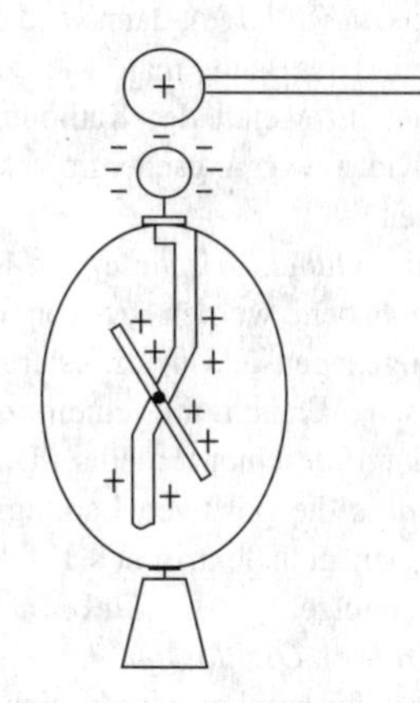

Vorgang der elektrischen Influenz

Die Vorstellung, dass in einem elektrisch neutralen Leiter beide Arten der elektrischen Ladung vorhanden sind, von denen wenigstens eine beweglich ist, findet in der elektrischen Influenz ihre experimentelle Bestätigung. Auch geht hieraus hervor, warum sich ein elektrisch geladener und ein neutraler Körper anziehen: der geladene Körper sorgt für eine Umverteilung der Ladungen und kann danach den Körper anziehen, weil die Anziehungskraft der influenzierten, ungleichnamigen Ladung die Abstoßungskraft der gleichnamigen Influenzladung aufgrund deren größeren Abstand übertrifft.

Unter dem Einfluss der elektrischen Influenz wird also aus einem neutralen Körper ein *elektrischer Dipol* oder *Zweipol*.

Bisher wurde immer davon ausgegangen, dass die Ladungsträger in einem metallischen Leiter (Elektronen) zwar frei beweglich, aber dennoch an den elektrischen Leiter gebunden sind. Der *glühelektrische Effekt* zeigt aber, dass die freien Ladungsträger durchaus den Leiter verlassen können und trotzdem alle beschriebenen Eigenschaften weiterhin besitzen.

Um dies zu beweisen, führt man in der Regel den folgenden Versuch durch: In einem evakuierten Glasbehälter befindet sich ein elektrischer Leiter, die *Kathode*. Der Kathode gegenüber ist eine Metallplatte an-

gebracht, die Anode. Die *Anode* wird über einen Draht mit einem positiv aufgeladenen Elektroskop verbunden und ist somit ebenfalls positiv geladen. Fließt nun ein Strom derart durch die Kathode, dass sie glüht (*Glühkathode*), dann wird der Ausschlag des Elektroskop zurückgehen. Dies kann man wie folgt deuten: die frei beweglichen Elektronen im Metall der Kathode bekommen durch das starke Erhitzen soviel Bewegungsenergie vermittelt, dass sie das Metall verlassen können.
Dies ist der *glühelektrische Effekt*. Sobald die Elektronen die Kathode verlassen haben, werden sie von der entgegengesetzt aufgeladenen Anode angezogen und neutralisieren dort die positive Ladung. Führt man diesen Versuch mit einem negativ aufgeladenen Elektroskop durch, dann geschieht nichts. Daraus kann definitiv geschlossen werden, dass die positiven Ladungsträger das Metall nicht verlassen können. Den glühelektrischen Effekt macht man sich in Elektronenröhren zunutze, z. B. *Elektronenstrahlröhre*, *Braunsche Röhre (Fernsehröhre)*, *Oszilloskop*.
Noch nicht besprochen wurde bisher die Erscheinung, die der Elektrizität ihren Namen gab. Reibt man beispielsweise einen Glasstab fest mit einem Seidentuch – beides sind *elektrische Isolatoren*, also *Nichtleiter* – dann kann man mit einem Elektroskop feststellen, dass sich beide Stoffe elektrisch aufgeladen haben. In diesem Fall spricht man von *Berührungs-* oder *Reibungselektrizität*. Der Glasstab hat sich positiv aufgeladen und das Tuch negativ.
Durch die enge Berührung sind Elektronen von der Oberfläche des Glasstabes auf das Tuch übertragen worden. Es ist also lediglich zu einer Ladungstrennung gekommen, aber keineswegs zu einer Ladungserzeugung. Man spricht in einem solchen Fall auch von *elektrostatischer Aufladung*.

Beispiel: Elektrostatische Aufladung kann z. B. beim Kämmen trockener Haare mit einem Kunststoffkamm vorkommen oder auch beim Abstreifen von Kleidungsstücken aus Kunstfaser. Knistern, Funkenbildung und leichte „elektrische Schläge“ können dabei auftreten. Reibung zwischen Wassertröpfchen und Molekülen in der Luft verursacht Gewitterelektrizität.

Elektrischer Strom

Wenn man nun sagt: „Es fließt ein elektrischer Strom“, so meint man, dass es sich um einen Strom aus elektrischen Ladungsträgern handelt. Um zu erklären, wie dieser elektrische Strom funktioniert, benötigt man ein wenig Wissen über den Aufbau der Atome (siehe auch Kapitel Atomphysik).

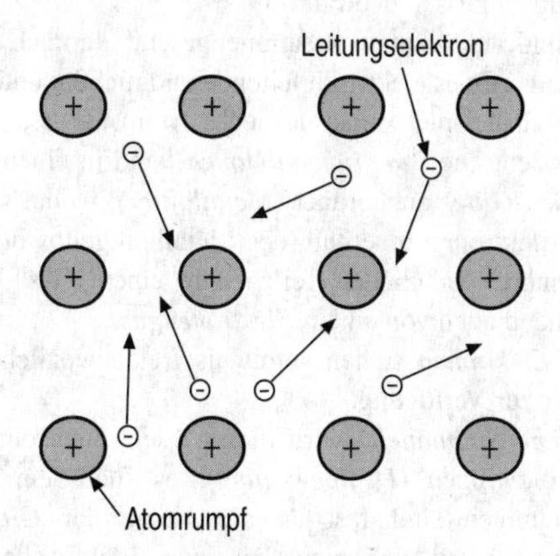

Schnitt durch das Modell eines metallischen Leiters (Metallgitter)

Atome sind aus *Elementarteilchen* zusammengesetzt und bestehen im wesentlichen aus einem *Kern* und einer *Hülle*. Der Kern setzt sich zusammen aus *Protonen* und *Neutronen*, die Hülle ist der Aufenthaltsort der *Elektronen*.
In einem vollständigen Atom gibt es stets genauso viele Elektronen wie Protonen. Deswegen erscheint ein solches Atom nach außen als elektrisch neutral. Die Elektronen der Hülle werden durch elektrische Kräfte an das Atom bzw. den Atomkern gebunden. Der Durchmesser eines Atoms ist kleiner als 0,000001 mm, aber der des Kerns ist noch mehr als 100000mal kleiner. Ein Proton besitzt etwa 2000mal mehr Masse als ein Elektron. Somit befindet sich fast die komplette Masse eines Atoms im Kern, und das Atom selber besteht fast ausschließlich aus leerem Raum.

Verliert ein Atom eines der Elektronen aus der Hülle, so sagt man, dass es *ionisiert* wurde, und man spricht dann von einem *positiv geladenen Ion* anstatt von einem Atom. In diesem Falle ist es nach außen hin positiv geladen, da die Ladung der Protonen überwiegt. Im Gegensatz dazu können Atome auch Elektronen einfangen und an sich binden. Dann würde man von einem *negativ geladenen Ion* sprechen.
Moleküle sind Konglomerate aus gleichartigen oder verschiedenen Atomen. Sie sind die Bausteine von chemischen Verbindungen und nach außen hin elektrisch neutral.
Alle Stoffe sind aus Atomen zusammengesetzt. Je nach Art der Zusammensetzung gibt es elektrisch leitende und nichtleitende Stoffe.
In einem Metall beispielsweise hat jedes Atom ein Elektron aus der Hülle abgestoßen. Die *Atomrümpfe* (*Ionen*) sind in einem regelmäßigen räumlichen *Gitter* angeordnet (*Metallgitter*), wobei sich die freigewordenen Elektronen innerhalb des Metalls regellos durcheinander bewegen können, ähnlich den Teilchen in einem Gas. Man spricht dementsprechend auch von einem *Elektronengas*.
Diese *freien Elektronen* stehen somit als frei bewegliche (negative) Ladungsträger zur Verfügung.
Eine *elektrische Stromquelle* wird diesen Elektronen eine gerichtete Bewegung aufzwingen (*Driftbewegung*): es fließt ein Strom. Die positiven Ladungen sind fest an die Kerne der *Gitterbausteine* gebunden und können sich nicht bewegen. Elektrische Leitung in einem Metall ist somit eine *Elektronenleitung,* und elektrischer Strom ist eine *Elektronenbewegung*.
Im Falle von elektrisch leitenden Flüssigkeiten stehen als bewegliche Ladungsträger positiv und negativ geladene Ionen zur Verfügung (*Elektrolyse*). In einem leitenden Gas transportieren Elektronen und Ionen die Ladung.
Stoffe, die nicht oder nur unzureichend in der Lage sind, den elektrischen Strom zu leiten, werden als *Isolatoren* oder *Nichtleiter* bezeichnet. In ihnen stehen (fast) keine frei beweglichen Ladungsträger für einen Ladungstransport zur Verfügung.

Stromkreis

Die erste Abbildung zeigt einen elektrischen Stromkreis. Er besteht im einfachsten Fall aus einer *Stromquelle*, einem *Verbraucher* (*Elektrogerät*), einem *Schalter* und den *elektrischen Leitungen*.

Ist der Schalter geschlossen, dann spricht man von einem *geschlossenen Stromkreis* und von einem *offenen* oder *unterbrochenen Stromkreis*, wenn der Schalter geöffnet ist.

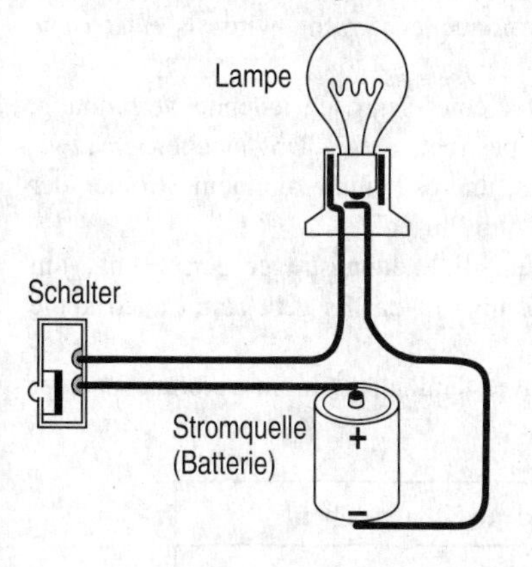

Einfacher elektrischer Stromkreis

Eine solche Darstellung ist natürlich nicht geeignet, um komplizierte Stromkreise darzustellen, wie man sie z. B. im Inneren eines Computers findet.

Darum benutzt man vereinfachende Diagramme, sog. *Schaltpläne*, in denen ein Stromkreis übersichtlich (schematisch) dargestellt wird. Die zweite Abbildung zeigt den entsprechenden Schaltplan. Dabei verwendet man allgemeingültige *Schaltzeichen* zur Kennzeichnung der einzelnen *Stromkreiselemente.*

Eine *Stromquelle* besteht aus zwei *Polen*, die nicht elektrisch leitend miteinander verbunden sind, man sagt auch, die *galvanisch getrennt* sind, und wirkt im Prinzip ähnlich wie eine Pumpe. Am *Minuspol* der Stromquelle herrscht ein Überschuss an freien Elektronen, am *Pluspol* kommt es dagegen zu einem Elektronenmangel.

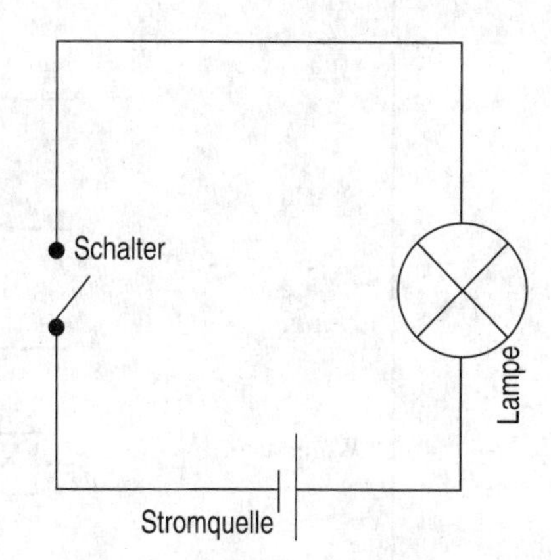

Schaltplan für einen einfachen elektrischen Stromkreis

Typische Stromquellen sind *Batterien* (*galvanische Elemente*), *Akkus* (*Akkumulatoren*) und die üblichen Steckdosen des öffentlichen *elektrischen Versorgungsnetzes*. Auch spezielle *Netzgeräte* sind Stromquellen, die aber ihrerseits wieder Energie aus einer Steckdose beziehen. Der Zustand, der zwischen den Polen einer Stromquelle herrscht, wird als *elektrische Spannung* bezeichnet.

Sorgt man zwischen beiden für eine elektrisch leitende Verbindung, dann sind die Ladungsträger bestrebt, dieses Ungleichgewicht zwischen den Polen auszugleichen, und es kommt zu einem Strömen der Ladungsträger vom Minuspol zum Pluspol.

Im Inneren der Quelle werden die Ladungsträger permanent vom Pluspol wieder zum Minuspol übertragen. Es geht somit auch keine Ladung verloren.

In den Stromkreis kann selbstverständlich auch ein Verbraucher oder ein Schalter eingebaut werden.

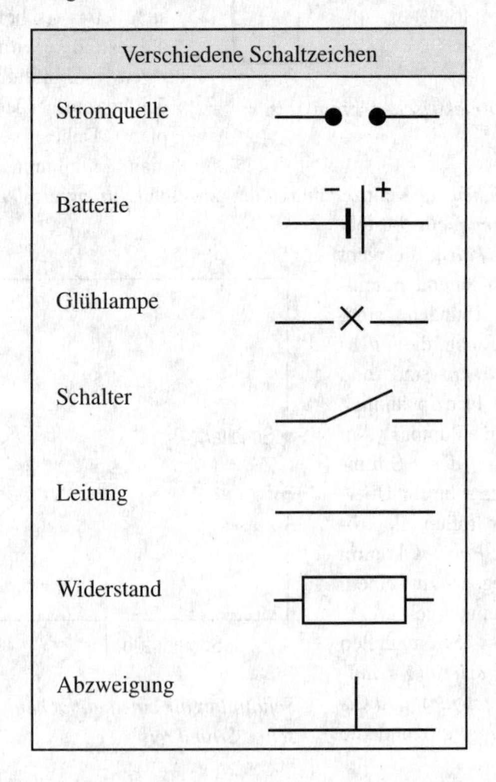

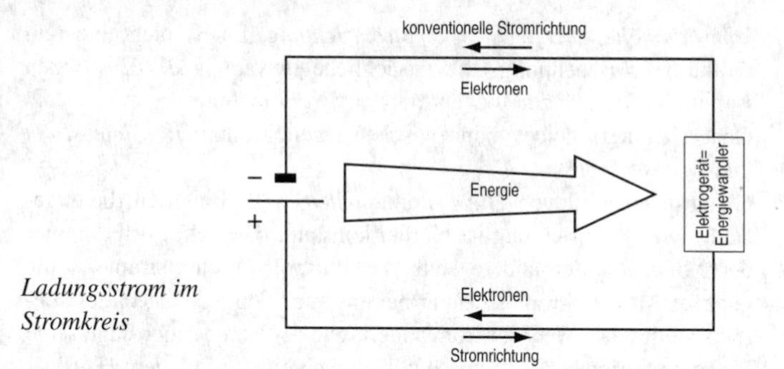

Ladungsstrom im Stromkreis

Bei der Betrachtung des Stromkreises in der Abbildung wird klar: wenn der Schalter geschlossen ist, fließen Ladungsträger, in diesem Falle Elektronen, durch den Leiter und also auch durch die Glühlampe. Diese wird mit der Abstrahlung von Energie in Form von Licht und Wärme reagieren.
Woher stammt nun eigentlich diese Energie? Offensichtlich gibt es einen Zusammenhang mit dem elektrischen Strom. Mit anderen Worten: Die Elektronen übertragen elektrische Energie, welche die Stromquelle zur Verfügung stellt, an den Verbraucher, der sie in eine andere Energieform umwandelt (Licht, Wärme). Er gibt sie im Gegensatz zu den Elektronen nicht an die Stromquelle zurück. Der Energiestrom ist also einseitig gerichtet und führt stets von der Quelle zum Verbraucher.
Der übliche Begriff „Verbraucher" darf aber nicht missverstanden werden: er „verbraucht" keinen elektrischen Strom! Dieser ist, z. B., am Eingang der Glühlampe ebenso groß wie am Ausgang. Es wird auch keine Energie „verbraucht", sondern lediglich umgewandelt (*Energieerhaltungssatz*). Der Begriff *Energiewandler* wäre also treffender für ein Elektrogerät, das mit Strom betrieben wird.
Mit dem Energiestrom hat man auch ein Kriterium zur Beurteilung von Stromquellen, die sich in der Energie, die sie pro strömender Ladungseinheit übertragen können, unterscheiden.
Eine Quelle, die einen höheren Energiestrom bereitstellt und somit die Lampe heller aufleuchten lässt, wird als elektrisch „stärker" bezeichnet. Sie liefert einen stärkeren elektrischen Strom. Damit führt man den Begriff der *elektrischen Stromstärke* ein.
Der elektrische Strom ist also eine gerichtete Bewegung. Man bezeichnet die Richtung vom elektrischen Pluspol zum Minuspol als die

konventionelle oder *technische Stromrichtung*. Es ist dies eine rein willkürliche Benennung. Die tatsächliche Bewegung der Elektronen ist entgegengesetzt zur konventionellen Stromrichtung.
Generell unterscheidet man zwischen zwei Stromarten: *Gleichstrom* und *Wechselstrom*.
Gleichstrom wird von *Gleichstromquellen*, z. B. Batterien, bereitgestellt. Die Stromrichtung ist hierbei konstant, d. h., ein Pol ist immer der Minuspol, der andere stets der Pluspol. Wechselstrom ist die gängige Art des Stromes, wie er bei uns auch von jeder Steckdose bereitgestellt wird. Wechselstrom ändert, wie der Name schon sagt, seine Richtung periodisch. In Europa wird üblicherweise in jedem Haushalt ein Wechselstrom mit einer Frequenz von 50 Hz bereitgestellt. Das bedeutet, der Strom, den wir aus der Steckdose beziehen, wechselt pro Sekunde 50mal seine Richtung. Jeder Pol ist also abwechselnd mal Pluspol, dann wieder Minuspol.
Eines der wichtigsten Bauelemente eines Stromkreises ist, trotz seiner Unscheinbarkeit, ein *elektrischer Schalter*. Mit einem Schalter können elektrische Stromkreise geschlossen (Strom fließt) oder unterbrochen (kein Strom) werden.
Schalter findet man überall, wo ein elektrischer Stromkreis vorhanden ist, z. B. als Lichtschalter, Klingelknopf, Computertaste oder Zündschloss. Mit Schaltern können auch sogenannte *logische Schaltungen* aufgebaut werden. Dies ist die Grundlage für alle elektronischen Datenverarbeitungsanlagen.

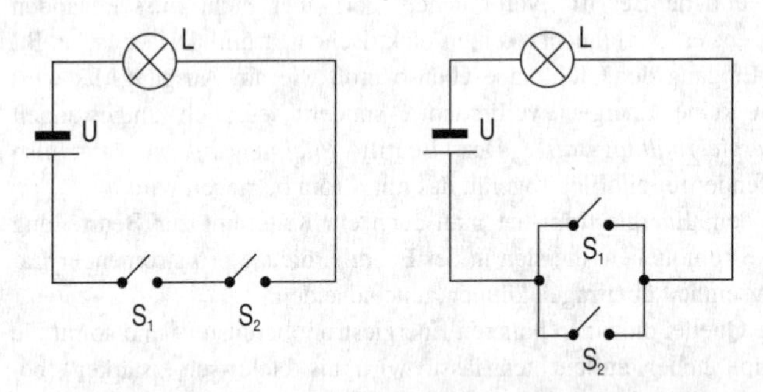

Elektrische UND-Schaltung *Elektrische ODER-Schaltung*

Die Abbildungen zeigen zwei Beispiele für eine logische Schaltung. In der UND-Schaltung sind zwei Schalter in Reihe (seriell) verbun-

den, und ein Strom fließt nur, wenn beide Schalter (S_1 und S_2) geschlossen sind. Das zweite Beispiel zeigt eine ODER-Schaltung. Hier sind die beiden Schalter nebeneinander (parallel) in den Stromkreis eingebunden. Strom fließt, wenn nur einer der beiden Schalter (S_1 oder S_2) geschlossen ist.
Vor allem anderen aber benötigt man für einen Stromkreis einen *elektrischen Leiter*, der den Strom von der Quelle zum Verbraucher führt und wieder zurück. Alle Stoffe unterscheiden sich in ihrer Fähigkeit, den elektrischen Strom zu leiten. Jedes Metall ist ein mehr oder weniger guter Stromleiter. Auch Kohle und wässrige Lösungen von Salzen, Säuren und Laugen leiten den elektrischen Strom. Leitungswasser leitet den elektrischen Strom nur aufgrund der im Wasser gelösten Stoffe. *Isolatoren* oder *elektrische Nichtleiter* sind z. B. Porzellan, Glas, Gummi und sehr viele Kunststoffe. Erst diese Nichtleiter machen den elektrischen Strom praktisch nutzbar. Mit ihnen können elektrische Leitungen, Schalter und Geräte derart ummantelt werden, dass man vor den Gefahren des elektrischen Stroms geschützt ist und dieser nur auf dem beabsichtigten Weg fließen kann.
Gase sind prinzipiell keine elektrischen Leiter, können aber durchaus unter besonderen Bedingungen den elektrischen Strom leiten, z. B. in Leuchtstofflampen bei sehr niedrigem Innendruck. Selbst Luft kann den elektrischen Strom leiten, was man bei einem Gewitter nur zu gut beobachten kann.

Elektrostatische Felder

Es wurde bereits angedeutet, dass elektrische Wirkungen auch über gewisse Entfernungen hinweg übertragen werden können (*elektrische Influenz*). Was ist hier die Ursache?
Nun, in Analogie zum Magnetismus kann man auch der elektrischen Ladung ein sie umgebendes Feld zuordnen. Dieses Feld nennt man dann entsprechend ein *elektrisches Feld*. Darunter versteht man den Raumbereich um die Ladung herum, in dem diese Ladung eine elektrische Kraft auf eine andere Ladung ausüben kann. Das elektrische Feld ist im Prinzip unendlich weit ausgedehnt, aber mit zunehmendem Abstand von der felderzeugenden Ladung wird es immer schwächer, d. h., die Kraftwirkung auf eine andere Ladung wird immer geringer. Ein elektrisches Feld überträgt die elektrischen Kräfte und ist nicht an ein Medium gebunden, es besteht auch im Vakuum. Ein *elektro-*

statisches Feld ist zeitlich unveränderlich. Es wird von einer ruhenden Ladung erzeugt. Ebenso wie bei magnetischen Feldern benutzt man auch hier Feldliniendiagramme zur grafischen Darstellung des Feldes. Und ebenso gilt auch hier wieder: *elektrische Feldlinien* sind nur gedankliche Modellvorstellungen und dienen lediglich zur Veranschaulichung der, in elektrischen Feldern auftretenden Kräfte.

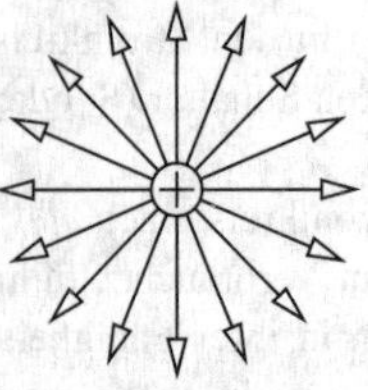

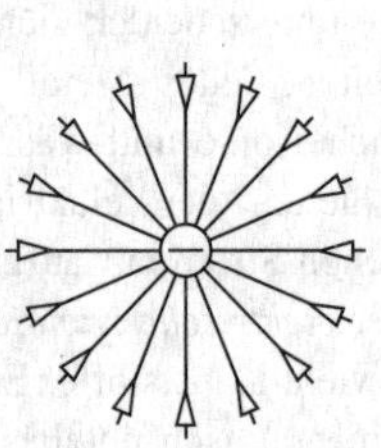

Elektrische Felder einzelner Ladungen

Durch jeden räumlichen Punkt des Feldes führt eine solche gedachte Linie, aber zur Vereinfachung zeichnet man nur einige, für das Feld charakteristische Linien. In starken Feldbereichen findet man viele Feldlinien dicht beieinander, so dass die Dichte der Feldlinien auch ein Ausdruck für die Stärke des Feldes ist.

Der Verlauf dieser Feldlinien kann durch kleine, drehbar gelagerte Metallstifte visualisiert werden. In das Feld eingebracht, werden sie durch Influenz zu elektrischen Dipolen, die sich entlang der Feldlinien ausrichten werden (*Influenznadeln*).

Den elektrischen Feldlinien ist eine Richtung zu eigen. Diese Richtung ist festgelegt als die Richtung der Kraft, die eine in das Feld eingebrachte positive Ladung erfährt. Daraus ergibt sich unmittelbar, dass die elektrischen Feldlinien stets von einer positiven Ladung wegzeigen und an einer negativen Ladung enden.

Elektrische Feldlinien beginnen und enden immer senkrecht auf der Oberfläche eines elektrischen Leiters. Sie kreuzen und verzweigen sich nicht. Sie beginnen und enden niemals im leeren Raum, sondern immer an einer elektrischen Ladung. In sich geschlossene Feldlinien treten in elektrostatischen Feldern nicht auf.

Das elektrische Feld einer einzelnen Ladung ist radialsymmetrisch und nimmt nach außen hin ab, was durch die geringere Dichte der Feldlinien symbolisiert wird.

Elektrische Felder mehrerer Ladungen können sich überlagern und sich somit in bestimmten Raumbereichen verstärken oder abschwächen. Die Abbildung zeigt den Verlauf der Feldlinien zweier gleichstarker und gleichnamiger bzw. ungleichnamiger Ladungen. Die Feldverläufe ergeben sich aus der Überlagerung zweier radialsymmetrischer Felder.

Besonders wichtig in der Technik ist ein *homogenes elektrisches Feld*, bei dem die Feldliniendichte konstant ist und alle Feldlinien parallel zueinander verlaufen, ähnlich dem homogenen Magnetfeld zwischen den Schenkeln eines Hufeisenmagneten.

Ein solches Feld ist natürlich nur näherungsweise zu verwirklichen, z. B. durch zwei parallele, entgegengesetzt aber gleichstark aufgeladene Platten (*Plattenkondensator*). Zwischen den Platten ist das elektrische Feld weitgehend *homogen,* und die Kraft auf eine in das Feld eingebrachte Ladung hätte in diesem Bereich überall den gleichen Betrag und die gleiche Richtung.

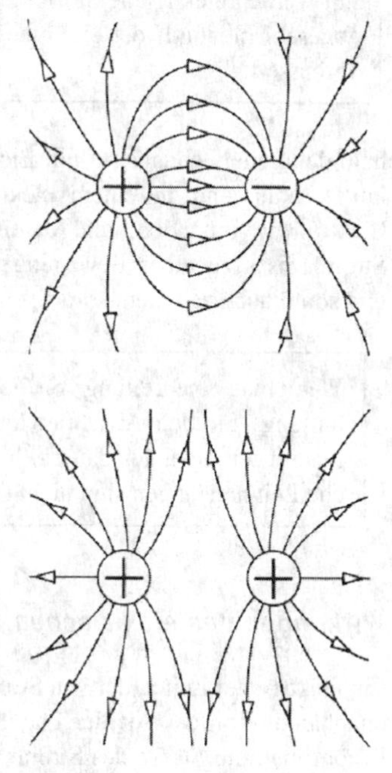

Überlagerung von elektrischen Feldern

Ein elektrisches Feld kann durch einen Faradayschen Käfig abgeschirmt werden. In das Innere eines solchen Käfigs können keine von äußeren Ladungen erzeugte Felder eindringen. Auf diese Weise lassen sich kleine Raumbereiche gegen unerwünschte elektrische Störfelder abschirmen.

Zwischen den Polen einer Stromquelle existiert ebenfalls ein elektrisches Feld. Dieses Feld besteht auch in den Leitungen eines *geschlossenen Stromkreises*. Das elektrische Feld übt Kräfte auf die elektrischen Ladungen aus, und bewegliche Ladungen werden sich aufgrund dieser Kräfte durch den Stromkreis bewegen: „Es fließt ein elektrischer Strom."

Beispiel: Ein abgeschirmtes Kabel (Antennenkabel) besteht aus einer Ummantelung eines feinmaschigen Metallgeflechts. Damit werden elektrische Störfelder abgeschirmt und der Empfang verbessert.

Die Geschwindigkeit, mit der sich die einzelnen Elektronen in einem metallischen Leiter fortbewegen, beträgt nur wenige mm/s und hängt von der Stärke des anliegenden elektrischen Feldes ab. Dagegen breitet sich das elektrische Feld auch innerhalb des Leiters annähernd mit Lichtgeschwindigkeit aus (ca. 300000 km/s). Nun sind in einem elektrischen Leiter aber überall freie Elektronen vorhanden, und damit kommt es beim Schließen des Stromkreises zu einer Bewegung aller Elektronen des Stromkreises und somit auch zu einem sofortigen Stromfluss.

Wenn man eine Leitung von 300000 km Länge (7,5facher Erdumfang) für den Anschluss einer Lampe benutzt, würde es theoretisch etwa 1 s dauern, bis das Licht anginge. Aber solche Leitungslängen sind nicht realisierbar.

Wirkungen des elektrischen Stroms

Ein elektrischer Leiter, der von Strom durchflossen wird, erwärmt sich unabhängig von der Art der Ladungsträger, die transportiert werden. Erhöht man die Stärke des Stroms, dann nimmt auch die Erwärmung zu. In einer Glühlampe macht sich dies durch das Glühen des Leitungsdrahtes bemerkbar. Selbstverständlich hängt die Größe der Erwärmung auch von dem verwendeten Leitungsmaterial und der Geometrie des Leiters ab.
Stromfluss bedeutet ja nichts anderes als einen gerichteten Transport von Ladungsträgern, also z. B. eine Bewegung von freien Elektronen in einem metallischen Leiter. Die Elektronen werden zwangsläufig mit den Gitterbausteinen des Metalls zusammenstoßen und einen Teil ihrer Bewegungsenergie an die Gitteratome abgeben. Die Gitteratome nutzen diese so erhaltene Energie zur Verstärkung ihrer (Gitter-)Schwingungen, was natürlich die innere Energie des Metalls und damit auch die Temperatur erhöht.

Indem man das den Strom verursachende elektrische Feld verstärkt, erhöht man die Kraft auf die Ladungsträger (Elektronen), die sich zwangsläufig schneller durch den Leiter bewegen (Erhöhung des Stroms). Dadurch gewinnen natürlich die Stöße der Elektronen mit den Gitterbausteinen an Intensität, und es wird mehr Energie bei den Stößen übertragen. Es kommt in der Folge zu einer stärkeren Erwärmung.

Die Gitterstruktur ist natürlich von Stoff zu Stoff verschieden und manche Materialien haben ein sehr weites Gitter, so dass es zu sehr wenigen Stößen kommt, andere wiederum besitzen ein ziemlich enges Gitter, was die Anzahl der Stöße natürlich erhöht.

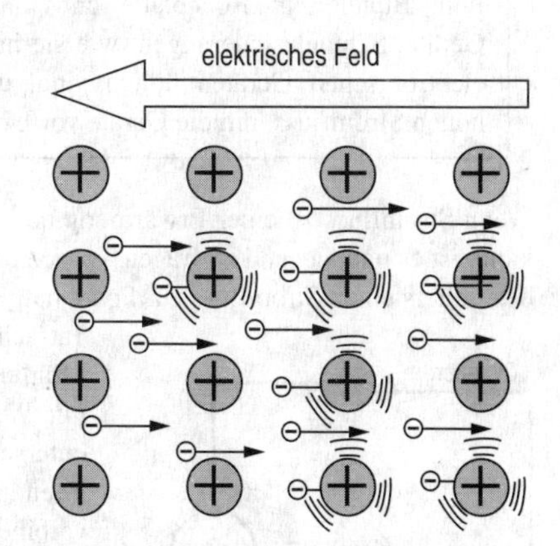

Wärmewirkung des elektrischen Stroms

Man könnte auch sagen, dass schlechte elektrische Leiter der Elektronenbewegung einen größeren *elektrischen Widerstand* entgegensetzen als gute Leiter. Ein nicht so guter Leiter (z. B. Eisen) wird also bei gleichem Stromfluss stärker erwärmt als ein sehr guter elektrischer Leiter (z. B. Kupfer).

Den Einfluss der Leitergeometrie kann man sich auf die gleiche Weise veranschaulichen: Verengt sich der Leiterquerschnitt, müssen sich die Elektronen, damit der Stromfluss konstant bleibt, sehr viel schneller durch diesen Engpass bewegen, was bei einem Stoß mit einem Gitterbaustein die übertragene Energie vergrößert. Jeder kennt dieses Phänomen aus der Mechanik: ein breiter und behäbiger Fluss wird in einem verengten Flussbett zu einem reißenden Gewässer (Stromschnellen).

Die bekannteste Anwendung dieser Stromwirkung ist die *Glühlampe*, sehr oft wegen ihrer Form auch als *Glühbirne* bezeichnet. In einer solchen Lampe wird ein sehr feiner Metalldraht, der aus Metallen mit einem hohen Schmelzpunkt wie z. B. Wolfram (3380°C), Tantal (2977°C) oder Osmium (2700°C) bestehen muss, durch den Stromfluss bis zur Weißglut (etwa 2500°C) erhitzt. Neben der (unerwünschten) Wärmewirkung wird die Energie auch in Form von Licht abgegeben.

> Beispiele: In sehr vielen Elektrogeräten macht man sich die beim Stromfluss entstehende Wärme zunutze. Elektroheizung, Fön, Bügeleisen, Kochplatte und Tauchsieder sind solche Geräte. Schmelzsicherungen, wie sie in Kraftfahrzeugen oder elektronischen Geräten üblich sind, unterbrechen einen zu hohen Stromfluss, um die Geräte vor Überlastung zu schützen.

Wenn Stromfluss zu einer Erwärmung des elektrischen Leiters führen kann, ist es naheliegend zu fragen, ob denn umgekehrt die Erwärmung des Leiters einen Stromfluss zur Folge hat.

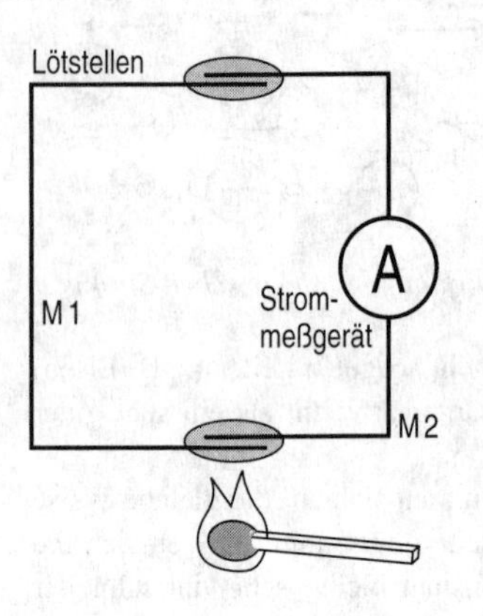

Thermoelement

Tatsächlich gibt es eine solche Möglichkeit, die *Thermoelektrizität*: Wenn man zwei Drähte aus unterschiedlichen Metallen mit ihren Enden elektrisch leitend verbindet und eine der beiden Verbindungsstellen erwärmt, so kann man in diesem Stromkreis einen elektrischen Strom messen (*Thermostrom*). Eine solche Verbindung zweier Metalle bezeichnet man als *Thermoelement*. Weil die Stromstärke mit der Erwärmung zunimmt, können derartige Geräte zur Temperaturmessung eingesetzt werden.

Neben der Wärmewirkung zeigt der elektrische Strom aber auch eine chemische Wirkung. Reines Wasser leitet den elektrischen Strom nur schlecht. Nicht so jedoch wässrige Lösungen von Salzen, Säuren und Basen. Diese enthalten *Ionen* und können so den elektrischen Strom leiten. Chemische Verbindungen lassen sich umgekehrt unter Stromeinwirkung in ihre Bestandteile zerlegen. Diesen Vorgang bezeichnet man als *Elektrolyse* (von griech. *lysis* = Trennung). Die dabei leitenden Flüssigkeiten nennt man *Elektrolyte*.

Zwei Beispiele sollen diese Vorgänge etwas näher beleuchten:
Bei der Elektrolyse von Wasser im *Hoffmannschen Apparat* fließt ein Strom durch verdünnte Schwefelsäure. An der Kathode steigen Bläschen von Wasserstoffgas auf, an der Anode Sauerstoff. Die beiden Gase entstammen der Zerlegung von Wasser (H_2O) in seine Bestandteile.

Benutzt man dagegen eine Lösung von Kupferchlorid ($CuCl_2$) in Wasser, so werden sich an der Kathode die positiv geladenen Kupferionen der Lösung abscheiden. An der Anode bildet sich wiederum ein Gas (Chlor), das nach oben steigt.

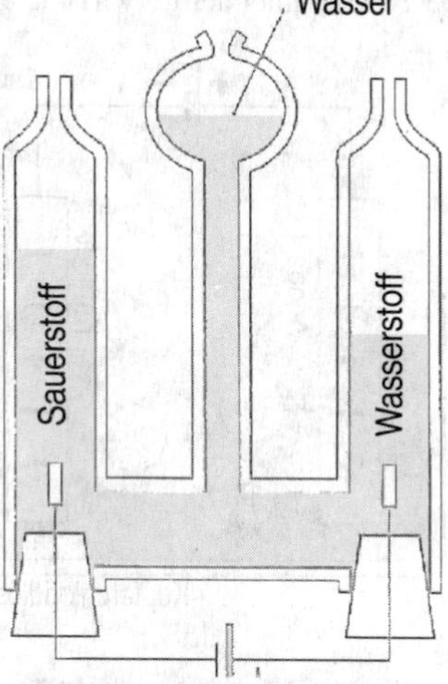

Hoffmannscher Apparat

Im zweiten Beispiel spaltet sich ein Kupferchlorid-Molekül im Wasser in ein 2fach positiv geladenes Kupfer-Ion (Cu^{++}) und in zwei einfach geladene Chlor-Ionen (Cl^-). Damit verfügt die Lösung über frei bewegliche Ladungsträger (Cu^{++} und Cl^-). Verbindet man die beiden Elektroden mit einer Stromquelle, so werden die Cu^{++}-Ionen zur negativ geladenen Kathode wandern, während die Cl^--Ionen sich an der positiven Anode sammeln.

An der Kathode herrscht Elektronenüberschuss, so dass jedes Cu^{++}-Ion zwei Elektronen aufnehmen und somit zu einem neutralen Kupferatom werden kann. An der Anode laden entsprechend viele Chlor-Ionen ihr überflüssiges Elektron ab und werden zu neutralen Chlor-Atomen, die sich untereinander zu Chlorgas-Molekülen (Cl_2) verbinden. Damit handelt es sich aber um einen geschlossenen Stromkreis, der Elektrolyt bleibt in sich elektrisch neutral. In den elektrischen Zuleitungen fließt ein Elektronenstrom, im Elektrolyt dagegen ein Ionenstrom. Daher spricht man mitunter auch von Ionenleitung, mit der stets auch ein Transport von chemischen Stoffen verbunden ist.

Die Elektrolyse ist vielseitig anwendbar: mittels der Elektrolyse lassen sich durch Abscheidung Rohstoffe gewinnen bzw. trennen. Man benutzt die Elektrolyse zum *Galvanisieren* (Vergolden, Verchromen, Verzinken usw.) und *Eloxieren* verschiedener Werkstoffe. Unter Galvanisieren (nach *Luigi Galvani*, 1737–1798) versteht man das Aufbringen einer dünnen Schicht eines Metalls auf ein anderes Metall. Eloxieren dagegen ist nichts anderes als das Oxidieren einer Metalloberfläche unter der Einwirkung eines elektrischen Stroms.

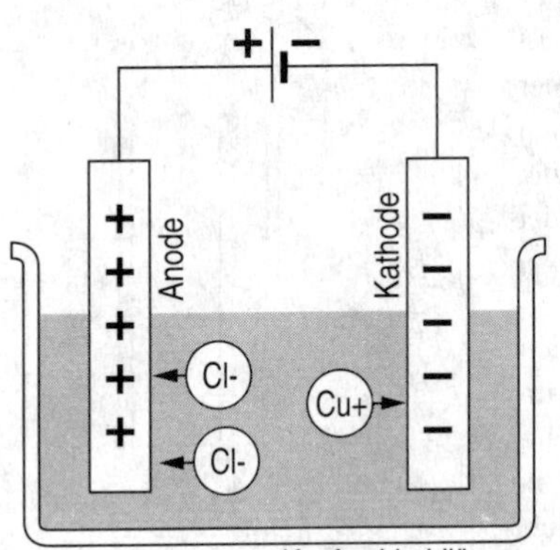

Elektrolyse von Kupferchlorid

Auch hier kann die Wirkung wieder umgekehrt werden. So kann aus einem chemischen Vorgang wieder ein elektrischer Strom gewonnen werden. Darauf beruhen die *chemischen Stromquellen* wie z. B. *Batterien* und *Akkumulatoren*. In diesen wird chemische Energie in elektrische Energie umgewandelt.

Ein galvanisches Element (Batterie) besteht aus zwei Elektroden (z. B. Zink und Kohle), die sich in einem Elektrolyt (z. B. verdünnte Schwefelsäure) befinden. Die ersten Batterie wurden übrigens im Jahre 1800 von *Alessandro Graf Volta* (1745–1827) gebaut, die sogenannte *Voltasche Säule*.

An der Oberfläche der einen Elektrode (Zink) werden sich durch die Einwirkung der Schwefelsäure 2fach positiv geladene Zink-Ionen bilden und in die Lösung gehen. Die abgestreiften Elektronen sorgen für einen Elektronenüberschuss an der Elektrode und machen diese so zur Kathode.

Verbindet man die beiden Elektroden über eine elektrische Leitung, kann ein Elektronenstrom von der Anode zur Kathode fließen. Die Anziehungskräfte der Anode und die Abstoßung der Kathode sorgen dafür, dass sich die Zink-Ionen nicht wieder neutralisieren können. Damit wird sich aber die Anode langsam auflösen, und der elektrische Strom wird zwangsläufig nachlassen.

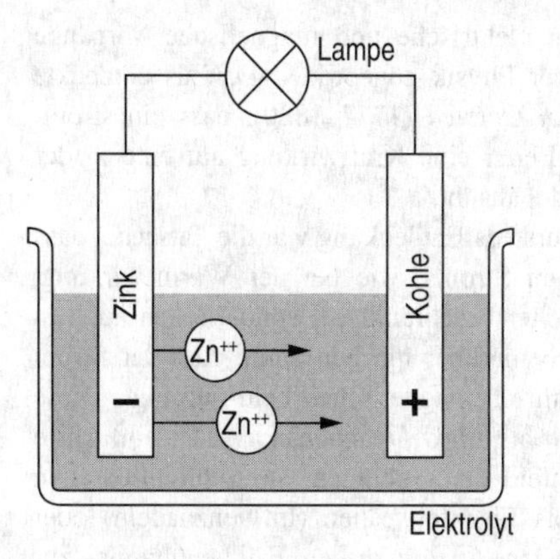

Galvanisches Element

Handelsübliche Batterien (*Monozellen*) bestehen z. B. aus einem Kohlestift (+), der innerhalb eines Bechers aus Zink (-) von einem zähflüssigen Elektrolyt umgeben ist.

Akkumulatoren basieren auf dem gleichen Prinzip, sind aber „wiederaufladbar". In einem Bleiakku (Autobatterie) befinden sich zwei (oder mehr) Bleiplatten innerhalb verdünnter Schwefelsäure. Diese Säure bewirkt, dass sich die Bleiplatten mit Bleisulfat überziehen. Sorgt man für eine Verbindung der Platten mit einer Gleichstromquelle, dann fließt ein Strom durch den Akkumulator, und an der einen Platte bildet sich Blei, an der anderen Bleidioxid.

Damit werden die Platten zu den Polen eines galvanischen Elements und können nach Abtrennen von der Stromquelle selber Strom liefern. Dabei wandeln sich Blei und Bleidioxid wieder in Bleisulfat um. Die beiden Vorgänge des Ladens und Entladens lassen sich selbstverständlich sehr oft wiederholen.

Die dritte Wirkung, und zwar die bei weitem aufregendste, die der elektrische Strom zeigt, ist magnetischer Natur.

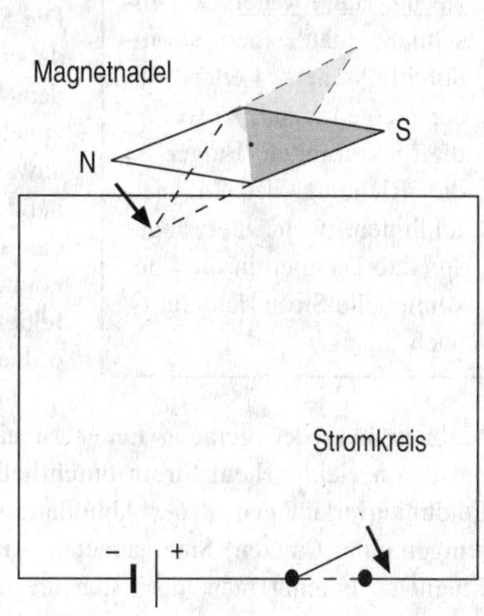

Elektromagnetismus

Bis zum Jahr 1820 wurden elektrische und magnetische Vorgänge zwei getrennten Gebieten der Physik zugeordnet. Damals entdeckte der Physiker *Hans Christian Oersted* (1777–1820), dass ein stromdurchflossener elektrischer Leiter eine Kraftwirkung auf eine in der Nähe befindliche Magnetnadel ausübt.
Der wesentliche Punkt an Oersteds Entdeckung war die Tatsache, dass die Wirkung des elektrischen Stroms, wie bei der Wärmewirkung, nicht allein auf den Stromleiter beschränkt ist, sondern sich auch in der Umgebung des Leiters bemerkbar machen kann, dass der Strom also dem umgebenden Raum ein magnetisches Feld aufprägt. Diese Erscheinung bezeichnet man als *Elektromagnetismus*. Der einfachste Fall ist hierbei das Magnetfeld eines geraden, stromdurchflossenen Leiters. Es lässt sich mittels Eisenfeilspänen (Influenznadeln) oder kleinen Magnetnadeln darstellen. Auch in diesem Fall benutzt man zur grafischen Beschreibung das Modell der Feldlinien. Diese winden sich in geschlossenen konzentrischen Kreisen um den stromdurchflossenen Leiter, der durch die Mittelpunkte der Kreise führt.
Die Richtung, die man den Feldlinien als Kraftrichtung zuschreiben kann, hängt von der Stromrichtung ab. Einen Anhalt gibt hier die *Rechte-Hand-* oder *Rechte-Faust-Regel*.

> Rechte-Hand-Regel: Umschließt man einen stromdurchflossenen Leiter mit der rechten Hand, so weisen die gekrümmten Finger in die Richtung der Magnetfeldlinien, wenn der abgespreizte Daumen in die konventionelle Stromrichtung (+ nach -) zeigt.

Die Stärke des Magnetfeldes wird dabei von der Stärke des fließenden Stromes abhängen und mit zunehmendem Strom ebenfalls anwachsen. Mit größer werdendem Abstand vom Leiter wird das Feld schwächer werden. Es können dieser Art des Magnetfeldes *keine* Magnetpole zugeordnet werden.

Verbiegt man den geraden Leiter zu einer Leiterschleife und lässt diese von elektrischem Strom durchfließen, dann verändert sich der Feldlinienverlauf gemäß der Abbildung und ähnelt weitgehend demjenigen eines (kurzen) Stabmagneten. An der Kraftwirkung auf einen Magneten erkennt man, dass sich die Seite, aus der die Feldlinien hervortreten, wie ein magnetischer Nordpol verhält und die andere wie ein magnetischer Südpol.

Durch das Hintereinanderwickeln mehrerer Leiterschleifen entsteht eine Spule. Das Magnetfeld einer stromdurchflossenen Spule kann man sich als Überlagerung der Magnetfelder vieler Leiterschleifen (Windungen der Spule) denken. Im Außenraum gleicht dieses Feld exakt dem Magnetfeld eines Stabmagneten, die Feldlinien laufen vom magnetischen Nord- zum Südpol. Mit der rechten Hand kann man auch hier die Richtung des Magnetfeldes bestimmen: zeigen die Finger in die konventionelle Stromrichtung, dann weist der abgespreizte Daumen in Richtung des magnetischen Nordpols der Spule.

Im Inneren einer schlanken stromdurchflossenen Spule ist das Magnetfeld weitgehend homogen (parallele Feldlinien mit konstanter Dichte). Eine stromdurchflossene Spule verhält sich in ihren äußeren Eigenschaften wie ein Stabmagnet. Die Stärke des Feldes wächst auch hier mit zunehmender Stromstärke, und es verschwindet, wenn der elektrische Stromkreis unterbrochen wird.

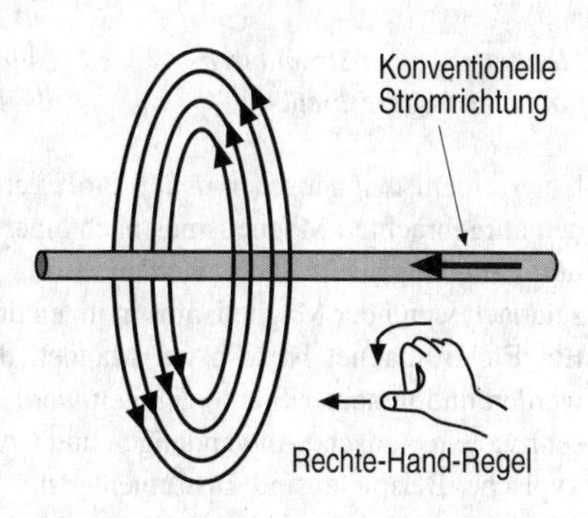

Magnetfeld eines stromdurchflossenen geraden Leiters

Diese Eigenschaften macht man sich in der gesamten Elektrotechnik zunutze. Ein wichtiges Beispiel ist der *Elektromagnet.* Zur Verstärkung der magnetischen Wirkung einer stromdurchflossenen Spule versieht man den Innenraum der Spule mit einem sog. *Weicheisenkern.* Schließt man den Stromkreis, so werden die Elementarmagnete innerhalb des Eisens durch die magnetische Wirkung der Spule ausgerichtet (der Eisenkern wird zu einem Magneten) und können so, durch Überlagerung der magnetischen Felder, die Wirkung der Spule beträchtlich erhöhen. Eine solche Anordnung nennt man dann *Elektromagnet.*

Nimmt man statt Weicheisen einen Kern aus *hartmagnetischem* Material wie etwa Stahl, dann bleibt er auch nach Abschalten des Stroms magnetisiert. Auf diese Weise lassen sich überaus kräftige Dauermagnete herstellen.

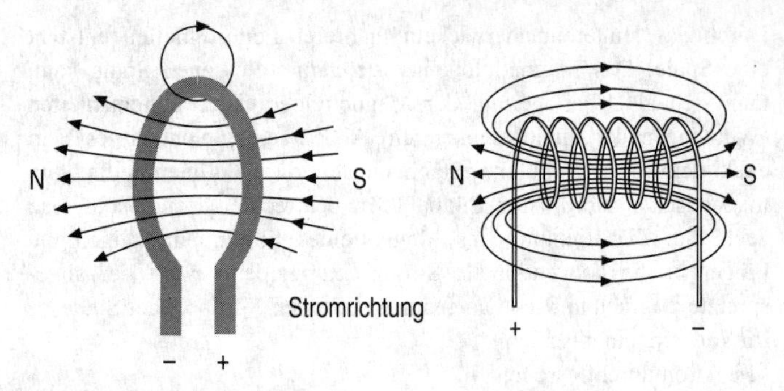

Magnetfeld einer stromdurchflossenen Leiterschleife

Magnetfeld einer stromdurchflossenen Spule

Unter einem magnetisch *weichen* Stoff versteht man einen Stoff, der den aufgebrachten Magnetismus nach einer gewissen Zeit wieder verliert. Im Gegensatz dazu werden Stoffe als magnetisch *hart* bezeichnet, wenn der Magnetismus in ihnen dauerhaft erhalten bleibt.

Ein Elektromagnet ist also ein Magnet, der ein- und ausgeschaltet werden und in seiner Stärke geregelt werden kann. Daraus resultieren sehr viele technische Anwendungen und Geräte.

Typische Beispiele sind Instrumente zur Messung der Stromstärke (*Drehspul-* oder *Dreheiseninstrument*), elektromagnetische Schalter (*Relais*), automatische Türöffner, Lastenheber, Lautsprecher und Mikrofon. Sicher ließe sich diese Reihe noch fortsetzen.

Einige dieser Geräte sollen hier kurz vorgestellt werden, um ihre Arbeitsweise zu demonstrieren, aber auch, um die Wichtigkeit der Oerstedschen Entdeckung noch einmal hervorzuheben.

Ein *Drehspulinstrument* ist ein Gerät zur Messung des elektrischen Stroms und besteht im wesentlichen aus einer drehbar gelagerten Spule in einem Magnetfeld (hervorgerufen von einem Dauermagneten). Wird die Spule von Strom durchflossen, so verhält sie sich wie ein Stabmagnet und wird sich, wegen der abstoßenden (gleichnamige Pole) bzw. anziehenden Wirkung (ungleichnamige Pole) zweier Magnete, drehen. Die Drehachse der Spule kann mit einem Zeiger versehen werden, das Gehäuse mit einer Skala. Eine Rückstellfeder sorgt für die Nullstellung nach Abschalten des Stroms. Der Zeigerausschlag eines solchen Gerätes ist abhängig von der Stromstärke, und die Richtung des Ausschlages wird bestimmt durch die Stromrichtung.

Im Gegensatz zu Drehspulinstrumenten können *Dreheiseninstrumente* auch Wechselströme anzeigen.

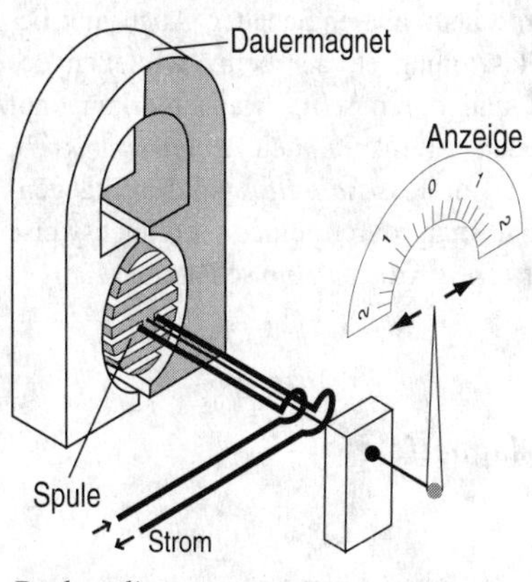

Drehspulinstrument

In einem *Elektromotor* dagegen wird elektrische Energie in mechanische Bewegungsenergie umgewandelt. Dazu befindet sich eine Spule mit einem Eisenkern (*Anker*) drehbar gelagert in dem Magnetfeld eines Hufeisenmagneten (*Feldmagnet*). Die Spulenenden sind mit zwei gegeneinander isolierten Halbringen (*Kommutator*) verbunden. Eine Stromzuführung vom Kommutator zur Spule wird durch Schleifkontakte realisiert. Fließt ein Strom durch die Spule, so verhält sie sich wie ein Stabmagnet und wird sich entsprechend drehen (ähnlich dem Drehspulinstrument).

Der Kommutator bewirkt eine Richtungsumkehr des Stromes, wenn der Totpunkt (Schleifkontakte auf Isolierung) überwunden wird, was durch die mechanische Trägheit der Spule möglich ist. Dadurch werden die Magnetpole des Ankers vertauscht und dieser in der gleichen Richtung weitergedreht. Bei jeder halben Umdrehung wiederholt sich dieser Vorgang.

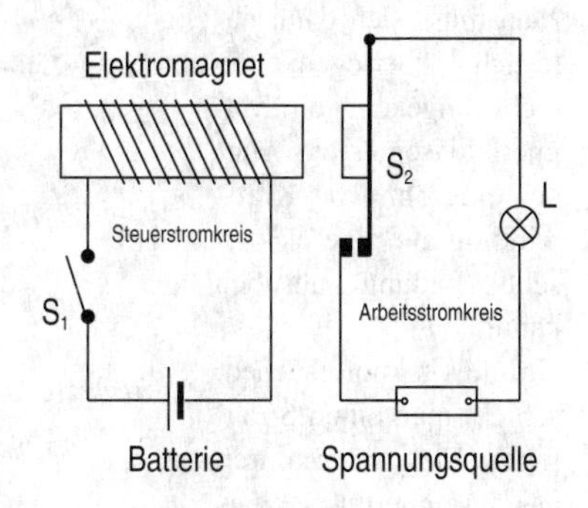

Einschaltrelais

Verwendet man als Feldmagnet einen Elektromagneten, kann zum Betrieb des Elektromotors auch eine Wechselstromquelle benutzt werden, denn dann ändern sich die Magnetpole von Feldmagnet und Anker gleichzeitig (*Allstrommotor*).

Eine weitere interessante Anwendung ist das *Relais*, ein relativ unempfindlicher und aus der Ferne bedienbarer Schalter. Auch hier befindet sich im Inneren ein Elektromagnet, der beim Schließen des *Steuerstromkreises* aktiv wird und durch seine Magnetwirkung auf mechanische Weise einen zweiten Stromkreis, den *Arbeitsstromkreis*, schließen kann (*Einschaltrelais*). Ein *Ausschaltrelais* hat die entgegengesetzte Wirkung. Somit kann man durch einen vergleichsweise schwachen Steuerstrom einen starken Arbeitsstrom schalten.

Elektrische Ladung und Magnetfeld

Ein elektrischer Strom ruft also ein Magnetfeld hervor und kann somit eine Kraftwirkung auf Magnete hervorrufen bzw. zur Magnetisierung eines Stoffes beitragen.

Man muss sich dann natürlich überlegen, ob nicht umgekehrt ein Magnetfeld seinerseits wieder eine ähnliche Kraftwirkung auf eine elektrische Ladung ausüben kann.

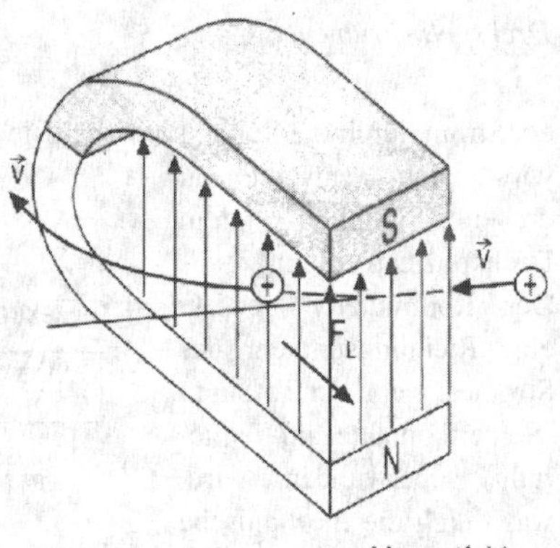

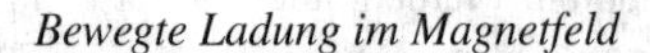
Bewegte Ladung im Magnetfeld

Um dies zu untersuchen, schickt man einen Strahl freier Elektronen durch das Magnetfeld eines Hufeisenmagneten (homogenes Feld). Das Feld des Magneten wird die Elektronen von ihrer Bahn ablenken. Die Größe dieser Ablenkung hängt von der Stärke des Feldes und der Geschwindigkeit der Elektronen ab.

Die Richtung der Ablenkung erfolgt senkrecht zu den Linien des

Magnetfeldes, was auf eine Kraftwirkung in dieser Richtung schließen lässt. Diese Kraft nennt man *Lorentz-Kraft*. Experimente haben gezeigt, dass alle bewegten Ladungsträger in Magnetfeldern eine Lorentz-Kraft erfahren, wenn sie sich quer zu den Magnetfeldlinien bewegen. Eine ruhende Ladung erfährt keine Kraftwirkung. Die Richtung der Lorentz-Kraft kann mit Hilfe der *Drei-Finger-Regel der rechten Hand* ermittelt werden.
Die gleiche Kraft erfährt auch ein stromdurchflossener Leiter in einem Magnetfeld, denn auch der Strom innerhalb eines elektrischen Leiters besteht aus der Bewegung von Ladungsträgern. Diese Ladungsträger erfahren natürlich die Wirkung der Lorentz-Kraft und übertragen diese auf den Leiter.

Drei-Finger-Regel der rechten Hand: Zeigt der abgespreizte Daumen in die Bewegungsrichtung einer positiven Ladung (konventionelle Stromrichtung) im Magnetfeld und der ausgestreckte Zeigefinger in Richtung des Magnetfeldes, dann deutet der zu beiden rechtwinklige Mittelfinger die Richtung der Lorentz-Kraft an.

Auf bewegte Ladungen, die sich entlang einer magnetischen Feldlinie bewegen, wird keine Lorentz-Kraft ausgeübt. Da ein stromdurchflossener Leiter um sich herum ein Magnetfeld erzeugt, werden sich zwei parallele und benachbarte stromdurchflossene Leiter gegenseitig beeinflussen und infolge ihrer Magnetfelder eine Kraft aufeinander ausüben.

Auf bewegte Ladungen und stromdurchflossene Leiter innerhalb eines Magnetfeldes wirkt die Lorentz-Kraft senkrecht zur Bewegungsrichtung der Ladungsträger bzw. des elektrischen Stromes und senkrecht zu den Magnetfeldlinien.

Diese Kraft wird bei identischer Stromrichtung anziehend sein und abstoßende Wirkung haben, wenn die Stromrichtungen gegensinnig sind. Mit zunehmender Stärke des Stroms werden die Kräfte ebenfalls zunehmen. Diese Beobachtung bildet die Basis für die Definition einer zahlenmäßigen *Einheit der Stromstärke*.
Damit kommen wir jetzt zu den physikalischen Größen, mit denen

sich elektrische Vorgänge quantitativ beschreiben lassen: *elektrische Stromstärke*, *Spannung* und *Widerstand*.

Elektrische Stromstärke

Im Ladungsträgermodell wird der Strom als eine gerichtete Bewegung einzelner elektrischer Ladungen gedeutet. Je größer die Zahl von Ladungsträgern ist, die pro Zeiteinheit an einer bestimmten Stelle des Leiters vorbei„strömen", um so stärker wird sich dieser elektrische Strom auch in seinen Wirkungen bemerkbar machen. Wenn sich die Strömungsrate der Ladungsträger verdoppelt, wird man auch den Strom als doppelt so stark bezeichnen.

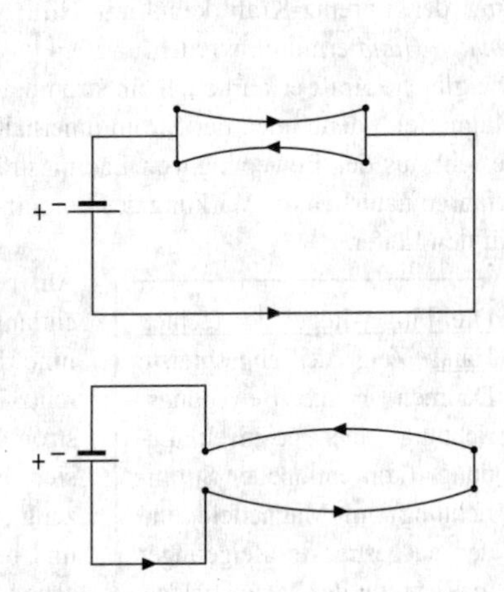

Kräfte zwischen stromdurchflossenen Leitern

Ein geeignetes Maß wäre also das schlichte Abzählen der Ladungen, die pro Sekunde vorbeiströmen. Ein solches Unterfangen ist aber wenig sinnvoll. Man macht sich vielmehr die makroskopischen Wirkungen des Stroms zunutze, um ein sicheres und reproduzierbares Verfahren zu haben, mit dem Stromstärken angegeben werden können. So hat man lange Zeit die chemische Wirkung des Stroms benutzt, um seine Stärke anzugeben. Wasser lässt sich in einer sog. *Knallgaszelle* durch *Elektrolyse* in seine Bestandteile (Wasserstoff und Sauerstoff) zerlegen. Die Menge des pro Sekunde gewonnenen Gasgemisches (hochexplosives *Knallgas*) kann bestimmt werden und ist proportional zur Stromstärke und nicht abhängig vom Versuchsaufbau. Danach werden zwei Ströme als gleich stark bezeichnet, wenn sie in gleichen Zeiträumen gleiche Mengen an Knallgas produzieren.

Nachdem aber die magnetischen Wirkungen bekannt und erforscht waren, wurde eine andere Definition der Stromstärke zweckmäßig. So kann die Gleichheit zweier Ströme auf die Gleichheit einer Kraftwirkung zwischen zwei stromdurchflossenen Leitern zurückgeführt werden:

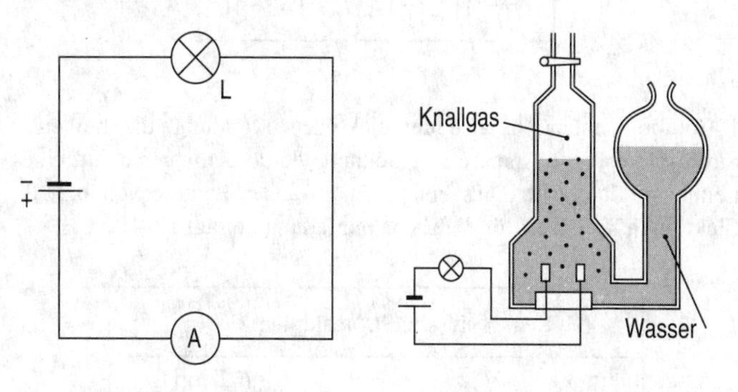

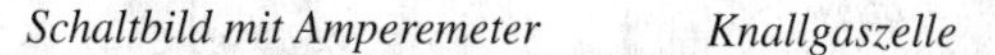
Schaltbild mit Amperemeter *Knallgaszelle*

Man weist dem Strom, der zwei lange, parallele Drähte (in konstantem Abstand von 1 m zueinander) gegensinnig durchfließt, die Stromstärke 1 Ampere zu, wenn die Kraft, welche die beiden Drähte aufeinander ausüben, den Betrag $2 \cdot 10^{-7}$ N pro m Leitungslänge hat.
Dieser Wert wurde im SI-System festgelegt. Die Einheit der Stromstärke, *Ampere* (abgekürzt *A*), ist benannt nach dem Physiker *André Marie Ampère* (1775–1836). Häufig verwendet wird auch der Bruchteil *Milliampere* (mA). Ein Strom von 20 mA kann bereits lebensgefährlich sein, wenn er durch den menschlichen Körper fließt. Das Ampere ist die einzige *Basisgröße* in der Elektrizitätslehre, und als Formelzeichen verwendet man das I. Die Stromstärke steht augenscheinlich in Zusammenhang mit der Zahl der Ladungsträger, die pro Sekunde durch den Leiter fließen. Daher lässt sich eine Beziehung zwischen Ladung Q und Stromstärke I angeben. Mit Vergrößerung der Stromstärke nimmt, ebenso wie bei Verlängerung der Zeitdauer t, auch die Zahl der strömenden Ladungsträger im Leiter zu, und für die Ladung gilt:

$$\boxed{Q = I \cdot t}$$

Die (abgeleitete) Einheit für die Ladung Q nach dieser Formel ist benannt nach dem Physiker *Charles Augustin de Coulomb* (1736–1806) und wird abgekürzt mit C:

$$[Q] = [I] \cdot [t] = 1\,A \cdot 1\,s = 1\,As = 1\,C$$

1 Coulomb entspricht also der elektrischen Ladung, die bei einer Stromstärke von 1 Ampere in 1 Sekunde durch den Querschnitt eines Leiters hindurchtritt. Dies entspricht etwa der Ladung von $6{,}3 \cdot 10^{18}$ Elektronen. Der Wert für die Elementarladung beträgt $1{,}6 \cdot 10^{-19}$ C.

Typische Stromstärken	
Blitz	20 – 100 kA
Aluminiumschmelzofen	15 kA
Elektrolokomotive	1 kA
Autozündung	50 – 100 A
Tauchsieder	5 A
Glühbirne	0,5 A
Transistorradio	50 mA
Glimmlampe	1 mA
Quarzuhr	1 µA

Die Definitionsgleichung für die Ladung kann umgestellt werden, und dann ergibt sich eine Formel zur Berechnung der Stromstärke, wenn man die Ladung Q kennt, die in einer bestimmten Zeit t durch einen Leiter geflossen ist:

$$\text{Stromstärke} = \frac{\text{Ladung}}{\text{Zeit}} \qquad I = \frac{Q}{t}$$

Elektrische Spannung

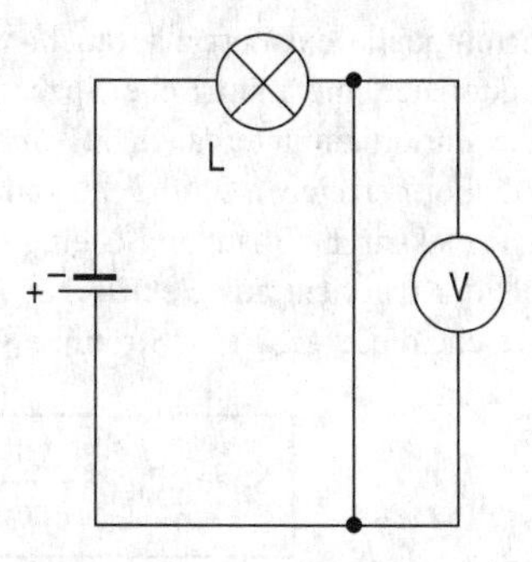

Schaltbild mit Voltmeter

Ein Strom wird nicht von selbst fließen, sondern er wird immer eine treibende Kraft benötigen. In einem der vorderen Abschnitte wurde bereits gesagt, dass eine Stromquelle zwei Pole besitzt und ein elektrisches Feld in dem elektrischen Leiter hervorruft, welches für die Bewegung der Ladungsträger verantwortlich ist.
Es ist aber nicht die Tatsache, dass die Stromquelle zwei verschiedene Pole besitzt, die das Feld erzeugt, sondern der besondere Zustand, der zwischen diesen Polen herrscht. Diesen Zustand bezeichnet man mit dem Begriff *elektrische Spannung*.
Die elektrische Spannung kann also bei geschlossenem Stromkreis als Ursache für das Fließen eines elektrischen Stromes angesehen werden. Unwillkürlich wird man sich fragen, woher denn diese Spannung kommt? Nun, innerhalb der Stromquelle werden positive und negative Ladungsträger räumlich voneinander getrennt. Dazu muss eine nicht unerhebliche *Arbeit* gegen die elektrischen Anziehungskräfte dieser Ladungen aufgewendet werden. Diese Arbeit wird nach der Trennung in Form von *elektrischer Energie* in den Ladungsträgern stecken. Diese Energie kann freigesetzt werden, wenn die Ladungsträger über den *Stromkreis* wieder zueinanderfinden.
In einer Batterie wird diese Trennarbeit z. B. in Form von chemischer Arbeit verrichtet.
Die elektrische Spannung kann somit als ein Maß dafür angesehen werden, wieviel Arbeit pro Ladungseinheit in der Stromquelle aufgebracht wird. Ebensoviel Arbeit kann dann durch die strömende Ladung im Stromkreis verrichtet werden (*Satz von der Energieerhaltung*). Somit gibt die Spannung auch an, wieviel elektrische Arbeit pro Ladungseinheit im Stromkreis verrichtet wird.
Verschiedene Stromquellen unterscheiden sich also eigentlich nicht in ihrer Stromstärke, sondern sehr viel eher in dem Betrag, der pro fließender Ladungseinheit an elektrischer Arbeit im Stromkreis verrichtet werden kann. Eine Spannung zwischen den Polen einer

Stromquelle existiert also auch, wenn kein Strom fließt. Somit charakterisiert die elektrische Spannung die Qualität von Stromquellen, die darum mitunter auch als *Spannungsquellen* bezeichnet werden. Als Formelzeichen für die Spannung wird das U verwendet.
Die elektrische Spannung U einer Stromquelle wird demnach definiert als der Quotient aus elektrischer Arbeit W und fließender Ladung Q, welche diese Arbeit im Stromkreis verrichtet:

$$\text{Spannung} = \frac{\text{Arbeit}}{\text{Ladung}} \qquad U = \frac{W}{Q}$$

Typische Spannungswerte	
Blitz	bis 100000 kV
Hochspannung	bis 380 kV
Netzsteckdose	220 V
Autobatterie	12 – 24 V
Monozellen	1,5 – 4,5 V
menschliches Herz	1 mV
Radioantenne	unter 0,1 mV

Die Einheit der elektrischen Spannung ist das *Volt*, abgekürzt *V*, benannt nach dem Physiker *Alessandro Volta* (1745–1827). Aus der Formel ergibt sich unmittelbar die abgeleitete Einheit für die Spannung:

$$[U] = \frac{[W]}{[Q]} = \frac{1\,J}{1\,C} = 1\frac{J}{C} = 1\,V$$

Häufig verwendet werden daneben auch Millivolt (mV) und Kilovolt (kV). Eine Spannung, die schon 24 V übersteigt, kann lebensgefährlich sein! Gemessen wird die Spannung mit einem *Voltmeter*.

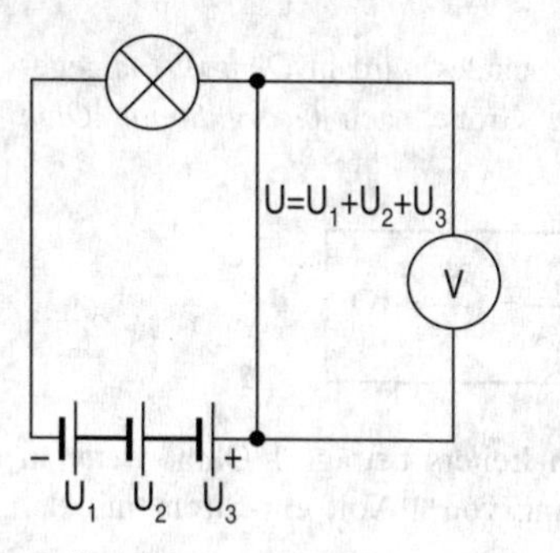

Reihenschaltung von Spannungsquellen

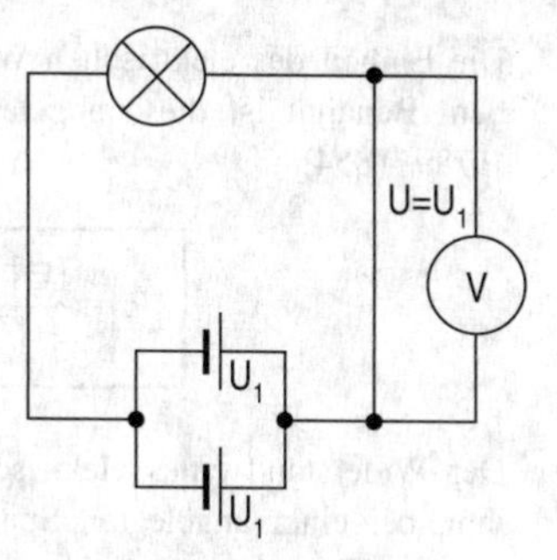

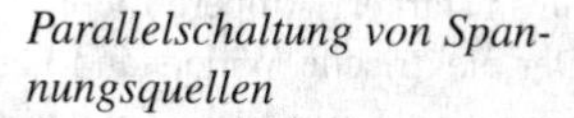

Parallelschaltung von Spannungsquellen

Verschiedene Spannungsquellen lassen sich miteinander kombinieren. Schaltet man mehrere Spannungsquellen hintereinander, dann addieren sich die Einzelspannungen zu einer Gesamtspannung (*Reihenschaltung*). Eine *Parallelschaltung* ändert die Spannung nicht. Dagegen wird eine *Gegeneinanderschaltung* zweier Spannungsquellen die Gesamtspannung zu Null werden lassen.

Elektrischer Widerstand

Es existieren gute und schlechte elektrische Leiter. Diese unterscheiden sich in der Dichte der freien Ladungsträger und in deren Beweglichkeit. Die Beweglichkeit der freien Ladungsträger kann innerhalb eines Leiters ganz erheblich eingeschränkt werden durch Stöße mit den Gitterbausteinen. Schlechte Leiter setzen den wandernden Ladungsträgern also einen höheren „Widerstand“ entgegen. Darum muss man einen Stromkreis, der aus schlechten Leitern aufgebaut ist, mit einer stärkeren Spannungsquelle versorgen, um die gleiche Stromstärke zu erhalten wie in einem Stromkreis aus guten Leitern.
Damit lässt sich ein Gesetz formulieren: Der elektrische Widerstand R eines Leiters wird berechnet aus dem Quotienten von am Leiter anliegender elektrischer Spannung U und der Stromstärke I im Leiter:

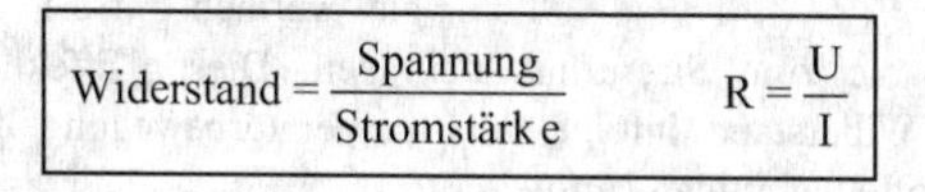

$$\text{Widerstand} = \frac{\text{Spannung}}{\text{Stromstärke}} \qquad R = \frac{U}{I}$$

Die Einheit des elektrischen Widerstandes wird in *Ohm* (Ω) angegeben. Benannt ist diese abgeleitete Größe nach *Georg Simon Ohm* (1789–1854):

$$[R] = \frac{[U]}{[I]} = \frac{1V}{1A} = 1\frac{V}{A} = 1\Omega$$

Der Widerstand eines elektrischen Leiters beträgt 1 Ohm, wenn in ihm, bei einer angelegten Spannung von 1 Volt ein Strom mit der Stromstärke 1 Ampere fließt.
Der elektrische Widerstand hängt ganz entscheidend von der Temperatur des Leiters ab. Erhitzt man den Leiter, so wird die Temperaturbewegung seiner Gitterbausteine zunehmen und den Ladungsträgerfluss durch eine höhere Stoßrate behindern. Materialien wie z. B. *Konstantan* (Legierung aus Kupfer, Nickel und Mangan) lassen den Widerstand bei Erwärmung fast unverändert. Darum auch die Bezeichnung Konstantan.

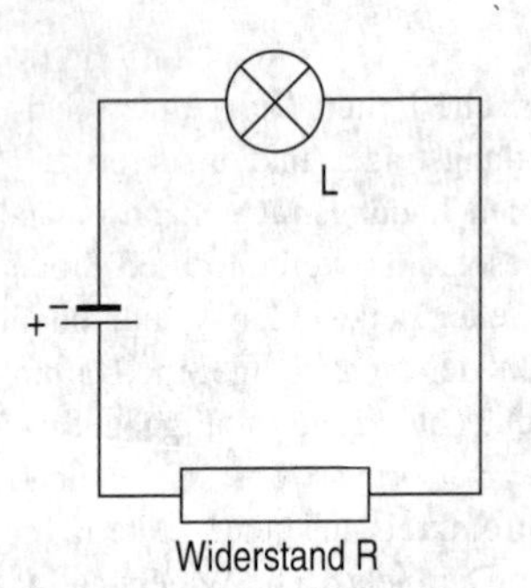

Schaltbild mit Widerstand

Sinkt die Temperatur, dann wird die Heftigkeit der Bewegungen der Gitterteilchen abnehmen, und bei einigen Stoffen kommt es unterhalb einer charakteristischen Temperatur zu einem sprunghaften Anstieg der elektrischen Leitfähigkeit, d. h., der Widerstand verschwindet. Diesen Zustand nennt man auch *Supraleitung*. Die Supraleitung kann bei manchen Substanzen bereits bei -180°C einsetzen.
In Materialien wie Kohlenstoff nimmt der Widerstand mit steigender Temperatur ab, weil dann durch die zugeführte Energie vermehrt freie Elektronen auftreten, die zum Stromfluss beitragen. Dieser Effekt kann den erhöhten Widerstand infolge der Temperaturbewegung übertreffen. Solche Stoffe nennt man *Halbleiter*.

Sehr oft wird anstelle des elektrischen Widerstandes der elektrische Leitwert angegeben, um direkt eine Aussage über die Leitfähigkeit eines Materials zu erhalten. Der Kehrwert des Widerstandes wird als *elektrischer Leitwert* G bezeichnet:

$$G = \frac{1}{R}$$

Die Einheit des elektrischen Leitwertes wird in *Siemens* (S) angegeben, benannt nach *Wilhelm von Siemens* (1816–1892):

$$[G] = \frac{1}{[R]} = \frac{1}{\Omega} = 1S$$

Ein Widerstand wird durch simultane Messung von Stromstärke *und* Spannung bestimmt. Solche Messungen werden dann in sog. *Strom-Spannungs-Kennlinien-Diagrammen* (*I-U-Diagramme*) dargestellt.
Für metallische Leiter auf konstanter Temperatur verändert sich der elektrische Widerstand nicht (*Ohmsches Gesetz*):

$$U \propto I \qquad \text{bzw.} \qquad \frac{U}{I} = R = \text{konstant}$$

Gilt das Ohm'sche Gesetz für einen Leiter, ist also der Widerstand R konstant und bekannt, dann kann man Stromstärke und Spannung berechnen, wenn eine der beiden Größen gemessen wurde:

$$I = \frac{U}{R} \qquad \text{oder} \qquad U = R \cdot I$$

Für den Widerstand R eines drahtförmigen Leiters lässt sich eine spezielle Formel angeben. Der Widerstand hängt dann, bei konstanter Temperatur, nämlich nur von der Länge s des Leiters ab, weil die Querschnittsfläche A ja überall gleich ist, und vom Material, aus dem er besteht:

$$R = \rho \cdot \frac{s}{A}$$

Der neu eingeführte Faktor ρ heißt *spezifischer Widerstand* und ist kennzeichnend für das Leitermaterial. Er gibt den Widerstand eines drahtförmigen Leiters von 1 m Länge und 1 mm^2 Querschnittsfläche aus diesem Material an. Selbstverständlich ist er ebenso wie der elektrische Widerstand von der Temperatur abhängig.

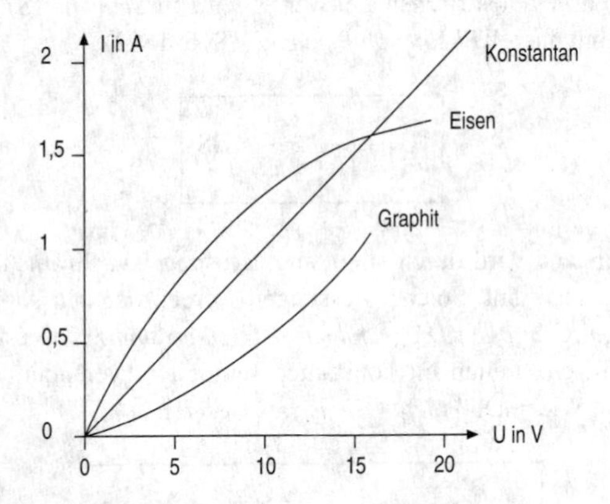

Strom-Spannungs-Diagramm (I-U-Kennlinie)

Spezifische Widerstandswerte bei 18°C [$\Omega \cdot mm^2/m$]	
Kupfer	0,02
Eisen	0,1
Konstantan	0,5
Kohlenstoff	≈100
Silizium	1.200
Porzellan	10^{18}

Der spezifische Widerstand von Kupfer ist sehr gering, es ist also besonders gut zur Stromleitung geeignet. Dagegen ist Porzellan ein hervorragender Isolator.

Anwendung von Widerständen

Neben der physikalischen Größe bezeichnet man mit dem Begriff Widerstand auch bestimmte elektrische Bauteile und Geräte, die in elektrischen Stromkreisen zur Strom- bzw. Spannungsanpassung verwendet werden. Solche sog. *Festwiderstände* bestehen in der Regel aus einem kleinen Porzellanröhrchen, das mit Leiterdraht umwickelt oder mit Kohle bzw. Metall beschichtet ist.
Bei *Schiebe-* oder *Drehwiderständen* können durch einen Schleifkontakt unterschiedliche Anteile des Widerstandsleiters in den Stromkreis eingeschaltet werden.
Prinzipiell kann jeder Verbraucher und jedes Leiterstück als ein Widerstand für sich aufgefasst werden. Zweckmäßigerweise und zur Vereinfachung benutzt man in den Schaltbildern spezielle Symbole für Widerstände.
Die Art und Weise, wie ein elektrischer Widerstand in einen Stromkreis eingebaut wird, kann von ganz erheblicher Bedeutung für die Spannung bzw. die Stromstärke in einem Stromkreis sein. Man unterscheidet daher *unverzweigte* von *verzweigten Stromkreisen.*

Unverzweigter Stromkreis

Ein unverzweigter Stromkreis wird auch als *Reihenschaltung, Hintereinanderschaltung* oder *Serienschaltung* bezeichnet. Dabei sind die Widerstände in dem Stromkreis nacheinander eingesetzt. Infolge der Ladungserhaltung ist die Stromstärke überall im Stromkreis gleich groß. Alle Widerstände werden vom gleichen Strom durchflossen.
Betrachtet man die Abbildung, und stellt sich vor, man messe die Spannung U_1, die am Widerstand R_1 „abfällt“, also die Spannung zwischen den Enden von R_1, und ebenso die Spannung U_2 am Widerstand R_2, dann ist die Summe aus U_1 und U_2 gleich der Gesamtspannung U, die man auch zwischen den Polen der Spannungsquelle messen kann.

Aus der Definition des elektrischen Widerstandes (R=U/I) ergibt sich:

$$U = U_1 + U_2 = R_1 \cdot I + R_2 \cdot I$$

Wegen $I=U_1/R_1$ und $I=U_2/R_2$ ergibt sich automatisch, dass sich bei einer Reihenschaltung die Teilspannungen zueinander ebenso verhalten wie die Widerstände:

$$\frac{U_1}{U_2} = \frac{R_1}{R_2}$$

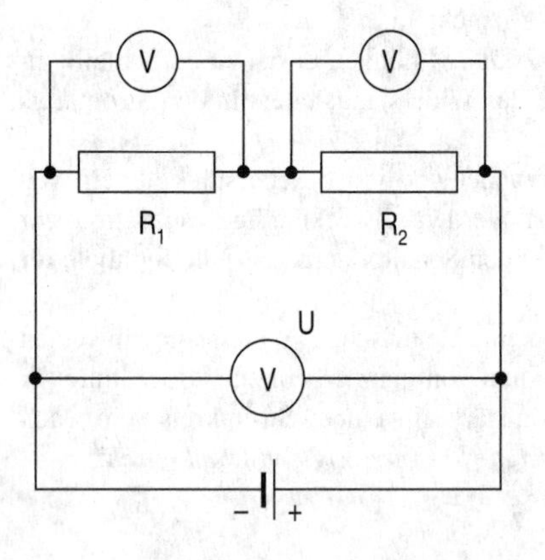

Unverzweigter Stromkreis (Reihenschaltung von Widerständen)

Somit liegt an dem größten Teilwiderstand auch die größte Spannung an. Verbraucher und Zuleitungen stellen im Prinzip eine Reihenschaltung von Widerständen dar, wobei der Widerstand der Zuleitungen meist vernachlässigbar klein ist. Damit liegt fast die gesamte Spannung der Quelle am Verbraucher an.

Statt vieler einzelner Teilwiderstände könnte also ein einziger Ersatzwiderstand in den Stromkreis eingebaut werden, ohne dass sich die Stromstärke ändert. Die Größe des Ersatzwiderstandes R_e bestimmt sich aus der Summe der Einzelwiderstände:

$$R_e = R_1 + R_2$$

Diese Gesetze macht man sich ebenfalls zunutze, wenn man eine Spannungsreduzierung an einem Verbraucher erreichen will. Dann benutzt man einen sog. *Vor-* oder *Schutzwiderstand.*

Noch eine weitverbreitete Anwendung wäre ein *Spannungsteiler* oder *Potentiometer*. Hierbei kann über einen veränderbaren Widerstand eine beliebige Teilspannung abgegriffen werden. Potentiometer findet man beispielsweise als *Dimmer* zur stufenlosen Regulierung einer Zimmerbeleuchtung.

Beispiel: Wenn etwa ein Elektrogerät nur für 8 V und 0,4 A ausgelegt ist, aber die Spannungsquelle 20 V liefert, dann würde es bei direktem Anschluss an die Quelle zerstört. Ein Vorwiderstand, mit dem Gerät in Reihe geschaltet, kann die am Gerät anliegende Spannung reduzieren. Dazu muss die Gesamtspannung geteilt werden in eine Teilspannung von 8 V und in eine von 12 V. Damit an dem Widerstand 12 V abfallen, muss er eine Größe von 12 V/0,4 A=30Ω haben.

Fließt ein Strom, so muss jede Spannungsquelle die Ladungsträger nicht nur durch den Stromkreis pumpen, sondern natürlich auch durch ihr Inneres. Dabei macht sich selbstverständlich, wie auch im äußeren Stromkreis, ein gewisser elektrischer Widerstand bemerkbar. Diesen Widerstand bezeichnet man als *Innenwiderstand* R_i der Spannungsquelle. Dafür lässt sich auch ein entsprechendes Schaltbild angeben, bestehend aus einer idealen Spannungsquelle (kein Innenwiderstand) mit der Urspannung U_0 und dem in Reihe geschalteten Innenwiderstand R_i.
Solange kein Strom fließt, ist die Spannung an den Anschlüssen der Quelle (Klemmenspannung) U_{Kl} gleich der Urspannung U_0. Man bezeichnet diese dann auch mit Leerlaufspannung. Wird der Stromkreis geschlossen, fließt also ein Strom mit der Stromstärke I, dann fällt am Innenwiderstand R_i die Spannung $U_i=R_i \cdot I$ ab, und die Klemmenspannung sinkt auf $U_{Kl}=U_0-U_i$. Es gilt also stets:

$$\boxed{U_{Kl} = U_0 - R_i \cdot I}$$

Besitzt der äußere Stromkreis einen Widerstand R_a aus Leitungs-, Vor- und Gerätewiderständen, dann liegt dieser in Reihe mit R_i, und es gilt: $I=U_0/(R_i+R_a)$.

Verbindet man die Klemmen der Quelle unmittelbar (R_a=0), dann spricht man von einem *Kurzschluss*, und es fließt der größtmögliche Strom I= U_0/R_i durch den Stromkreis (*Kurzschlussstrom*).

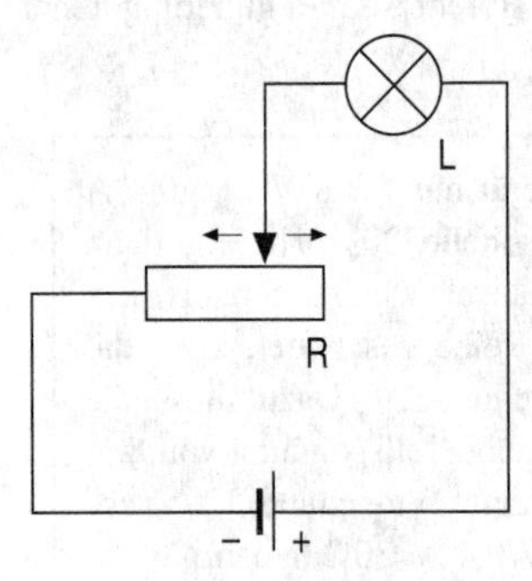

Potentiometerschaltung

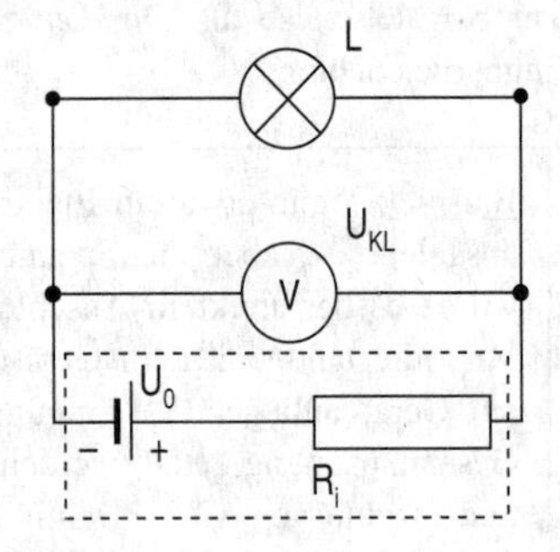

Innenwiderstand einer Spannungsquelle

Verzweigter Stromkreis

Ein verzweigter Stromkreis, auch *Parallelschaltung* oder *Nebeneinanderschaltung*, liegt dann vor, wenn mehrere Widerstände nebeneinander in diesem Stromkreis geschaltet sind. In der folgenden Abbildung liegt dabei an beiden Widerständen R_1 und R_2 die gleiche Spannung U an. Die Definition des elektrischen Widerstandes führt in diesem Fall durch eine rein theoretische Betrachtung zu den beiden *Kirchhoffschen Gesetzen*, welche die Stromstärke in einem verzweigten Stromkreis angeben und diese in Relation setzen zu den Widerständen des Stromkreises.
Durch den Widerstand R_1 fließt gemäß der Definition ein Strom mit der Stromstärke $I_1=U/R_1$ und entsprechend $I_2=U/R_2$ durch den zweiten Widerstand R_2. Die beiden Ströme vereinigen sich hinter den Widerständen zu einem Gesamtstrom $I=I_1+I_2$. Wegen der Ladungserhaltung in einem geschlossenen Stromkreis muss auch vor der Verzweigung dieser Gesamtstrom fließen.
Nun ist es aber keineswegs so, dass ein von der Stromquelle zur Verfügung gestellter konstanter Strom an der Verzweigung aufgespalten wird in zwei Teilströme.

Schaltet man nämlich einen weiteren Widerstand R_3 parallel zu den beiden vorhandenen in den Stromkreis ein, so wird durch diesen ein Strom $I_3=U/R_3$ fließen, ohne dass sich an den Strömen durch die beiden anderen Widerstände etwas ändern würde. Es können jetzt durch den zusätzlichen Leitungsabschnitt einfach mehr Ladungsträger durch den Stromkreis fließen.

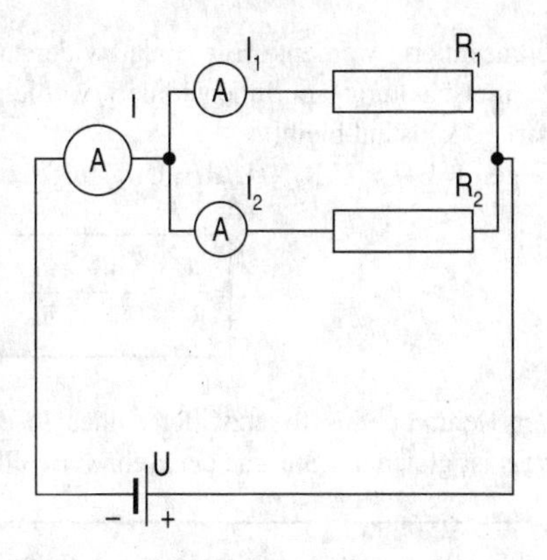

Verzweigter Stromkreis (Parallelschaltung von Widerständen)

Eine solche Parallelschaltung kann also, wenn man nicht aufpasst, den Stromkreis überlasten und eventuell sogar zerstören.

Die Berechnung des Stromstärke in der Hauptleitung eines verzweigten Stromkreises geschieht nach dem *1. Kirchhoffschen Gesetz* und ist gleich der Summe aller Stromstärken in den Zweigleitungen:

$$\boxed{I = I_1 + I_2}$$

Weil an jedem Zweig des Stromkreises die gleiche elektrische Spannung U anliegt, wird nach I=U/R in dem Abschnitt mit dem größten elektrischen Widerstand R offensichtlich der schwächste Teilstrom I fließen. Dies ist der Inhalt des *2. Kirchhoffschen Gesetzes*. Aus $U=I_1 \cdot R_1$ und $U=I_2 \cdot R_2$ folgt unmittelbar:

$$\boxed{\frac{I_1}{I_2} = \frac{R_2}{R_1}}$$

Die einzelnen Stromstärken in einem verzweigten Stromkreis verhalten sich also umgekehrt zu den entsprechenden Zweigwiderständen.

Um elektrische Schaltpläne übersichtlich zu halten, können auch in diesem Fall mehrere Zweigwiderstände durch einen Ersatzwiderstand

repräsentiert werden. Ein Ersatzwiderstand R_e müsste in einer Parallelschaltung so dimensioniert werden, dass die Gesamtstromstärke I konstant bleibt.
Wegen $I=I_1+I_2=(U/R_1)+(U/R_2)=U/R_e$ folgt unmittelbar:

$$\frac{1}{R_e}=\frac{1}{R_1}+\frac{1}{R_2}$$

Der Kehrwert des Ersatzwiderstandes in einem verzweigten Stromkreis ist gleich der Summe der Kehrwerte aller Zweigwiderstände.

Beispiel: Ein Amperemeter mit einem Innenwiderstand von 100 Ω und einem Messbereich von 0 bis 100 mA bei 10 V wird zusätzlich mit einem parallel geschalteten Widerstand von 25 Ω versehen. Damit können jetzt Stromstärken bis zu 500 mA gemessen werden, weil ein Teilstrom von 400 mA am eigentlichen Messzweig vorbeigeführt wird. Der Ersatzwiderstand für das Messgerät beträgt dann 20 Ω.

Eine Anwendung der Kirchhoff'schen Gesetze ist beispielsweise die Messbereichserweiterung eines Stromstärkemessers. Indem man einen Widerstand parallel in den Messkreis einschaltet, kann ein größerer Gesamtstrom fließen. Sorgt man dafür, dass ein entsprechender Teil des Stromes durch den Zusatzwiderstand fließt, kann ein Messgerät auch zur Messung größerer Stromstärken eingesetzt werden.
Die Kenntnis der Kirchhoff'schen Gesetze ist in Messschaltungen immer von Wichtigkeit. Schaltet man beispielsweise ein Amperemeter und ein Voltmeter zur gleichzeitigen Messung von Strom und Spannung (Widerstandsmessung) derart in einen Stromkreis, wie es in der folgenden Abbildung gezeigt wird, dann zeigt das Spannungsmessgerät zwar die Spannung richtig an, aber das Strommessgerät wird zusätzlich zum Strom durch den Widerstand noch den Strom durch das Voltmeter (*Fehlerstrom*) anzeigen, da auch dieses einen Innenwiderstand aufweist (*Parallelschaltung*). Eine solche Messanordnung bezeichnet man auch als *Stromfehlerschaltung*. Je größer der Innenwiderstand eines Spannungsmessers also ist, um so geringer wird der Fehlerstrom ausfallen. Aus

diesem Grunde besitzen Voltmeter immer einen sehr hohen Innenwiderstand.

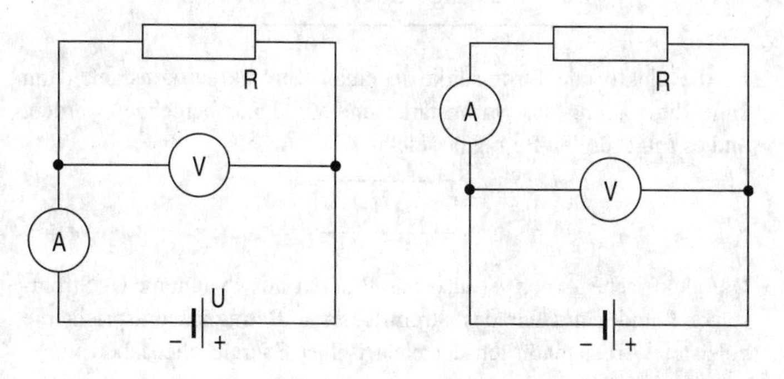

Stromfehlerschaltung *Spannungsfehlerschaltung*

In einem Aufbau wie in der Abbildung oben rechts ist es umgekehrt: Das Amperemeter zeigt den korrekten Strom durch den Widerstand an, während das Voltmeter neben der Spannung, die am Widerstand abfällt, noch die Spannung (*Fehlerspannung*) anzeigt, die am Amperemeter anliegt (*Reihenschaltung* von Amperemeter und Widerstand). In diesem Fall nennt man das auch eine *Spannungsfehlerschaltung*. Je geringer der Innenwiderstand des Amperemeters ist, um so geringer ist auch die gemessene Fehlerspannung. Darum besitzen Amperemeter immer einen sehr geringen Innenwiderstand.

Elektrische Arbeit, Energie und Leistung

Elektrischer Strom wird in jedem elektrischen Gerät (Verbraucher, Endgerät, Energiewandler) verwendet, um (elektrische) Arbeit zu verrichten. Dabei kommt es zu einer Umwandlung von elektrischer Energie in eine andere Energieform (z. B. mechanische oder thermische Energie).

Die elektrische Spannung einer Stromquelle ist, wie bereits beschrieben, charakteristisch für den Betrag der elektrischen Arbeit, die dabei pro Ladungsträger verrichtet werden kann. Damit hat man auch gleich die Formel für die elektrische Arbeit W, die eine fließende Ladung Q aufgrund einer Spannung U im Stromkreis verrichten kann:

$$\text{Arbeit} = \text{Spannung} \times \text{Ladung} \qquad W = U \cdot Q$$

Ist die elektrische Stromstärke in einem Stromkreis konstant, dann kann die Ladung aus Stromstärke und Zeitdauer berechnet werden, und es folgt für den Betrag der elektrischen Arbeit:

$$W = U \cdot I \cdot t$$

Die elektrische Arbeit ist also das Produkt aus Spannung U, Stromstärke I und Zeitdauer des Stromflusses t. Betraglich entspricht die geleistete Arbeit natürlich der elektrischen Energie, die dabei umgewandelt wurde.
Die Einheit der Arbeit ergibt sich aus den Einheiten der einzelnen Größen:

$$[W] = [U] \cdot [I] \cdot [t] = 1V \cdot 1A \cdot 1s = 1VAs = 1J$$

Sehr häufig benutzt man noch die Einheit „Kilowattstunde" (kWh):
1 kWh = 3,6 Mio. Ws = 3600 kJ.
Benutzt man die Definition für den elektrischen Widerstand, so kann man für die elektrische Arbeit auch schreiben:

$$W = R \cdot I^2 \cdot t = \frac{U^2}{R} \cdot t$$

<u>Beispiel</u>: Ein elektrischer Heizofen, der 4 Stunden ununterbrochen läuft, wird bei einer Spannung von 220 V und einem Strom von 10 A eine Heizenergie (Wärme) von W=8800 kWh≈32 Mio. J abgeben.

In jedem Haushalt gibt es sog. Strom- oder Elektrizitätszähler, welche die dem elektrischen Versorgungsnetz entnommene elektrische Energie messen und aufzeichnen. Diese Aufzeichnung bildet dann die Grundlage für die Abrechnung der öffentlichen Stromversorger.

Neben der elektrischen Arbeit bzw. Energie ist es auch hier, wie in der Mechanik, wichtig zu wissen, wieviel Arbeit ein elektrisches Gerät in einer bestimmten Zeit verrichten kann. Den Quotienten aus geleisteter elektrischer Arbeit W und der dafür benötigten Zeit t nennt man elektrische Leistung P:

$$P = \frac{W}{t} = U \cdot I$$

Elektrische Leistung kann also als Produkt aus elektrischer Spannung und Stromstärke aufgefasst werden. Die Einheit der elektrischen Leistung kann unmittelbar abgelesen werden:

$$[P] = \frac{[W]}{[t]} = \frac{1\,Ws}{1\,s} = 1\,W$$

Üblich sind Angaben in Milliwatt (mW), Kilowatt (kW) und Megawatt (MW). Mit der Definition für den elektrischen Widerstand kann die Leistung auch geschrieben werden als:

$$P = \frac{U^2}{R}$$

> Beispiel: Der elektrische Heizofen aus dem letzten Beispiel hat bei einer Spannung von 220 V und einer Stromaufnahme von 10 A eine Leistung von 220 V × 10 A = 2200 W, also 2,2 kW.

Es ist gesetzlich vorgeschrieben, dass alle handelsüblichen Elektrogeräte mit einer Kennzeichnung versehen werden, die Aufschluss gibt über Spannung, Stromstärke und Leistungsaufnahme der Geräte (*Nennwerte*). Eine Angabe von 220V/40W auf einem Gerät besagt, dass dieses Gerät bei einer *Nennspannung* von 220 V eine *Nennleistung* von 40 W hat.

Typische Werte für elektrische Leistungen	
Blitz	10 TW
Kraftwerk	1 GW
Elektrolokomotive	1 MW
Kochplatte	1 kW
Glühbirne	0,1 kW
Taschenlampe	1 W
Quarzuhr	1 µW

Noch ein Wort zur elektrischen Versorgung der Haushalte. Heutzutage ist prinzipiell jeder Haushalt an die öffentliche Stromversorgung angeschlossen. Man bezieht den Strom, der zum Betrieb der haushaltseigenen Elektrogeräte erforderlich ist, aus den Netzsteckdosen. Von hier führen zwei Leitungen zum Elektrizitätswerk. Eine der beiden Leitungen ist sowohl im E-Werk wie auch am Hausanschluss „geerdet“, also leitend mit dem Erdboden verbunden. Diese Leitung wird auch als *Null-Leiter* bezeichnet.
Die zweite Leitung besitzt gegenüber dem Null-Leiter eine Spannung von (üblicherweise) 220 V. Diese Leitung wird *Außenleiter* oder *Phase* genannt.

Das Berühren des Außenleiters ist lebensgefährlich!

Manche Steckdosen führen noch eine dritte Leitung, den *Schutzleiter*, der ebenfalls geerdet ist und zu zwei seitlichen Kontakten in der Steckdose führt. Über diesen Leiter werden alle Ladungen, die sich auf der Oberfläche eines Elektrogerätes ansammeln können, an die Erde abgeführt. Alle Geräte, die über ein elektrisch leitendes Gehäusematerial verfügen, müssen (!) mit einem Schutzkontaktstecker (Schuko-Stecker) ausgestattet sein, denn wenn es, z. B. durch einen Isolierungsfehler, zu einem Kontakt des Gehäuses mit dem Außenleiter kommt, dann ist dies lebensgefährlich für den Benutzer.

Der Schutzleiter sorgt für einen Kurzschluss und die damit verbundene hohe Stromaufnahme für ein Ansprechen der Sicherung, was mit einer sofortigen Unterbrechung des Stromkreises verbunden ist. Damit wird sichergestellt, dass keine Personen zu Schaden kommen und die angeschlossenen Geräte nicht beschädigt werden.

Elektromagnetische Induktion

Eine der wichtigsten Entdeckungen war die der *elektrischen Induktion* durch *Michael Faraday* (1791–1867) im Jahre 1831.
Nachdem Oersted 1820 entdeckt hatte, dass der elektrische Strom ein Magnetfeld hervorruft, wurde von Faraday erforscht, ob nicht auch mit Hilfe eines Magnetfeldes Strom erzeugt werden könnte. 13 Jahre nach Oersteds Entdeckung gelang ihm dies. Der Vorgang, bei dem ein Magnetfeld einen Strom hervorruft, wird *elektromagnetische Induktion* genannt und bildet heute die Grundlage der großtechnischen Energieversorgung.
Bewegt man einen elektrischen Leiter quer zu den Feldlinien eines Magnetfeldes, so entsteht zwischen den Enden des Leiters eine elektrische Spannung, die sog. *Induktionsspannung*, wodurch der Leiter zu einer Spannungsquelle wird.

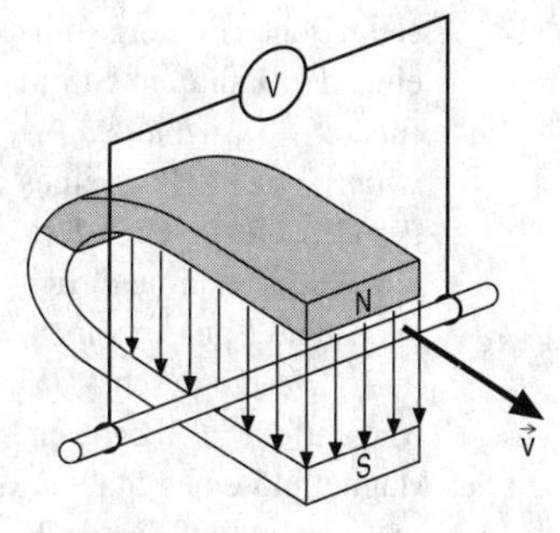

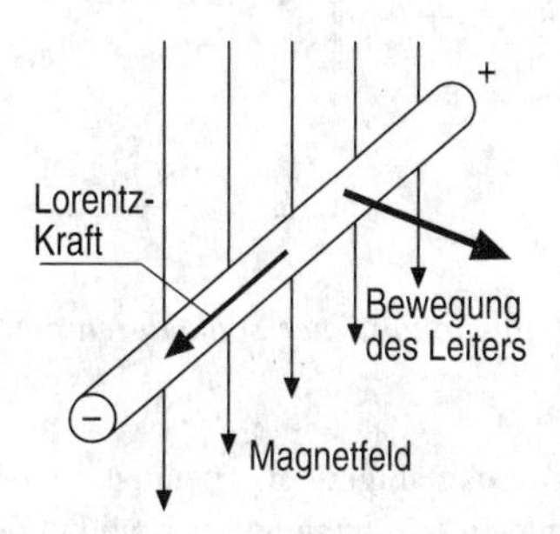

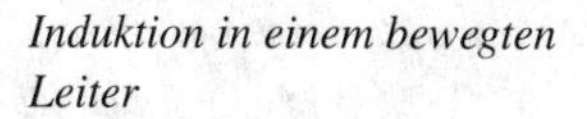
Induktion in einem bewegten Leiter

Zur Polung der Induktionsspannung

Der Vorgang lässt sich wie folgt deuten: Die in dem Leiter enthaltenen freien Elektronen werden zusammen mit dem Leiter durch das Magnetfeld bewegt und erfahren deshalb eine Lorentz-Kraft (Drei-Finger-Regel). Da sie frei beweglich sind, können sie dieser Kraft nachgeben und somit innerhalb des Leiters eine Ungleichverteilung der Ladungsträger hervorrufen (elektrischer Pluspol und elektrischer Minuspol). Das dadurch hervorgerufene elektrische Feld ist als elektrische Spannung nachweisbar. Die Polung der elektromagnetischen Induktion kann mit der Drei-Finger-Regel bestimmt werden.
Zeigt der Daumen in die Bewegungsrichtung des Leiters und der Mittelfinger in Magnetfeldrichtung, dann gibt der ausgestreckte Zeigefinger die Bewegungsrichtung der Elektronen und damit die Richtung zum elektrischen Minuspol an.
Verändert man die Bewegungsrichtung, so wird auch die Polung ihr Vorzeichen wechseln. Bei periodischer Hin- und Herbewegung des Leiters entsteht so eine *Wechselspannung*.
Da die Bewegung aber eine relative Größe ist und vom Bezugssystem des Beobachters abhängt, wird auch eine Induktion stattfinden, wenn man den Leiter fixiert und statt dessen den Magneten bewegt. Für die Erzeugung einer Induktionsspannung ist also lediglich die Relativbewegung von Leiter und Magnetfeld zueinander von Bedeutung.

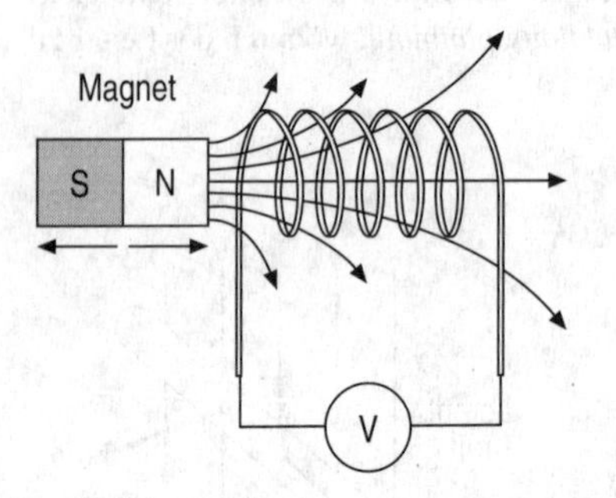

Induktion in einer Spule durch Bewegung

Verbindet man die beiden *Induktionspole* über eine elektrische Leitung miteinander, kann ein Strom fließen (*Induktionsstrom*). Anstelle eines geraden elektrischen Leiters kann man natürlich auch eine Spule nehmen, und diese durch das Magnetfeld bewegen. Zweckmäßigerweise benutzt man dazu das Magnetfeld eines Stabmagneten (*Feldmagnet*), der, wie in der Abbildung gezeigt, auf die Spule zu und von ihr weg bewegt wird. Ein Messgerät zeigt bei diesem Vorgang eine Wechselspannung an.

Experimente zeigen, dass die Induktionsspannung um so größer sein wird, je größer die Geschwindigkeit der Relativbewegung von Spule und Magnet ist. Zusätzlich hängt die Induktionsspannung noch von der Stärke des Magnetfeldes und von der Anzahl der Windungen ab. Jede Windung der Spule wird eine Teilspannung liefern, und da alle Spulenwindungen sozusagen in Reihe geschaltet sind, werden sich alle Teilspannungen zur Induktionsspannung aufaddieren.

Was ist aber jetzt die eigentliche Ursache für das Entstehen einer Induktionsspannung? Eines ist allen Vorgängen gemeinsam: bei der Bewegung ändert sich jedesmal der von der Windung bzw. Leiterschleife umfasste Anteil des Magnetfeldes. Im Feldlinienbild könnte man sagen, die Anzahl der Feldlinien, welche die Leiterschleife senkrecht durchdringen, ändert sich bei einer Bewegung der Spule senkrecht zum Magnetfeld.

Auch bei einem geraden Leiterstück ist dies der Fall, denn zusammen mit den Zuleitungen zum Messgerät bildet es ja eine Leiterschleife.

Als gemeinsame Ursache kann dann für die elektromagnetische Induktion die Änderung des von dem Leiter umschlossenen Magnetfeldes angesehen werden.

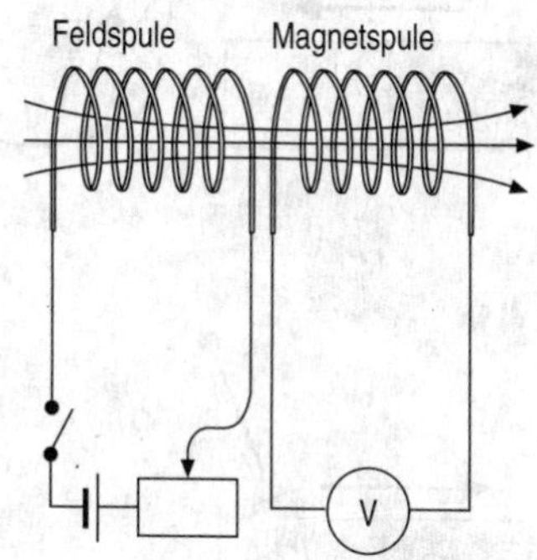

Induktion in Spule ohne Bewegung

Elektromagnetische Induktion tritt auch auf, ohne dass eine Bewegung stattfindet. Stellt man zwei Spulen so wie in der Abbildung nebeneinander auf, und lässt man durch eine der beiden Spulen (*Feldspule*) einen veränderlichen Strom fließen, dann kann man an der anderen Spule (*Induktionsspule*) jedesmal eine Spannung messen, wenn sich das Magnetfeld infolge der Stromänderung auch verändert.

Aus diesem Versuch kann man schließen, dass für einen Induktionsvorgang keine Bewegung nötig ist, sondern lediglich ein veränderliches Magnetfeld. Auch in diesem Fall kann man zeigen, dass die induzierte Spannung von der Schnelligkeit abhängt, mit der sich das Magnetfeld ändert, und von der Anzahl der Windungen, welche die Induktionsspule besitzt.

Die Erscheinungen, die mit der Induktion in Spulen verknüpft sind, zeigen bestimmte Gesetzmäßigkeiten, die man im Induktionsgesetz zusammenfasst:

> *In einer Spule wird eine Spannung induziert, wenn das von ihr umfasste Magnetfeld eine Veränderung erfährt. Die Induktionsspannung an den Spulenenden ist um so größer, je schneller sich das Magnetfeld ändert und je mehr Windungen die Spule besitzt.*

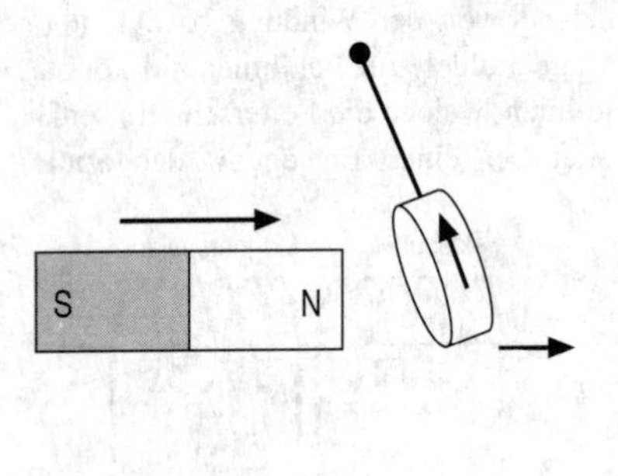

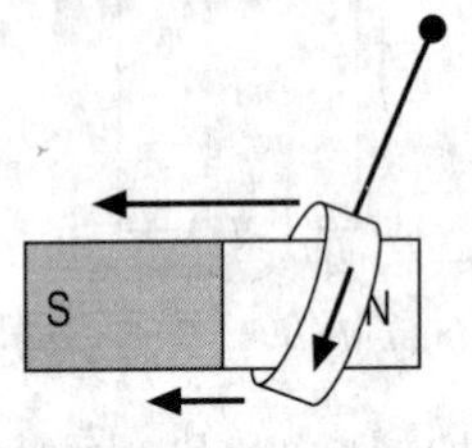

Richtung des Induktionsstroms

Die Richtung des Induktionsstromes in einer Spule kann mit einem Versuch ermittelt werden. Dazu hängt man einen geschlossenen Metallring frei beweglich auf und nähert ihm mit einer raschen Bewegung einen Stabmagneten. Dabei wird der Ring abgestoßen. Zieht man den Magneten mit einer schnellen Bewegung fort, versucht der Ring, dieser Bewegung zu folgen.
Wie lässt sich dieses Verhalten nun interpretieren? Der Ring wirkt als (geschlossene) Induktionsschleife (oder Spule mit nur einer Windung). Da der Kreis geschlossen ist, kann ein von der Induktionsspannung angetriebener Induktionsstrom fließen. Ein fließender Strom in einem elektrischen Leiter erzeugt aber ein Magnetfeld um diesen Leiter herum. Dadurch wirkt der Ring nach außen wie ein kurzer magnetischer Dipol.
Aus der Kraftwirkung, welche die beiden Magnetfelder aufeinander ausüben, können die Magnetpole des Ringes bestimmt werden, aus der Lage der Magnetpole wiederum die Stromrichtung im Ring (*Rechte-Hand-Regel*).

In beiden Fällen ist der Induktionsstrom so gerichtet, dass der Veränderung, die das Magnetfeld erfährt, entgegengewirkt wird. Dies ist eine universelle Regel, die *Lenzsche Regel*:

> *Ein Induktionsstrom ist stets so gerichtet, dass er der, den Strom erzeugenden, Ursache entgegenwirkt.*

Nachdem durch die Veränderung des Magnetfeldes in einem Leiter ein Strom induziert wird, der natürlich seine elektrische Energie umsetzen wird, z. B. in Wärme, stellt sich natürlich die Frage nach der Energieerhaltung. Woher stammt die elektrische Energie?
Die Antwort ist recht einfach. Im Versuch mit dem Ring wird die mechanische Arbeit gegen die Anziehungs- bzw. Abstoßungskräfte zwischen Magnet und (stromdurchflossenem) Ring in elektrische Energie umgesetzt. In dem anderen Versuch wird die elektrische Energie des Feldspulenstroms lediglich in elektrische Energie des Induktionsstroms übertragen.
Dieses Prinzip der elektromagnetischen Induktion wird in *Generatoren* ausgenutzt. Ein Generator ist eine elektrische Maschine, die rein mechanische Bewegungsenergie in elektrische Energie umwandelt. Großgeneratoren in Kraftwerken haben dabei einen Wirkungsgrad von etwa 98%. Angetrieben werden solche Generatoren durch Dampf- oder Wasserturbinen. Sie erzeugen Spannungen bis zu 20 kV bei Stromstärken bis zu 100 kA.
Je nach technischer Ausführung unterscheidet man zwischen *Außenpolgeneratoren* und *Innenpolgeneratoren*.

Generatoren

Bei einem Außenpolgenerator rotiert eine Spule im Magnetfeld eines Dauer- oder Elektromagneten. Durch die Rotation ändert sich zwangsläufig das von den Spulen umfasste Magnetfeld, und es kommt in der Spule zu einer Induktionsspannung mit wechselnder Polarität (*Wechselspannung*). Diese Spannung kann über Schleifkontakte abgegriffen werden. In der folgenden Abbildung wird, der Übersichtlichkeit wegen, nur eine Spulenwindung dargestellt.
Die drehachsenparallelen Leiterstücke bewegen sich in Gegenrichtung durch das Magnetfeld. Infolge der Lorentz-Kraft werden somit von einem Leiterstück Elektronen abgezogen und dem anderen Leiterstück

Elektronen aus dem Stromkreis zugeführt. Nach einer halben Umdrehung wechselt die Bewegungsrichtung der Elektronen in den einzelnen Leiterstücken, die elektrischen Pole werden vertauscht.
Die induzierte Spannung erreicht ihr Maximum, wenn die Leiterstücke sich senkrecht zu den Magnetfeldlinien bewegen. Nach einer Vierteldrehung ist die momentane Bewegungsrichtung parallel zum Magnetfeld, und die induzierte Spannung ist Null.
Gleichspannung kann man erhalten, wenn man die Schleifringe durch einen Kommutator ersetzt. Der Kommutator hebt die Polaritätsänderung durch einen Wechsel der Anschlüsse auf, und es entsteht eine (pulsierende) *Gleichspannung*.

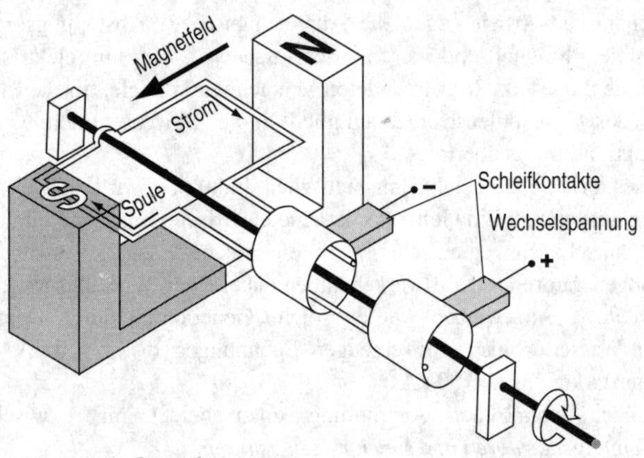

Prinzip eines Außenpolgenerators

Sehr hohe Induktionsspannungen lassen sich erreichen, wenn man Spulen mit hoher Windungszahl, großer Querschnittsfläche und einem Eisenkern in einem starken Magnetfeld sehr schnell rotieren lässt.
Ein starkes Magnetfeld wird beispielsweise von einem Elektromagneten erzeugt. Den dafür nötigen Strom liefert der Generator selber (*Dynamo*). Dabei wird beim Anlaufen des Generators nur eine kleine Induktionsspannung zur Verfügung stehen, weil der Feldmagnet höchstens über einen Restmagnetismus verfügt. Diese Induktionsspannung kann aber zur Verstärkung der Magnetisierung des Feldmagneten eingesetzt werden, was wiederum eine Verstärkung der Induktionsspannung zur Folge hat. Nach einer gewissen Anlaufzeit ist der Feldmagnet dann magnetisch gesättigt, und der Generator kann

den Induktionsstrom einem Verbraucher zur Verfügung stellen.
Die übliche Wechselspannung, die in den Haushalten zur Verfügung steht, hat eine Frequenz von 50 Hz, d. h., die Spulen in den entsprechenden Generatoren rotieren etwa 50mal pro Sekunde.
Bei der technischen Variante des *Innenpolgenerators* dreht sich ein Dauermagnet zwischen fest verankerten Spulen. Die hohen Induktionsströme und Spannungen müssen dann nicht über verschleißanfällige Schleifkontakte abgegriffen werden.
Die von Generatoren erzeugte Spannung ändert ständig ihren Betrag, wodurch an einer normalen Netzsteckdose die Spannung permanent zwischen etwa -300 V und +300 V wechselt. Eine solche Wechselspannung gibt im gleichen Zeitraum genauso viel Energie ab wie ein Gleichstrom von 220 V. Den Wert von 220 V nennt man deshalb auch den *Effektivwert* der Wechselspannung. Eine Wechselspannung wird in einem Stromkreis natürlich auch einen *Wechselstrom* hervorrufen, dessen Betrag dann mit der angelegten Spannung schwankt. Unter der effektiven Stromstärke versteht man dann die Stromstärke eines Gleichstroms, der zu der gleichen Wärmeleistung führen würde.
Eine effektive Stromstärke von 1 A für einen Wechselstromkreis bedeutet, dass die Stromstärke etwa zwischen -1,4 A und +1,4 A schwankt (das Vorzeichen gibt die Richtung des Stromes an).
Instrumente zur Messung von Wechselströmen oder -spannungen sind immer auf die Anzeige der Effektivwerte geeicht.

Transformatoren

Der Vorgang der elektromagnetischen Induktion kann auch zur Umwandlung von Spannungen und Stromstärken eingesetzt werden. Die entsprechenden Geräte werden als *Transformatoren* (*Spannungswandler*, *Stromwandler*) bezeichnet. Ein Transformator besteht im Wesentlichen aus zwei unterschiedlichen Spulen, die nicht elektrisch leitend verbunden sind und die auf den Schenkeln eines geschlossenen Eisenkernes sitzen.
Legt man an eine der beiden Spulen (*Primärspule*) eine Wechselspannung U_1, so entsteht um diese Spule herum ein sich permanent änderndes Magnetfeld. Dieses Magnetfeld wird durch den Eisenkern „gebündelt“ und durchsetzt somit auch annähernd vollständig die zweite Spule (*Sekundärspule*).

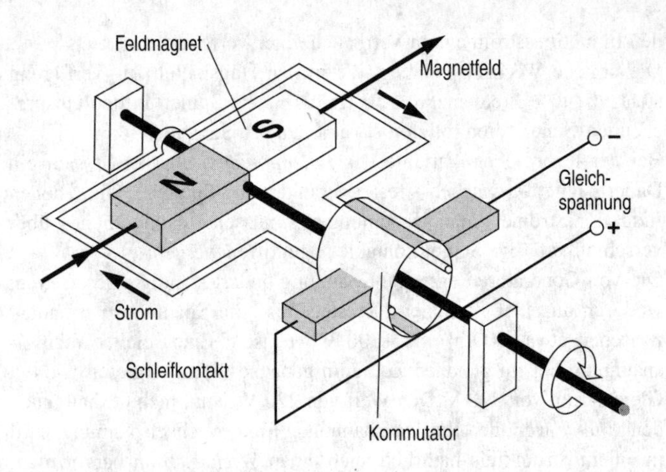

Prinzip eines Innenpolgenerators

In dieser Sekundärspule wird somit ebenfalls eine Wechselspannung U_2 mit gleicher Frequenz induziert. Die Spannung und die Stromstärke hängen dabei von den Windungszahlen n_1 und n_2 der beiden Spulen ab. Bei einem unbelasteten Transformator fließt in der Sekundärspule kein Strom, und die Spannungen verhalten sich ungefähr zueinander wie die Windungszahlen der beiden Spulen:

$$\frac{U_1}{U_2} \approx \frac{n_1}{n_2}$$

Beispiel: Ein 4 V-Glühlämpchen soll an der Netzsteckdose (220 V Effektivspannung) betrieben werden. Ein Transformator, dessen Primärspule 330 Wicklungen hat, kann mit einer Sekundärspule von nur 6 Wicklungen die Spannung auf 4 V umspannen.

Somit lassen sich also Wechselspannungen (mit *Niederspannungstransformatoren* oder *Hochspannungstransformatoren*) auf gewünschte Werte *umspannen*.

Untersucht man einen belasteten Transformator (in der Sekundärspule fließt dann ein Strom), wird man feststellen, dass sich die Stromstärken annähernd umgekehrt zueinander verhalten wie die zugehörigen Wicklungszahlen der beiden Spulen:

$$\frac{I_1}{I_2} \approx \frac{n_2}{n_1}$$

Die Stromstärke in der Primärspule richtet sich dabei nach der Stromstärke in der Sekundärspule! Die an der Sekundärspule entnommene elektrische Energie muss selbstverständlich auf der Primärseite zusätzlich eingespeist werden. Dies ist eine unmittelbare Forderung des Energieerhaltungssatzes.
Elektrische Energie wird von den Kraftwerken über sog. Fernleitungen oder Hochspannungsleitungen zu den Umspannwerken geführt. Um Wärmeverluste entlang der großen Übertragungsstrecken zu vermeiden, wird die elektrische Energie (=U·I·t) mit möglichst geringer Stromstärke, aber bei entsprechend hohen Spannungen, transportiert. Am Anfang einer solchen Fernleitung wird die Spannung hochtransformiert bis auf etwa 400000 V, entsprechend nimmt die Stromstärke ab. Im Umspannwerk am Verbrauchsort wird diese hohe Spannung dann auf die üblichen 220 V herabtransformiert.

Beispiel: Auf der Sekundärseite eines *Hochstromtransformators* fließt ein Strom von 1000 A. Die Primärspule besitzt 500 Wicklungen, die Sekundärspule 10 Wicklungen. Danach beträgt der Primärstrom 20 A. Ein solcher *Hochstromtransformator* wird z. B. beim Elektroschweißen verwendet.

OPTIK

Licht ist nach der Erfassung von Geräuschen der erste Eindruck, den ein Neugeborenes von seiner Umgebung erhält. Die visuelle Erfassung unserer Umwelt ist zeitlebens bestimmend für unsere gesamte Entwicklung.

Um seine Umwelt zu erfassen, verwendet der Mensch verschiedene Sinnesorgane. Der Geschmackssinn beschränkt sich nur auf den Bereich der Zunge, der Tastsinn lässt uns Gegenstände erfassen, die sich noch in Reichweite unserer Gliedmaßen befinden, mit dem Gehör kann man noch Geräusche aus mehreren Kilometern Entfernung wahrnehmen, aber das bei weitem empfindlichste und weitreichendste Sinnesorgan des Menschen ist das Auge. Mit dem Auge lässt sich Licht selbst noch aus den Tiefen des Weltraums aufnehmen.

Das eigentliche Sehen wird aber erst möglich durch ein Zusammenspiel von Auge und Licht. Das Auge als optisches Instrument empfängt einen Reiz oder Lichteindruck, der von einer Lichtquelle ausgesendet wird. Es ist in der Lage, zwischen den Eindrücken „hell“ und „dunkel“ zu unterscheiden bzw. verschiedene Helligkeitsgrade oder Farbeindrücke voneinander zu trennen.

Manche Tiere können mit ihren Augen ganz unglaubliche Sehleistungen erbringen. Raubvögel haben ungewöhnlich scharfe Augen, die Augen von nachtaktiven Tieren (Eule, Katze) sind extrem lichtempfindlich und Insekten haben mit ihren Facettenaugen ein hervorragendes Instrument zur Erkennung von Bewegung.

Mit der Entwicklung des Auges als dem beherrschenden Sinnesinstrument, hat die Evolution im Laufe von Jahrmillionen auf die beständige Einstrahlung von Licht durch die natürlich vorgegebenen Lichtquellen reagiert. Licht wird von der Sonne und den Sternen zur Verfügung gestellt, es ermöglicht nicht nur eine schnelle Erfassung unserer Umwelt, sondern es bewirkt auch in den Blättern der Pflanzen einen chemischen Prozess, bei dem Sauerstoff freigesetzt wird (Photolyse). Sonnenlicht kann aber durchaus auch zerstörende Einflüsse haben, z. B. einen Sonnenbrand verursachen oder einen Steppenbrand auslösen.

Der Mensch ist somit durchaus abhängig vom Licht, und darum hat er sich schon früh bemüht, künstliche Lichtquellen zu schaffen. Fackeln,

Gaslichter und elektrische Glühlampen erhellen unsere Umgebung und lassen uns Gegenstände erkennen, die dieses Licht reflektieren.
Licht breitet sich aus, es erzeugt Schatten und Farben, es wird reflektiert und kann bestimmte Körper durchdringen. Der Forschungszweig in der Physik, der sich mit der Aussendung von Licht und den damit verbundenen Vorgängen beschäftigt, wird *Optik* genannt.
Man unterscheidet hier zwischen der Strahlenoptik (geometrische Optik) und der Wellenoptik. Wenn in diesem Buch schlicht von Optik gesprochen wird, so bezieht sich dies stets auf die geometrische Optik. Die wellenartigen Phänomene, die Licht produzieren kann, machen sich meist nur in sehr kleinen Bereichen bemerkbar. Im Allgemeinen kann man davon ausgehen, dass sich Licht geradlinig, von einer Lichtquelle ausgehend, ausbreitet.
Bereits im 17. Jahrhundert versuchten die Naturforscher, allen voran *Galileo Galilei* (1564–1642), die Geschwindigkeit zu bestimmen, mit der sich das Licht ausbreitet. Jedoch erst 100 Jahre später gelang dem Astronomen Olaf Rømer die Bestimmung der Lichtgeschwindigkeit zu etwa 300000 km/s. Die eigentliche Entwicklung der Optik geschah aber nicht durch solche planvollen Experimente, sondern einzig durch die handwerkliche Weiterentwicklung optischer Geräte wie Brille oder Fernrohr. Durch die stete Verbesserung derartiger Geräte gelangten die Forscher erst zu einem Verständnis der optischen Gesetzmäßigkeiten und zu der Erschaffung des gedanklichen Modells der *Lichtstrahlen*. Auf diesem Modell fußt die gesamte Optik und damit die genaue Berechnung optischer Instrumente.
Bevor man aber zur Beschreibung der Gesetzmäßigkeiten der Lichtausbreitung kommt, bedarf es einiger vorbereitender Erklärungen und Definitionen.

LICHTQUELLEN

Unter einer *Lichtquelle* versteht man einen Körper, der Licht erzeugen und aussenden kann (*selbstleuchtender Körper*). Sehr viele Lichtquellen senden Licht aus, wenn sie eine sehr hohe Temperatur besitzen (heiße Lichtquellen), z. B. Sonne, Kerze, Glühlampe. Andere

Lichtquellen sind in der Lage, ohne hohe Temperatur Licht auszusenden (kalte Lichtquellen), z. B. Leuchtstofflampe, Leuchtkäfer, Fernsehbildschirme.
Die eigentliche Lichterzeugung beruht auf Vorgängen, die sich im Inneren der Atome und Moleküle abspielen.
Ein *beleuchteter Körper*, der also das Licht von einer Lichtquelle empfängt, kann dieses Licht zurückwerfen (*reflektieren*), streuen (unregelmäßig reflektieren) oder verschlucken (*absorbieren*). Er selbst erzeugt kein Licht. Der Mond beispielsweise erzeugt kein Licht, er streut lediglich das Licht, das von der Sonne auf ihn eingestrahlt wird. Dabei wird meistens immer ein kleiner Teil absorbiert und in innere Energie umgewandelt.
Beleuchtete Körper lassen sich in verschiedene Kategorien einteilen, je nach ihrer Lichtdurchlässigkeit. Es gibt *undurchsichtige* Materialien (z. B. Holz, Stein, Metall), *durchscheinende* Körper (z. B. dünnes Papier, Milchglas) und *durchsichtige* Stoffe (z. B. Luft, Glas).
Allerdings hat die Schichtdicke des Stoffes einen maßgeblichen Einfluss auf die Lichtdurchlässigkeit. Sehr dünn ausgewalzte Metallfolien können durchaus lichtdurchlässig sein.
Beleuchtete Körper, mit denen man Licht nachweisen kann, werden als *Lichtempfänger* bezeichnet, z. B. Auge, Solarzellen, Fotozellen oder Fotomaterial (Filme).
Wenn Licht von einem Körper absorbiert wird, dann erhöht sich dessen innere Energie. In Pflanzen z. B. wird diese Energie in chemische Energie umgewandelt. Damit ist also klar, dass Licht auch Energie transportiert und somit als Informationsträger zur Verfügung steht. Licht von Sternen bringt Information über die Zusammensetzung dieser Körper. Licht aus unserer unmittelbaren Umgebung vermittelt uns Kenntnisse über Farbe, Größe, Beschaffenheit und Ort der verschiedenen Gegenstände. Mit Licht lässt sich der innere Aufbau der Atome entschlüsseln.

LICHTAUSBREITUNG

Das Licht breitet sich in einem einheitlichen Stoff oder im leeren Raum stets geradlinig aus. Stellt man eine Lichtquelle (Glühlampe) in ein Gehäuse, das nur an einer Seite eine Öffnung (Lochblende) hat, so wird man beobachten, dass das Licht in Form eines auseinanderlaufenden Lichtkegels (*divergentes Lichtbündel*) aus dieser Blende hervortritt.

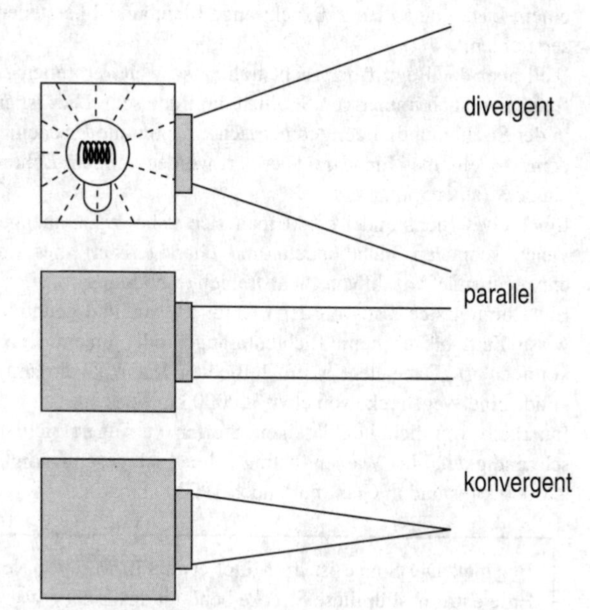

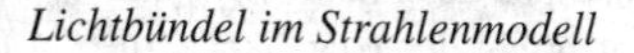
Lichtbündel im Strahlenmodell

Mit Hilfe verschiedener optischer Instrumente kann dieses Lichtbündel verändert werden. So ist man durchaus in der Lage, auch ein *paralleles* und ein *konvergentes Lichtbündel* zu erzeugen. Diese Lichtbündel lassen sich von der Seite gut beobachten, wenn man sie durch feinen Staub oder Rauch führt.

Grafisch werden Lichtbündel durch geometrische Strahlen entlang der Mittelachse des Strahlenbündels dargestellt. Einen solchen geometrischen Strahl bezeichnet man dann als *Lichtstrahl*. Lichtstrahlen spiegeln die Geradlinigkeit der Lichtausbreitung und ihre Richtung wider.

Mitunter wird das Lichtbündel selbst als Lichtstrahl oder Strahlenbündel bezeichnet. Hier ist jedoch Vorsicht geboten. Ein *Strahl* oder

auch *Lichtstrahl* ist nur ein gedankliches Modell, das zur einfachen Beschreibung vieler optischer Phänomene dient. Erzeugen lassen sich immer nur Lichtbündel, auch wenn sie noch so schmal sind. Mit einem Laser kann man z. B. sehr enge Lichtbündel herstellen, die Laserstrahlen.
Weil aber der Begriff der Lichtstrahlen so weit verbreitet ist, soll im folgenden auch immer von Strahlen die Rede sein. Dies ist erlaubt, da in der Strahlenoptik oder geometrischen Optik alle Erscheinungen mit dem Modell eines Lichtstrahls erklärt werden können. Daher auch der Name Strahlenoptik.
Ein breites Lichtbündel denkt man sich dabei zusammengesetzt aus vielen schmalen Lichtbündeln und charakterisiert dies durch eine entsprechende Anzahl von Lichtstrahlen (Abbildung).
Licht breitet sich also von der Lichtquelle aus und benötigt eine gewisse Zeit, bis es beim Lichtempfänger oder einem Körper angekommen ist. Dabei legt es im luftleeren Raum (Weltraum) pro Sekunde eine Wegstrecke von etwa 300000 km zurück.
Innerhalb von lichtdurchlässigen Stoffen verringert sich diese Geschwindigkeit. In Wasser beträgt die Lichtgeschwindigkeit etwa 220000 km/s und in Glas „nur“ noch 190000 km/s.

Beispiel: Die Sonne ist im Mittel etwa 150 Mio. km von der Erde entfernt. Für diese Strecke benötigt das Licht etwas mehr als 8 min. In der Astronomie ist das Lichtjahr (Lj) eine gängige Entfernungseinheit und entspricht der Wegstrecke, die das Licht in einem Jahr zurücklegt, etwa 9400 Mrd. km. (Zum Vergleich: der nächste Stern ist etwas mehr als 4 Lichtjahre von der Sonne entfernt!)

Schatten

„Wo Licht ist, da ist auch Schatten.“
Diese bekannte Redewendung wird üblicherweise zwar nicht in einem physikalischen Kontext benutzt, berührt aber doch einen ganz wesentlichen Punkt, der mit der Lichtausbreitung zu tun hat.
Ein Schatten entsteht immer dort, wo kein Licht hinfällt, wo es also durch einen undurchsichtigen Körper verdeckt wird, der als Hindernis

für die Lichtausbreitung wirkt. Damit ist der Schatten aber ein direkter Hinweis auf die Geradlinigkeit, mit der sich Licht ausbreitet.
Diese dunklen Raumgebiete, in die kein oder nur wenig Licht fällt, bezeichnet man auch als *Schattengebiete*. Man unterscheidet hier drei Kategorien von Schatten: *Kernschatten*, *Halbschatten* und *Übergangsschatten*.
Ein *Kernschatten* entsteht hinter einem undurchsichtigen Körper, der von einer punktförmigen Lichtquelle beleuchtet wird. Infolge der geradlinigen Ausbreitung des Lichtes ist der Kernschatten ein scharf umgrenzter Schattenraum.

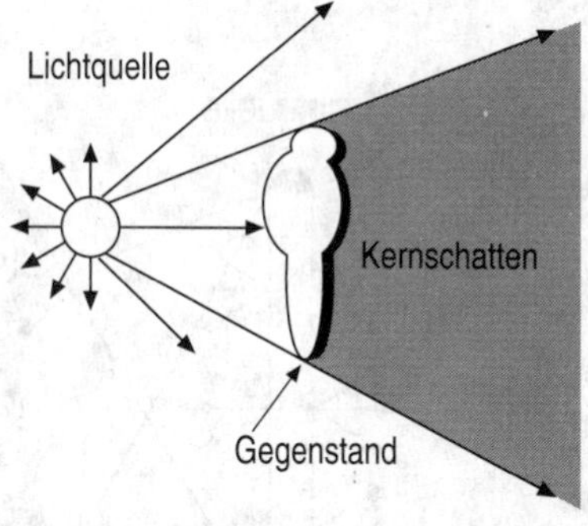

Kernschatten

Bringt man auf der lichtabgewandten Seite des Körpers einen Schirm, etwa senkrecht zur Ausbreitungsrichtung des Lichtes, in den Schattenraum, so entsteht auf dem Schirm ein Querschnittsbild des Schattenraumes (*Schattenriss*), das exakt die Umrisse des Körpers wiedergibt. Beim chinesischen Schattenspiel macht man sich das Phänomen des Kernschattens zunutze.

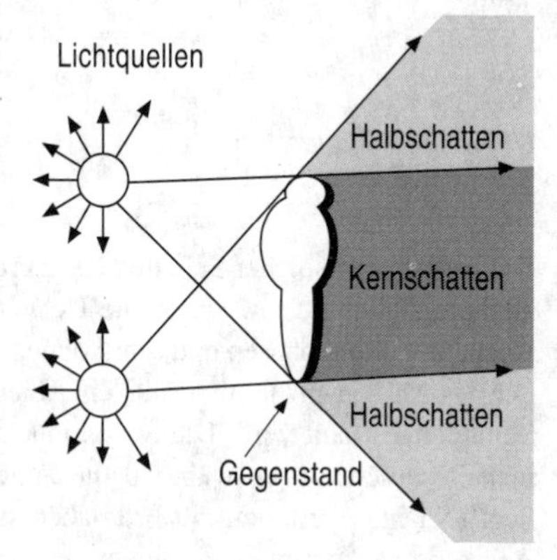

Halbschatten

Ein Halbschatten entsteht bei der Beleuchtung des Körpers mit zwei punktförmigen Lichtquellen. Beide Lichtquellen erzeugen Schattenräume, die sich überlagern. Die Bereiche des Schattenraumes, die von einer der beiden Lichtquellen noch erhellt werden, bezeichnet man als *Halbschatten*.
Nimmt man jedoch statt

der zwei punktförmigen Lichtquellen mehrere, so wird der Schattenbereich in entsprechend viele unterschiedlich ausgeleuchtete Bereiche unterteilt. Dies kann so weitergeführt werden, bis man von einer ausgedehnten Lichtquelle, etwa einer Leuchtstoffröhre, sprechen kann.
Dann existiert zwar ein Kernschatten mit einem scharf umrissenen Rand, den man aber nicht wahrnehmen kann, weil die Halbschattengebiete nicht mehr klar von der Helligkeit und dem Kernschatten abgegrenzt sind (*Übergangsschatten*), der Kernschatten geht also kontinuierlich in die Helligkeit über.

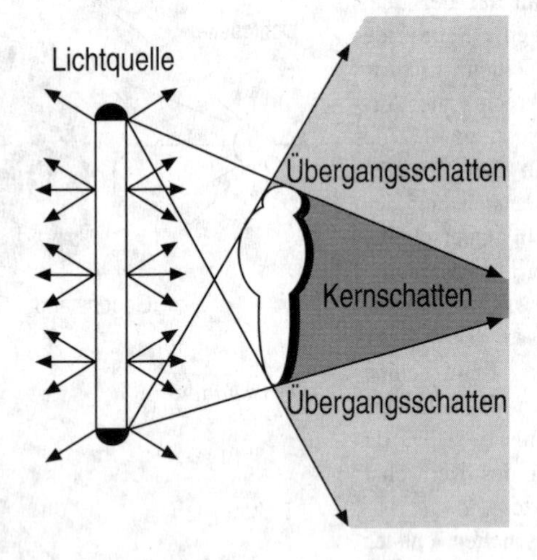

Übergangsschatten

Die Entstehung solcher Schatten hat ganz entscheidenden Einfluss auf unser tägliches Leben. Sie ist die Ursache des Wechsels von Tag und Nacht, der Mondphasen und von Sonnen- und Mondfinsternissen.
Die Erde ist ja im Grunde nur ein beleuchteter Körper, der von der Sonne angestrahlt wird. Die Sonne taucht die eine Seite der Erdkugel in helles Licht (Tag), während die andere Seite im Schattenbereich liegt (Nacht). Weil sich die Erde aber in 24 Stunden einmal um ihre Achse dreht, kommt es zu einem permanenten Wechsel von Tag und Nacht.

Der sonnennächste Planet Merkur beispielsweise rotiert so langsam, dass immer die gleiche Seite zur Sonne gerichtet ist. Dort ist dann immer Tag, und auf der sonnenabgewandten Seite herrscht permanent Nacht.

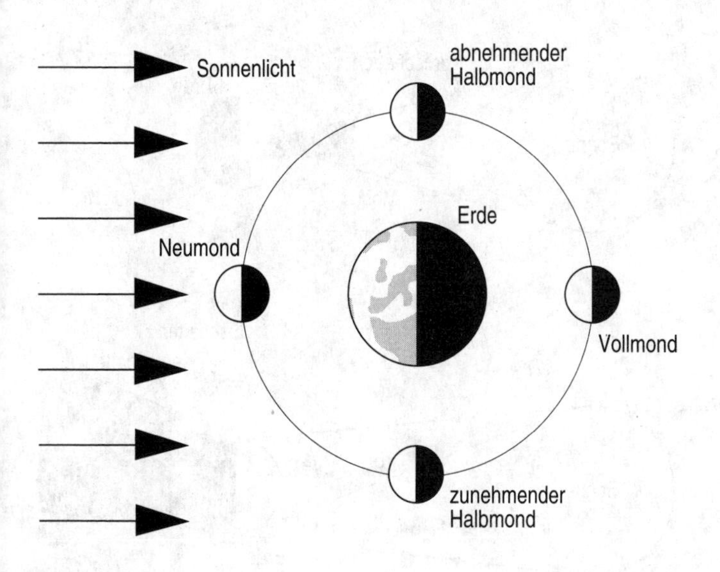

Entstehung der Mondphasen

Ebenso wie die Erde ist auch der Mond ein von der Sonne beleuchteter Körper. Da der Mond sich einmal in 29 Tagen um die Erde dreht, sehen wir die Mondoberfläche immer unter wechselnder Beleuchtung. Bei Vollmond sehen wir die uns zugewandte Seite des Mondes vollständig beleuchtet, bei Halbmond nur halb und bei Neumond gar nicht beleuchtet (dann wird die uns abgewandte Seite von der Sonne angestrahlt).

Eine Sonnenfinsternis ist stets ein beeindruckender Vorgang, aber beileibe kein schreckliches Ereignis, obwohl in früheren Jahrhunderten, als die Planetenbewegungen noch nicht bekannt waren, eine Sonnenfinsternis stets als Unheil verkündend galt.

Physikalisch betrachtet befindet sich der Mond dann genau zwischen der Sonne und der Erde. Dabei fällt der Kernschatten des Mondes auf die Erdoberfläche. Je nach Standort des Beobachters wird man eine totale (Kernschatten) oder partielle Sonnenfinsternis (Übergangsschatten) sehen können.

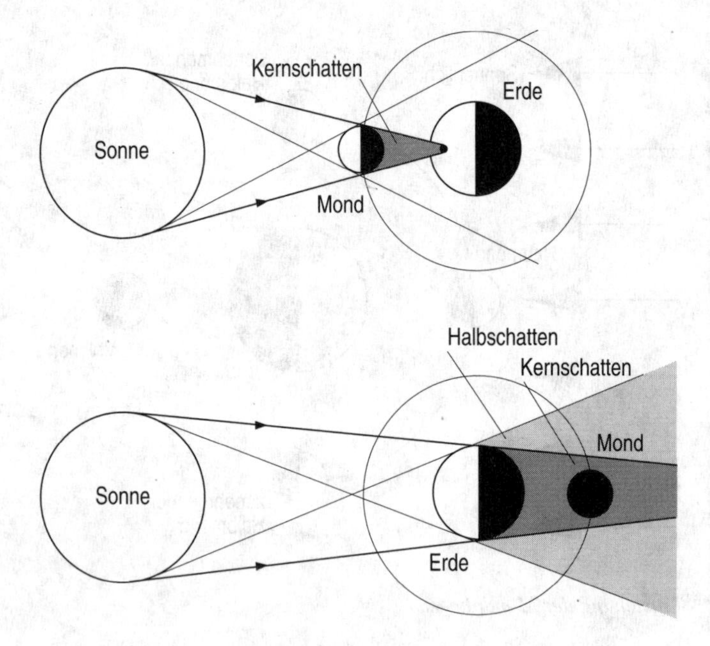

Entstehung von Sonnen- und Mondfinsternissen

Da die Ebenen von Erdbahn (*Ekliptik*) und Mondbahn gegeneinander geneigt sind, wird es nicht bei jedem Umlauf des Mondes zu einer Sonnenbedeckung kommen. Sonnenfinsternisse sind recht seltene Ereignisse.

Eine *Mondfinsternis* kommt zustande, wenn die Erde zwischen Sonne und Mond steht. Dann fällt nämlich der Erdschatten auf den Mond, und dieser wird nicht mehr von der Sonne beleuchtet. Auch hier unterscheidet man wieder die totale Mondfinsternis (der Mond befindet sich im Kernschatten der Erde) von der partiellen Mondfinsternis, wenn der Mond nur teilweise in den Kernschatten eindringt.

Körper können allerdings nicht nur im Schattenriss abgebildet werden, sondern auch als helle flächige Bilder.

Im Jahre 1604 stellte sich *Johannes Kepler* (1571–1630) in seinem Buch „*Optica*" die Frage, woher die „Sonnentaler" kommen, also jene runden Flecke, die man immer dann unter Laubbäumen auf dem Erdboden sieht oder unter einem Dach auf dem Fußboden, wenn Licht durch kleine Löcher zwischen den Blättern oder den Dachziegeln hindurchfällt.

Bereits Kepler erkannte, dass diese „Sonnentaler" immer kreisrund sind egal, wie das Loch auch geformt sein mag.

Kepler erforschte dieses Phänomen, indem er eine große *camera obscura* baute, also eine durch Vorhänge völlig abgedunkelte Kammer, innerhalb derer er versuchte, dem Geheimnis der „Sonnentaler" auf die Spur zu kommen. Er versah eine Wand dieses Raumes mit einem kleinen Loch, durch das Sonnenlicht einfallen konnte. Auf der gegenüberliegenden Wand erschienen dann höhen- und seitenverkehrte Abbilder jener Gegenstände, die sich außerhalb vor dem Loch befanden und von der Sonne beleuchtet wurden.

Wenn man den Raum kleiner gestaltet, erhält man eine sogenannte *Lochkamera*.

Lochkamera

Wie kommt es nun zu der Abbildung in der Lochkamera? Dazu betrachte man die folgende Abbildung. Jeder Punkt der Oberfläche eines lichtaussendenden Gegenstandes kann als (winzige) *Punktlichtquelle* angesehen werden.

Eine *Punktlichtquelle* ist eine Modellvorstellung und bezieht sich auf eine Lichtquelle, deren Ausdehnung man vernachlässigen kann und von der das Licht gleichmäßig in alle Richtungen ausgesandt wird.

Von jedem dieser Lichtpunkte wird dann ein divergentes Lichtbündel in alle Raumrichtungen ausgeschickt. Ein kleiner Teil davon tritt als divergentes Strahlenbündel durch die Öffnung der Lochkamera (Blende) und erzeugt auf der gegenüberliegenden Wand (Mattscheibe) einen kleinen Lichtfleck. Dies geschieht für jeden Lichtpunkt der Quelle, und somit setzt sich das Bild des Gegenstandes Punkt für Punkt zusammen. Die verschiedenen Strahlenbündel beeinflussen sich nicht beim Durchgang durch das Loch.

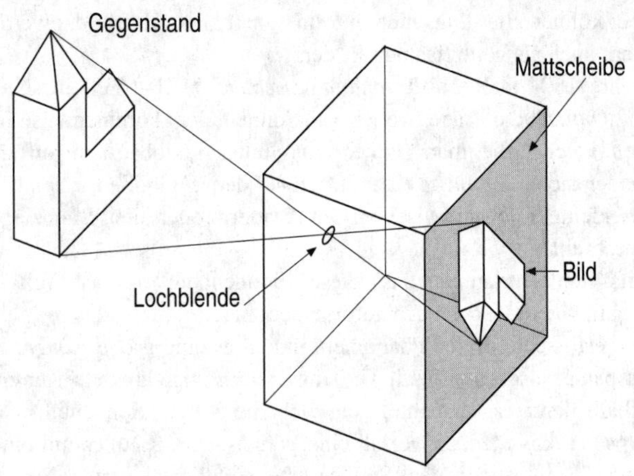

Bildentstehung in der Lochkamera

Je kleiner das Loch ist, um so kleiner sind natürlich auch die erzeugten Lichtflecke, und das Bild wirkt schärfer in der Abbildung. Dies geht selbstverständlich zu Lasten der Helligkeit. Die folgende Darstellung zeigt das Prinzip der Bilderzeugung noch einmal schematisch. Hieraus wird auch ersichtlich, warum das Bild einer Lochkamera immer seiten- und höhenverkehrt entsteht.

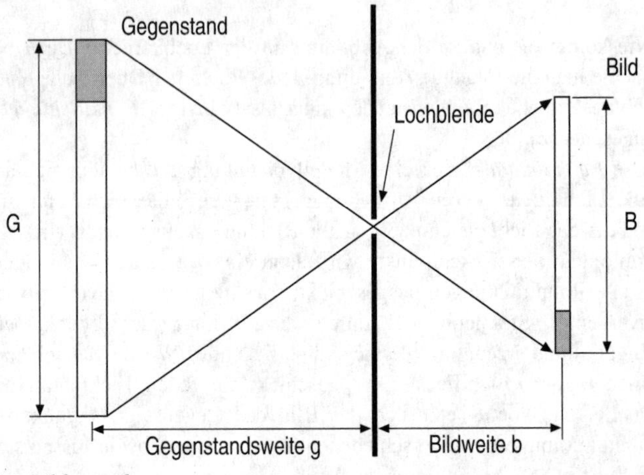

Zur Bildentstehung

Das Bild, das in einer Lochkamera entsteht, stimmt in Form, Farbe und Helligkeitsunterschieden mit dem realen Gegenstand überein. Es lässt sich mit fotoempfindlichem Material (z. B. Fotopapier) festhalten. Ein solches Bild wird auch als *reelles (wirkliches) Bild* bezeichnet und kann als solches auf einer Mattscheibe oder einer Projektionswand abgebildet werden.
Im Gegensatz dazu lassen sich virtuelle (scheinbare) Bilder nicht aufzeichnen. Virtuelle Bilder entstehen beispielsweise in einem Spiegel bzw. „scheinbar" hinter dem Spiegel.
Ein reelles Bild, von einer Lochkamera erzeugt, kann kleiner, gleich groß oder größer als der abgebildete Gegenstand sein. Für den Abbildungsmaßstab eines solchen Bildes lässt sich nun auf geometrischer Basis eine Formel angeben.
Als Abbildungsmaßstab M bezeichnet man dabei das Verhältnis von Bildgröße B zur Gegenstandsgröße G:

$$M = \frac{B}{G}$$

Ist $M<1$, dann wird ein verkleinertes Bild erzeugt, ist $M>1$, entsteht ein vergrößertes Bild des Gegenstandes. Bei der Lochkamera besteht zwischen dem Abbildungsmaßstab M und den jeweiligen Entfernungen von Gegenstand und Bild zum Loch, *Gegenstandsweite* g bzw. *Bildweite* b, eine Beziehung. Diese Beziehung lässt sich mathematisch mit dem Strahlensatz der Geometrie erklären:

$$M = \frac{B}{G} = \frac{b}{g}$$

Die Bildgröße verhält sich zur Gegenstandsgröße wie die Bildweite zur Gegenstandsweite.

Beispiel: Ein 2 m großer Gegenstand in einer Entfernung von 5 m zur Lochkamera wird auf der Mattscheibe (Abstand zur Blende: 10 cm) in einer Größe von 4 cm abgebildet.

REFLEXION

Ebene Spiegel

Dass wir unsere Umgebung mit den Augen wahrnehmen können, liegt daran, dass von allen Körpern Licht ausgeht.
Ein beleuchteter Körper wird das Licht, das ihm von einer Lichtquelle zugesandt wird, im Allgemeinen wieder „zurückwerfen". Er wird es in alle Richtungen verteilen, wenn er eine rauhe Oberfläche besitzt. Man bezeichnet dies als *Streuung* oder auch als *diffuse Reflexion*. Erst die Lichtstreuung macht es möglich, dass man Gegenstände aus allen Richtungen betrachten kann.
Ein Lichtbündel, das auf eine glatte, polierte Fläche auftrifft, wird nur in der Richtung umgelenkt und geschlossen zurückgeworfen, es wird reflektiert (gleichmäßige Reflexion oder Spiegelung).

> Beispiel: Reflexion kennt man z. B. vom Badezimmerspiegel her, wo die Spiegelung an einer dünnen Metallschicht, zwischen schützender Glas- und Lackschicht, stattfindet. Aber ebensogut können glatt polierte Metallflächen oder ruhige Flüssigkeitsoberflächen als Spiegel wirken.

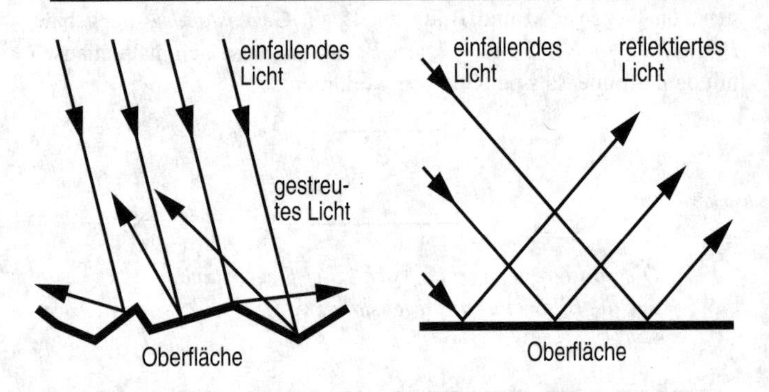

Zur Streuung *Zur Reflexion*

Die Richtung, in der die Lichtstrahlung von einem Spiegel reflektiert wird, kann man dem *Reflexionsgesetz* entnehmen, wonach der Winkel α (*Einfallswinkel*) zwischen einfallendem Lichtstrahl und einer Lotrechten auf die Spiegelfläche (*Einfallslot*) genauso groß ist, wie der Winkel β (*Ausfallswinkel*) des reflektierten Strahles zur Lotrechten:

Einfallswinkel = Ausfallswinkel	$\alpha = \beta$

Einfallender Lichtstrahl, Einfallslot und ausfallender Lichtstrahl liegen in einer Ebene (*Einfallsebene*), die senkrecht zur spiegelnden Fläche steht. Bei senkrechtem Lichteinfall (α=0°) wird das Licht in sich selbst reflektiert (β=0°). Außerdem ist der Lichtweg bei der Reflexion an ebenen Spiegeln umkehrbar, d. h., das Licht kann ebensogut aus der anderen Richtung kommen.

Beispiel: Wenn man in einem Spiegel das Spiegelbild einer zweiten Person betrachtet, wird diese Person umgekehrt auch den Betrachter wahrnehmen können.

Kleine Kinder sind ganz fasziniert, wenn sie sich zum ersten Mal in einem Spiegel betrachten. Sie werden meist sofort ihr Gegenüber als vermeintlichen Spielkameraden hinter dem Spiegel suchen. Aber die Bilder, die ein ebener Spiegel entwirft, sind *virtuelle Bilder*, d. h., sie sind nicht „greifbar", sie können zwar mit einem Fotoapparat aufgenommen, aber nicht direkt auf eine Mattscheibe projiziert werden. Virtuelle Bilder entstehen erst im Auge des Beobachters, weil das menschliche Gehirn dem Licht unwillkürlich, und wider besseres Wissen, immer eine geradlinige Ausbreitung zuschreibt.
Bild und Gegenstand liegen immer symmetrisch zu einem ebenen Spiegel, das Spiegelbild scheint genauso weit hinter dem Spiegel zu liegen, wie auch der Gegenstand von dem Spiegel entfernt ist.
Das Entstehen eines solchen Spiegelbildes kann auf die gleiche Weise erklärt werden wie die Entstehung eines Bildes in der Lochkamera. Von einem Lichtpunkt A auf der Oberfläche des leuchtenden oder beleuchteten Körpers gehen Lichtbündel in alle Richtungen aus. Das auf den Spiegel fallende Licht wird nach dem Reflexionsgesetz umgelenkt. In der Abbildung ist das Lichtbündel eingezeichnet, das nach der Reflektion das Auge des Beobachters erreicht. Alle von A ausgehenden Lichtbündel werden so reflektiert, dass die rückwärtigen

Verlängerungen der reflektierten Strahlen sich in einem Punkt B schneiden und so für den Beobachter der Eindruck entsteht, als würden die Lichtbündel von diesem Punkt B ausgehen.

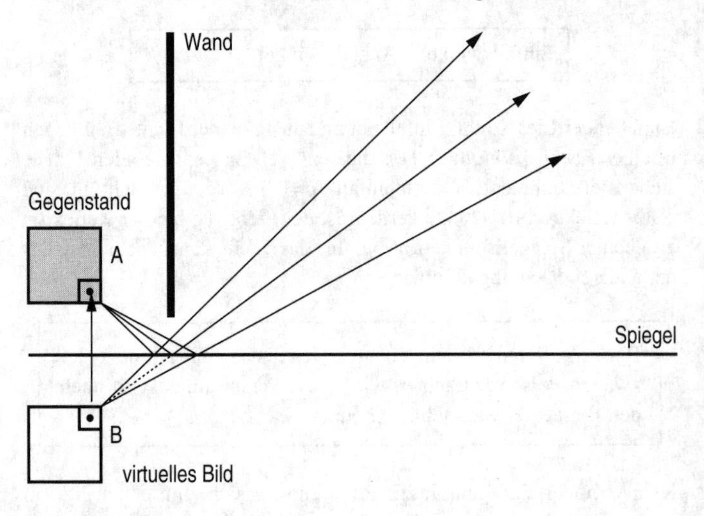

Entstehung von Spiegelbildern

Der Punkt B wird somit als virtuelles Bild des Punktes A angesehen. Diese Betrachtung gilt für ausgedehnte Körper natürlich Lichtpunkt für Lichtpunkt, und alle reflektierten Lichtbündel zusammen ergeben das Bild des Gegenstandes.

Gekrümmte Spiegel

Bisher wurde nur von ebenen Spiegeln gesprochen, jedoch sind gekrümmte Spiegel von erheblich größerem Interesse.
Nimmt man einen glatt polierten Löffel in die Hand, so kann man etwas Merkwürdiges beobachten: Der Löffel wird das Licht reflektieren, aber die nach außen gewölbte Fläche erzeugt ein etwas anderes Bild als die nach innen gewölbte Seite.
Gekrümmte Spiegel werden in zwei Kategorien eingeteilt: nach innen gekrümmte *Hohlspiegel* (*Konkavspiegel*) und nach außen gekrümmte *Wölbspiegel* (*Konvexspiegel*). Je nach Art der Krümmung unter-

scheidet man zwischen *Kugelspiegel* und *Parabolspiegel*. Bei Hohlspiegeln reflektiert die nach innen gekrümmte Fläche das Licht, bei Wölbspiegeln die nach außen gekrümmte Fläche.

Das Reflexionsgesetz gilt auch für gekrümmte spiegelnde Flächen. Das Einfallslot besitzt dann allerdings für jeden Punkt der Oberfläche eine andere Richtung. Der Verlauf eines Lichtbündels nach der Reflexion kann mit geometrischen Gesetzen und dem Reflexionsgesetz ermittelt werden.

Die Eigenschaften der verschiedenen Spiegelformen werden im folgenden dargestellt. Die Abbildung definiert einige wichtige geometrische Begriffe für den Umgang mit gekrümmten Spiegeln: *optische Achse* (*Mittelachse*), *Scheitelpunkt*, *Mittelpunkt* und *Krümmungsradius*.

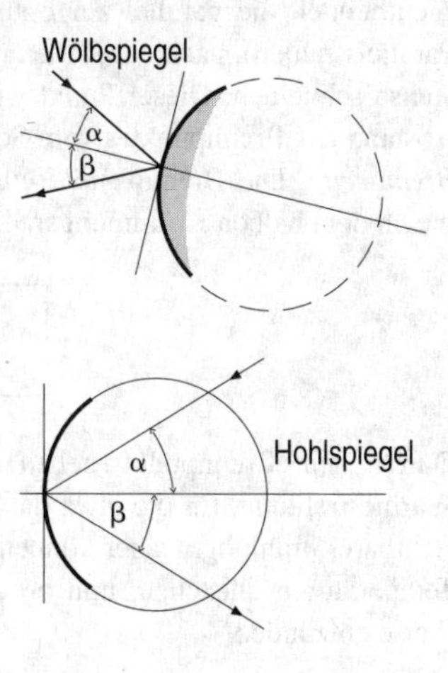

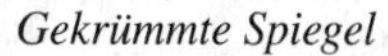
Gekrümmte Spiegel

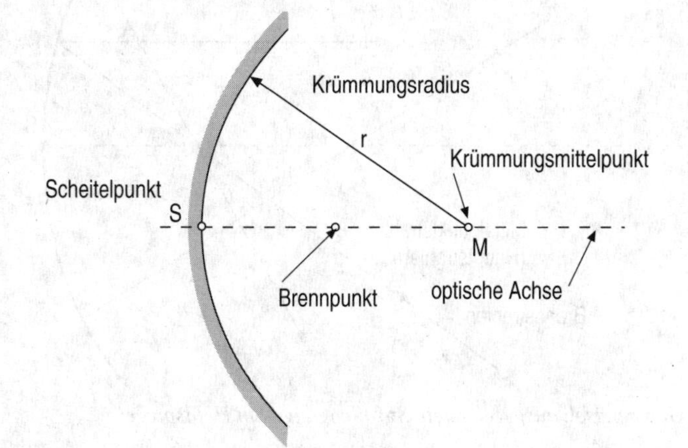

Begriffsdefinitionen

Hohlspiegel

Bei einem kugelförmigen Hohlspiegel werden sich achsennahe Lichtbündel, die parallel zur optischen Achse einfallen (achsennahe Parallelstrahlen), nach der Reflexion in einem Punkt auf der optischen Achse schneiden. Dieser Punkt wird als *Brennpunkt* bezeichnet. Den Abstand des Brennpunktes vom Scheitelpunkt des Spiegels nennt man *Brennweite*. Die Brennweite f eines kugelförmigen Hohlspiegels ist gleich dem halben Krümmungsradius:

$$\boxed{f = \frac{r}{2}}$$

Durch den Brennpunkt gehen nicht nur Licht-, sondern auch Wärmestrahlung, für die etwa die gleichen Gesetze gelten wie für die sichtbare Strahlung. Daher können in einem Brennpunkt ganz enorme Temperaturen entstehen, und brennbare Stoffe lassen sich auf diese Weise entzünden.

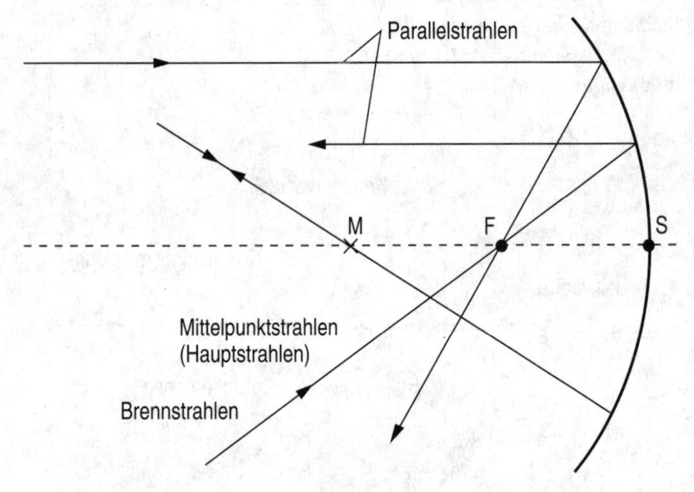

Geometrisch ausgezeichnete Strahlengänge am Hohlspiegel

Werden nicht nur achsennahe Strahlen ausgewählt, sondern lässt man auch weiter von der optischen Achse entfernte Lichtbündel auf den

Hohlspiegel fallen, so vereinigen sich die reflektierten Lichtbündel nicht in einem Brennpunkt, sondern in einer *Brennfläche*, der *Katakaustik*. Diese Abweichung wird auch als *Öffnungsfehler* bezeichnet. Es existieren einige geometrisch ausgezeichnete Strahlen mittels derer man den Strahlengang in einem Hohlspiegel verfolgen und konstruieren kann. Für diese (achsennahen) Strahlen können einfache Regeln aufgestellt werden.

Ein Strahl A, der parallel zur optischen Achse einfällt (*Parallelstrahl*), wird nach seiner Reflexion durch den Brennpunkt des Spiegels verlaufen. Da der Strahlengang umkehrbar ist, wird aus einem Strahl durch den Brennpunkt (*Brennstrahl*) wiederum ein Parallelstrahl. Ein Strahl, der dagegen durch den Krümmungsmittelpunkt des Spiegels verläuft (*Mittelpunktsstrahl* oder *Hauptstrahl*), wird in sich selbst reflektiert werden.

Bei der Reflexion an einem Hohlspiegel können reelle und virtuelle Bilder entstehen. Kriterium für die Art des Bildes ist der Abstand des Gegenstandes vom Spiegel. Auch hier entspricht das entstehende Bild dem Gegenstand in Form, Farbe und Helligkeitsdifferenzen.

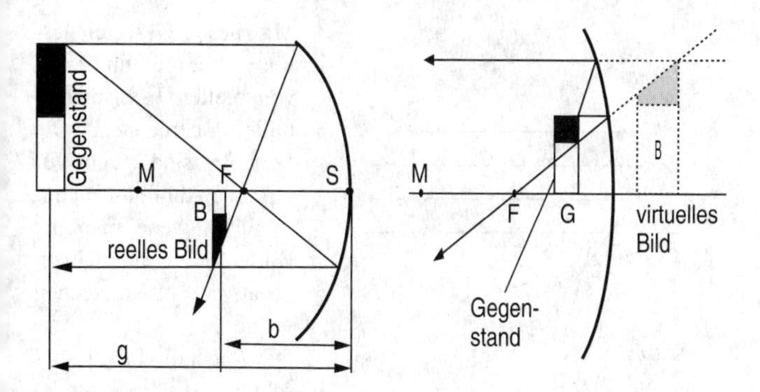

Konstruktion eines reellen Bildes mit dem Hohlspiegel

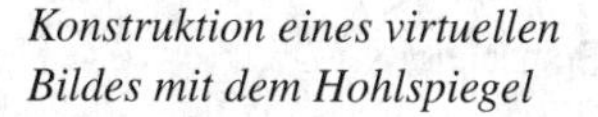

Konstruktion eines virtuellen Bildes mit dem Hohlspiegel

Zur Konstruktion bzw. Beschreibung der Bilder geht man nach den folgenden Abbildungen vor. Das Licht, das von einem Punkt des Gegenstandes ausgeht, wird vom Hohlspiegel derart reflektiert, dass es im reellen Bildpunkt vereinigt wird (Gegenstandsweite g > Brennweite f). Befindet sich der Gegenstand innerhalb der Brennweite, wird das Licht so reflektiert, dass es dem Beobachter von hinter dem Spiegel kommend erscheint (virtuelles Bild). Bilder mit scharfen Konturen erhält man für achsennahe parallele Lichtbündel. Berücksichtigt man auch achsenferne Lichtstrahlen, so wird das Bild unscharf. Zur grafischen Konstruktion genügt die Verwendung von zwei der drei speziellen geometrischen Strahlen: *Hauptstrahl*, *Brennstrahl* und *Parallelstrahl*.

Bei reellen Abbildungen mit einem Hohlspiegel gelten folgende Beziehungen zwischen Gegenstandsgröße G, Gegenstandsweite g, Bildgröße B, Bildweite b und Brennweite f (*Hohlspiegelgesetze*):

Abbildungsgesetz	$\frac{B}{G} = \frac{b}{g}$

Hohlspiegelgesetz	$\frac{1}{f} = \frac{1}{g} + \frac{1}{b}$

Mit diesen Gesetzen lassen sich Größe und Lage von reellen Hohlspiegelbildern berechnen. Die Formeln sind auch auf virtuelle Abbildungen anwendbar, wenn man die Bildweite b mit einem negativen Vorzeichen versieht.

Die folgende Tabelle beschreibt die verschiedenen Arten der auftretenden Bilder bei der Reflexion an einem Hohlspiegel.

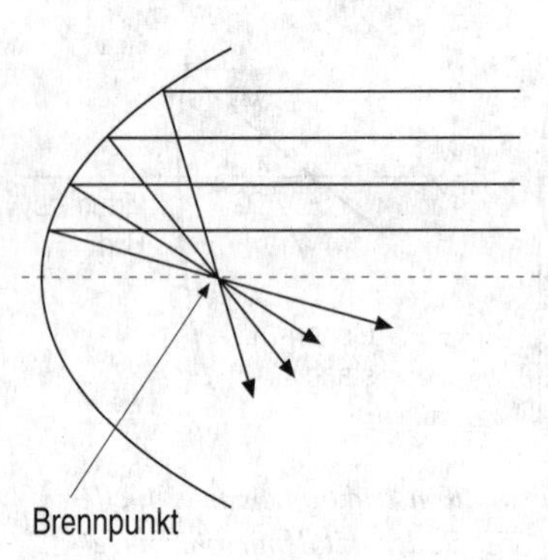

Parabolischer Hohlspiegel

Im Gegensatz zu einem sphärischen Hohlspiegel treffen sich bei einem parabolischen Hohlspiegel alle Strahlen in einem Brennpunkt, unabhängig davon, wie weit sie von der optischen Achse entfernt sind.

Bildkonstruktion an einem sphärischen Hohlspiegel			
Gegenstandsgröße *G*, -weite *g* Bildgröße *B*, -weite *b* Brennweite *f*			
Gegenstandsweite	Bildweite	Art des Bildes	Maßstab
g < f	b > g	virtuell, aufrecht	M > 1
f < g < 2·f	b > 2·f	reell, umgekehrt	M > 1
g = 2·f	b = 2·f	reell, umgekehrt	M = 1
g > 2·f	f < b < 2·f	reell, umgekehrt	M < 1

Wölbspiegel

Bei einem sphärischen Wölbspiegel ist die äußere Kugeloberfläche die reflektierende Seite. Alle Bezeichnungen und Begriffe, die für den Hohlspiegel eingeführt wurden, gelten auch für den Wölbspiegel. Allerdings gibt es bei der Bildkonstruktion doch einige Unterschiede. Wölbspiegel produzieren stets nur verkleinerte, aufrechte virtuelle Bilder von Gegenständen. Der (virtuelle) Brennpunkt liegt hinter dem Spiegel und wird oftmals auch *Zerstreuungspunkt* genannt.

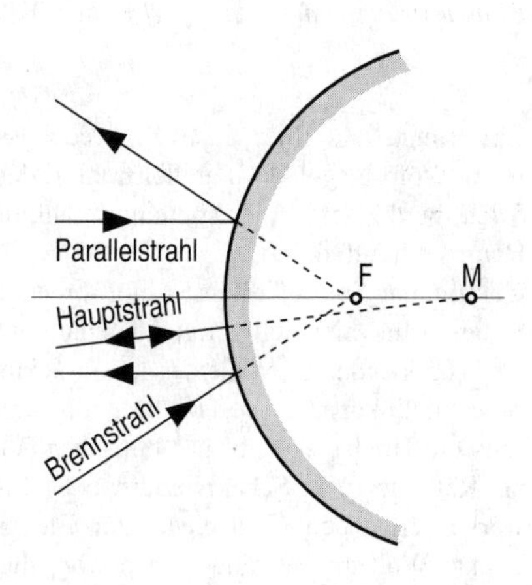

Reflexion am sphärischen Wölbspiegel

Auch beim Wölbspiegel können die beim Hohlspiegel bereits verwendeten speziellen geometrischen Strahlen zur Konstruktion und grafischen Darstellung der Bildentstehung benutzt werden.

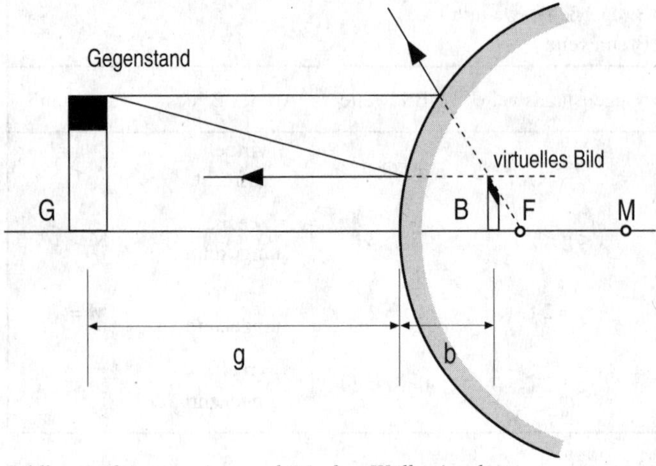

Bildkonstruktion an einem sphärischen Wölbspiegel

Ein Brennstrahl (hier auch Zerstreuungsstrahl genannt) wird auch beim Wölbspiegel als Parallelstrahl reflektiert, ein achsenparalleler Strahl wird zu einem Zerstreuungsstrahl, und ein Hauptstrahl wird als Hauptstrahl reflektiert.
Gekrümmte Spiegel erfahren eine breite Palette von Anwendungen. Einige sollen hier stellvertretend genannt werden. Hohlspiegel werden als abbildende Instrumente in Projektoren oder astronomischen Spiegelteleskopen eingesetzt. Der altgediente Rasierspiegel ist ebenfalls ein Hohlspiegel. In parabolischer Form findet man Hohlspiegel als Reflektoren in Scheinwerfern oder Taschenlampen. Sonnenkraftwerke verwenden Hohlspiegel zur Energiekonzentration im Brennpunkt. Wölbspiegel findet man vor allem im Straßenverkehr als Außen- bzw. Innenspiegel an Kraftfahrzeugen oder in Kaufhäusern als Übersichtsspiegel, da sie aufgrund ihrer Wölbung ein großes Blickfeld verkleinert darstellen können. Daneben können gekrümmte spiegelnde Oberflächen durchaus zur Erheiterung beitragen, wie jeder zu berichten weiß, der einmal ein Spiegelkabinett aufgesucht hat.

LICHTBRECHUNG

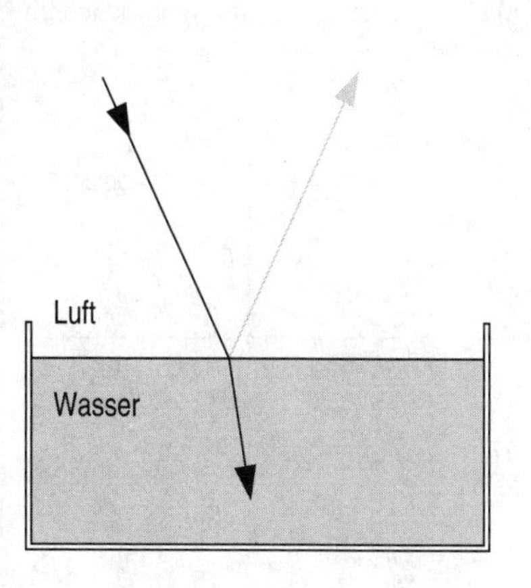

Lichtbrechung an der Grenzfläche von Luft und Wasser

Wenn ein schmales Lichtbündel schräg auf die Grenzfläche zwischen Luft und Wasser trifft, dann wird ein Bruchteil des Lichtes reflektiert, und der Rest wird seine Strahlrichtung ändern und in das Wasser eindringen. Der Lichtstrahl wird beim Eindringen in das Wasser gleichsam „gebrochen". Zusätzlich zu den reflektorischen Eigenschaften des Lichtes kommt also noch die *Lichtbrechung* hinzu.

Lichtbrechung tritt immer beim Übergang eines Lichtbündels von einem lichtdurchlässigen Stoff in einen anderen lichtdurchlässigen Stoff auf, und zwar an der Grenzfläche zwischen den beiden Stoffen. Ein lichtdurchlässiger Stoff wird in Zusammenhang mit dem Phänomen der Lichtbrechung auch als *optisches Medium* oder *optisches Mittel* bezeichnet (dazu gehört auch das Vakuum, da es ja ebenfalls lichtdurchlässig ist).

Die Abbildung rechts zeigt die verschiedenen Begriffe, die sowohl für eine quantitative wie auch für eine qualitative Beschreibung der Lichtbrechung notwendig sind.

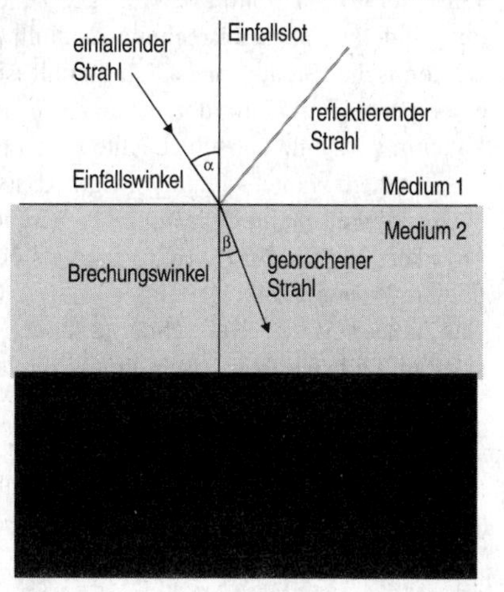

Den Winkel zwischen einfallendem Strahl und Einfallslot nennt man auch Einfallswinkel, den Winkel zwischen Lot und gebrochenem Strahl Brechungswinkel.

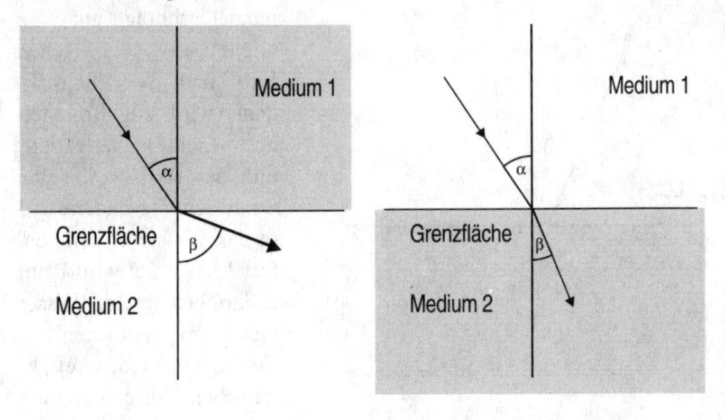

Medium 1 optisch dichter *Medium 2 optisch dichter*

Erfolgt die Brechung in Richtung zum Einfallslot, ist also der Brechungswinkel kleiner als der Einfallswinkel, dann wird das brechende Medium auch als optisch dichter als das Einfallsmedium bezeichnet. Wird der Strahl vom Lot weg gebrochen, ist das Einfallsmedium optisch dichter als das Brechungsmedium.

Die optische Dichte eines lichtdurchlässigen Stoffes hat nichts mit einer Dichte im Sinne der mechanischen Dichte zu tun. Sogar dem Vakuum wird eine optische Dichte zugeordnet.

Eine nähere Untersuchung zeigt, dass Einfallswinkel und Brechungswinkel in einem bestimmten Verhältnis zueinander stehen. Der Physiker *Snellius* (1591–1626) fand als erster das nach ihm benannte *Snellius'sche Brechungsgesetz*:

Das Verhältnis der Halbsehnen a und b ist für alle Einfallswinkel konstant und charakteristisch für das verwendete Stoffpaar:

$$\frac{a}{b} = \text{konstant} = n$$

Mathematisch lässt sich dieses Gesetz unter Verwendung der trigonometrischen *Sinus*-Funktion noch etwas anders formulieren, indem man die Winkel α (*Einfallswinkel*) und β (*Brechungswinkel*) verwendet:

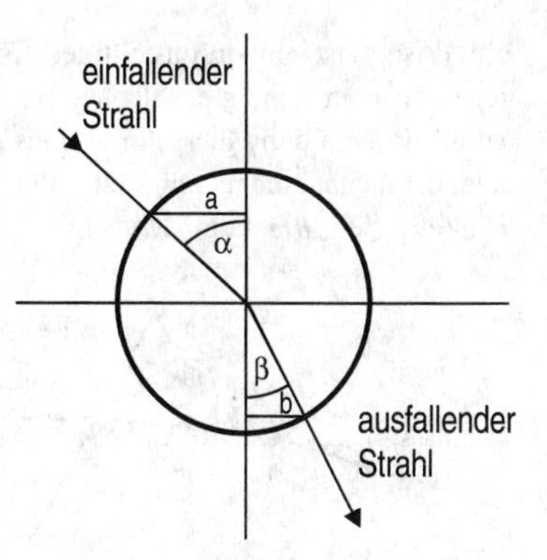

Snellius'sches Brechungsgesetz

$$\frac{\sin\alpha}{\sin\beta} = n$$

Die Konstante n wird auch als *Brechzahl* oder *Brechungszahl* des Stoffpaares bezeichnet. Brechungszahlen hängen nicht nur von dem spezifischen Stoffpaar ab, sondern auch von der Farbe des Lichtes. Auch bei der Brechung gilt wieder: der Strahlengang ist umkehrbar.

Es gibt einen ganz besonderen Fall bei der Lichtbrechung, den man als *Totalreflexion* bezeichnet.

Wenn nämlich ein Lichtstrahl aus einem optisch dichten Medium in ein optisch dünneres Medium übergeht, dann wird das Licht vom Einfallslot weg gebrochen, der Brechungswinkel ist größer als der Einfallswinkel. Vergrößert man nun den Einfallswinkel, so wird auch der Brechungswinkel zunehmen. Beträgt der Brechungswinkel dann 90°, wird das Licht die Grenzfläche nicht mehr passieren, sondern an ihr entlangstreifen. Bei weiterer Vergrößerung des Einfallswinkels wird das Licht nicht mehr unter Brechung in das andere Medium übergehen, sondern an der Grenzfläche vollständig reflektiert werden. Diese Erscheinung ist die *Totalreflexion*. Der Einfallswinkel, bei dem der Brechungswinkel 90° beträgt, heißt *Grenzwinkel der Totalreflexion*. Bei Überschreitung dieses Winkels tritt Totalreflexion ein, und die Grenzfläche wirkt wie ein ebener Spiegel (Reflexionsgesetz).

Einige wichtige optische Elemente, die sich die Brechung und die Totalreflexion zunutze machen, sind *Prisma*, *planparallele Platte* und *Lichtleiterkabel*.

Ein Prisma ist ein durchsichtiger Körper, der von mindestens zwei gegeneinander geneigten Flächen begrenzt wird (Keil). Üblicherweise hat ein Prisma den Querschnitt eines gleichschenkligen Dreiecks. Die beiden Flächen schneiden sich unter der brechenden Kante in einem Winkel γ, dem *Brechungswinkel*.

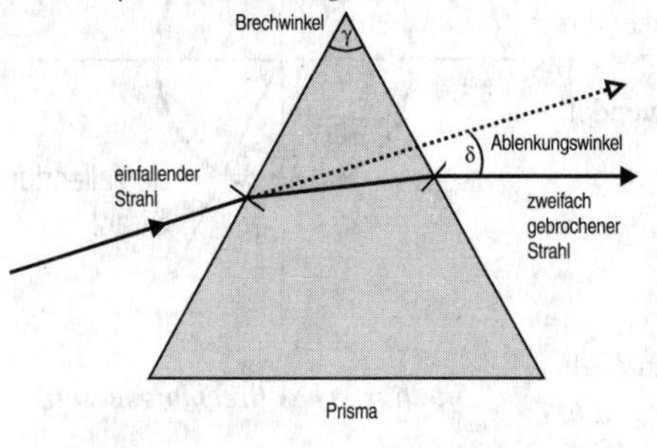

Lichtbrechung an einem Prisma

Ein Lichtstrahl, der schräg auf eine der beiden Flächen fällt, wird gemäß dem Brechungsgesetz zum Einfallslot hin und beim Austritt aus dem Prisma vom Lot weg gebrochen. Er wird also zweimal von der brechenden Kante um einen Winkel δ (*Ablenkungswinkel*) von seiner Richtung weg gebrochen. Der Ablenkungswinkel δ wird, bei konstantem Einfallswinkel, um so größer sein, je größer der Brechungswinkel γ des Prismas ist. Durch Totalreflexion kann das Licht in einem Prisma um 90° bzw. um 180° abgelenkt werden. Dabei kommt es im Strahlengang zu einer Vertauschung paralleler Strahlen.

Durch Brechung an einer planparallelen Platte kann ein Lichtstrahl parallel zu seiner Richtung verschoben werden. Eine planparallele Platte ist ein durchsichtiger Körper, von dessen Begrenzungsflächen wenigstens zwei parallel zueinander stehen. Ein schräg auf eine der beiden Flächen auftreffender Lichtstrahl wird, falls das Material der Platte optisch dichter ist als das umgebende Medium, zum Einfallslot hin gebrochen.

Der Einfallswinkel an der zweiten Grenzfläche ist dann gleich diesem Brechungswinkel. Der Lichtstrahl wird beim Übergang an der zweiten Fläche vom Einfallslot weg gebrochen, wobei sein Brechungswinkel hier genauso groß ist wie der Einfallswinkel an der ersten Grenzfläche. Dies folgt aus der Umkehrbarkeit des Strahlenganges. Nach dem Austritt aus der Platte hat der Lichtstrahl zwar wieder seine ursprüngliche Richtung, ist aber um einen bestimmten Betrag seitlich verschoben. Je größer der Einfallswinkel ist, um so größer wird auch die seitliche Verschiebung ausfallen.

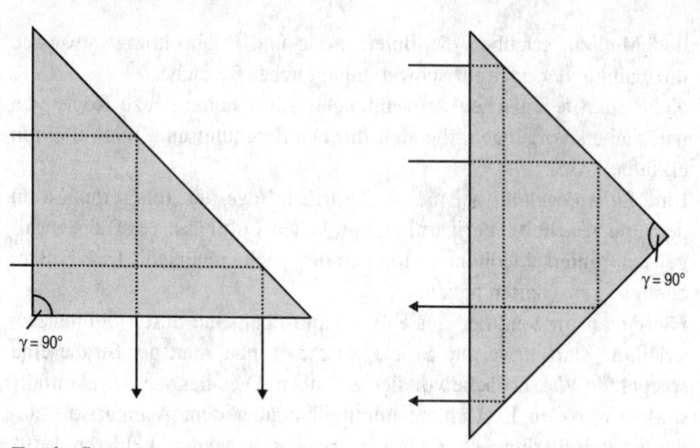

Totalreflexion in Prismen

Ein einzelner *Lichtleiter* ist ein dünner Kunststoffstrang mit rundem Querschnitt, der hoch lichtdurchlässig ist. Tritt an einer Stirnfläche ein Lichtstrahl ein, so wird er durch wiederholte Totalreflexion an der Begrenzungsfläche der Faser durch den Lichtleiter geführt. Dabei kann der Lichtleiter gebogen oder vielfach gewunden sein, ohne Einfluss auf den Lichttransport zu nehmen.

Moderne Lichtleiterkabel zur Informationsübermittlung bestehen aus Bündeln von mehreren hundert Lichtleitern und verdrängen immer mehr die althergebrachten elektrischen Leiter, z. B. beim Telefon. Mit einem Lichtleiterkabel kann, im Gegensatz zu einem elektrischen Kabel, im gleichen Zeitraum ein Vielfaches an Information übertragen werden. Lichtleiter in Technik

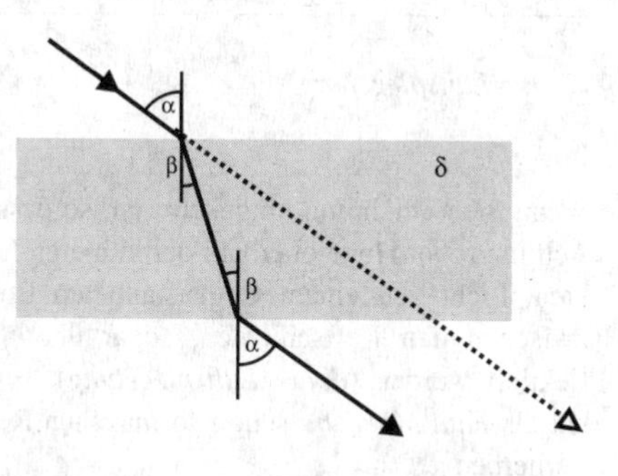

Lichtbrechung an einer planparallelen Platte

und Medizin erlauben die Beleuchtung und Beobachtung ansonsten unzugänglicher oder nur schwer zugänglicher Bereiche.
Neben den technischen Anwendungen gibt es eine ganze Reihe von natürlichen Vorgängen, die sich mit der Brechung und Totalreflexion erklären lassen.
Eine *Luftspiegelung* beispielsweise tritt infolge der Totalreflexion an der Grenzfläche von erwärmten und kalten Luftmassen auf, die infolge der unterschiedlichen Temperatur auch unterschiedliche Brechungseigenschaften haben.
Fährt man im Sommer mit einem Auto über eine durch Sonneneinstrahlung stark erwärmte Straße, so meint man, statt der Straße eine spiegelnde Wasserfläche vor sich zu haben. Dies liegt an der ebenfalls stark erwärmten Luftschicht unmittelbar über dem Asphalt, die dadurch optisch dünner ist als die darüber liegenden kühleren Luftschichten. An der Grenzfläche dieser Luftschichten wird das Licht vom Himmel total reflektiert (*untere Luftspiegelung*).

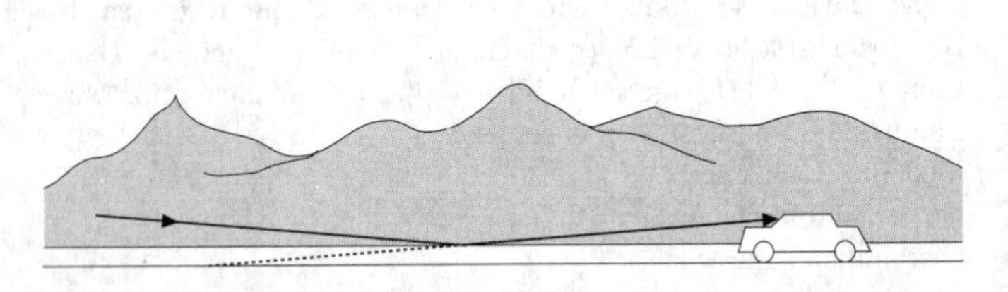

Untere Luftspiegelung

Wenn die Schichtung umgekehrt ist, so dass die wärmeren Schichten sich in großer Höhe oberhalb der kühleren Luftmassen befinden, dann kann Licht von einem Gegenstand am Boden, an der Grenzfläche zwischen den Luftschichten, sogar über den Horizont hinaus reflektiert werden (*obere Luftspiegelung*). Eine solche Luftspiegelung hat als *Fata Morgana* schon so manchen Reisenden in der Wüste ins Verderben geführt.
Das *Flimmern*, das man über heißen Gegenständen manchmal beobachten kann, beruht auf der Lichtbrechung an unregelmäßigen kleinen Zonen unterschiedlicher Temperatur. Diese Zonen bestehen aus erwärmter Luft, die infolge ihres Auftriebs nach oben steigt und sich

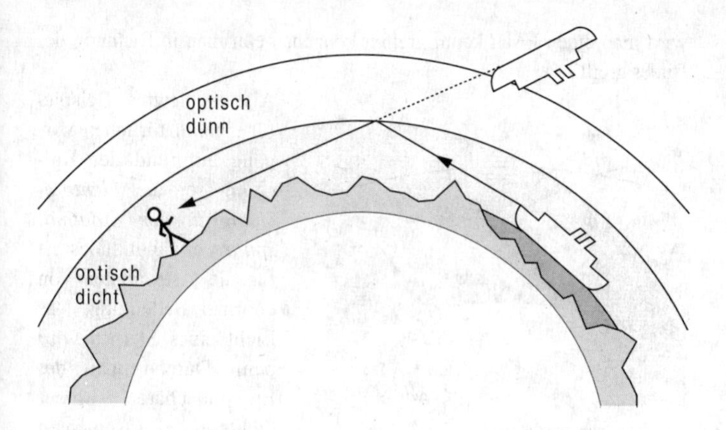

Obere Luftspiegelung (Fata Morgana)

mit kühlerer Luft vermischt. In Flüssigkeiten beobachtet man bei Erwärmung den gleichen Effekt. Hier bilden sich dann *Schlieren* innerhalb der Flüssigkeit.

Die *optische Hebung* lässt ein Gewässer flacher erscheinen, als es in Wirklichkeit ist. So wird ein Fisch, den man im Wasser beobachtet, scheinbar dicht unter der Wasseroberfläche schwimmen, obwohl er tatsächlich in tieferen Schichten schwimmt. Durch die Brechung des vom Fisch ausgesandten Lichtes (der Fisch ist ein beleuchteter Körper und streut das Sonnenlicht) an der Grenzfläche zur Luft scheint das Licht für den Beobachter von dem virtuellen Bild des Fisches zu kommen. Ein Lichtstrahl wird vom Einfallslot weg gebrochen. Darum

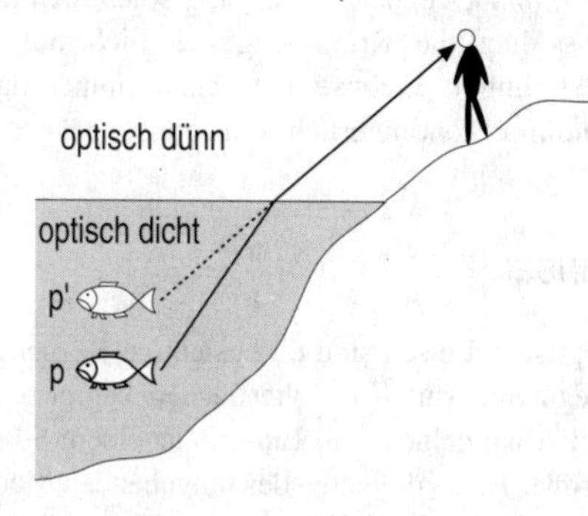

Zur optischen Hebung

wird man einen Fisch kaum greifen können, wenn man in Richtung des Bildes greift.

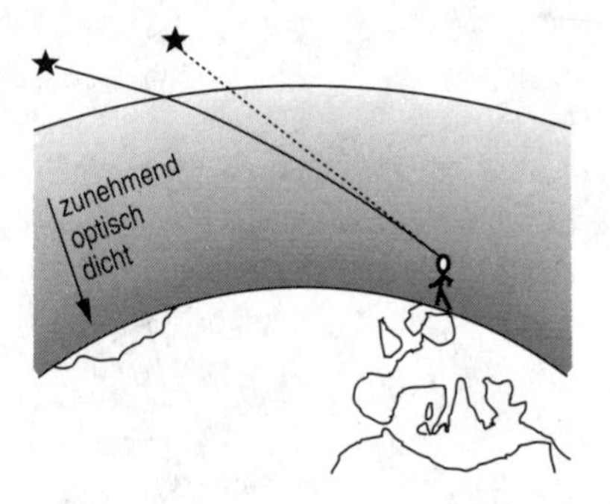

Lichtbrechung in der Erdatmosphäre

Als ein letztes Beispiel für einen natürlichen Vorgang aufgrund der Brechung sei die *Lichtbrechung in der Erdatmosphäre* erwähnt. Dies ist für die Astronomen von enormer Bedeutung. Das Licht eines Sternes wird beim Durchdringen der Erdatmosphäre immer dichtere Luftschichten durchqueren und dabei kontinuierlich von seiner geradlinigen Bahn abgelenkt, da die Lichtstrahlen immer weiter zum Einfallslot hin gebrochen werden. Der Verlauf eines solchen Lichtstrahles ist gekrümmt. Der Astronom erblickt den Stern nicht an seiner *wahren*, sondern an einer höheren *scheinbaren Position*. Der gleiche Vorgang spielt sich auch unter Wasser ab, nur dass hier die Krümmung des Lichtstrahles andersherum verläuft. Gekrümmte Lichtwege tauchen immer dann auf, wenn ein Stoff räumlich kontinuierlich seine optische Dichte verändert.

LINSEN

Optische Linsen sind durchsichtige Körper, meist aus Glas, die durch Segmente von Kugeloberflächen begrenzt sind (*sphärische Linsen*). Im Allgemeinen sind Linsen aus einem Stoff, dessen optische Dichte größer ist als diejenige des umgebenden Mediums.
Generell lassen sich die Linsen in zwei Arten unterteilen: in *Sammellinsen* (*Konvexlinsen*) und in *Zerstreuungslinsen* (*Konkavlinsen*). Vom Aussehen her sind Sammellinsen in der Mitte immer dicker als am Rand. Bei Zerstreuungslinsen ist es umgekehrt. Diese sind am Rand dicker als in der Mitte.

Sammellinsen

Die Abbildung zeigt die Querschnitte von verschiedenen Typen einer Sammellinse. Tritt Licht durch eine Sammellinse, so wird es beim Eintritt in die Linse zum Einfallslot hin gebrochen. Beim Verlassen der Linse wird es dann vom Einfallslot weg gebrochen.

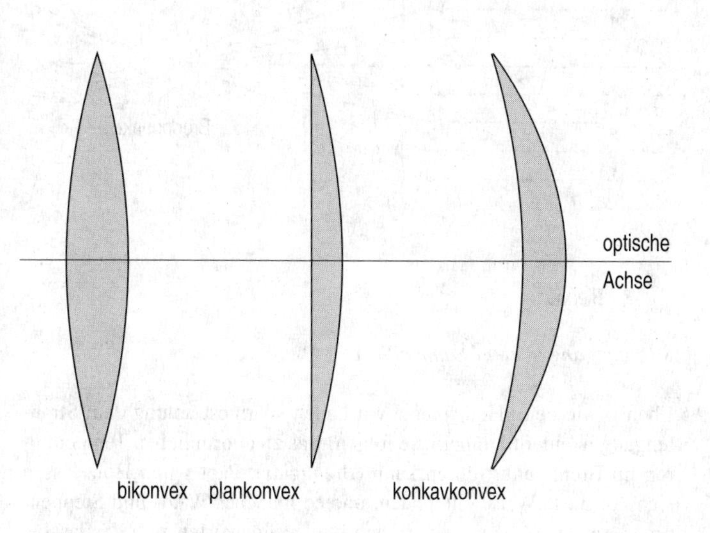

Verschiedene Formen von Sammellinsen

Auch für Linsen lassen sich verschiedene Gesetzmäßigkeiten zusammenstellen. Die Begriffsdefinitionen im Zusammenhang mit Linsen kann man der Abbildung oben entnehmen.
Ebenso wie bei der Beschreibung des Hohlspiegels lässt man ein schmales Lichtbündel parallel (und achsennah) zur optischen Achse auf eine Sammellinse fallen. Die Lichtstrahlen werden auf der anderen Seite der Linse durch einen gemeinsamen Punkt, den Brennpunkt der Linse, hindurchtreten. Der Abstand dieses Punktes zum Mittelpunkt der Linse ist die Brennweite. Da der Strahlengang umkehrbar ist, hat eine Sammellinse stets zwei Brennpunkte, auf jeder Seite einen. Die

jeweilige Brennweite hängt von der Krümmung der zugehörigen Seite der Linse ab. Eine starke Krümmung wird die Brennweite verkleinern.

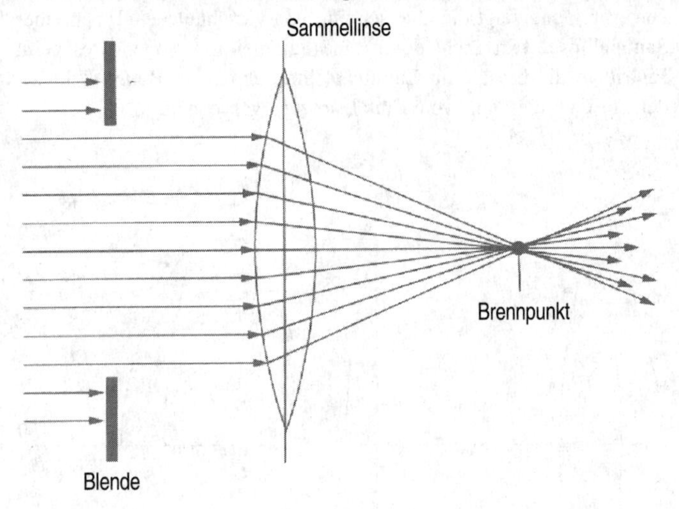

Strahlengang in einer Sammellinse

Ebenso wie beim Hohlspiegel wird auch Wärmestrahlung dem Strahlengang in einer Sammellinse folgen, was zu enorm hohen Temperaturen im Brennpunkt führen kann (*Brennglas*). Papier und Holz lassen sich auf diese Weise entzünden, und so mancher Wald- und Steppenbrand entstand aus einer achtlos weggeworfenen Glasflasche. Strahlen, die einen größeren Abstand zur optischen Achse haben, werden sich auch hier in einer Brennfläche treffen (Diakaustik).
Je nach Krümmung der Linsenoberflächen verstärkt sich sozusagen der Vorgang der Brechung. Mit anderen Worten: die Lichtstrahlen werden stärker gebrochen. Dadurch verkürzt sich die Brennweite der Linse. Man führt bei Linsen eine weitere Größe ein, welche direkt diesen Effekt beschreibt, die *Brechkraft*. Unter der Brechkraft D einer Linse versteht man den Kehrwert der Brennweite f:

$$\boxed{D = \frac{1}{f}}$$

Die Einheit der Brechkraft wird *Dioptrie* genannt, abgekürzt *dpt*. Es ist eine abgeleitete Einheit und kann wie folgt umgerechnet werden:

$$[D] = \frac{1}{[f]} = \frac{1}{m} = 1\,\text{dpt}$$

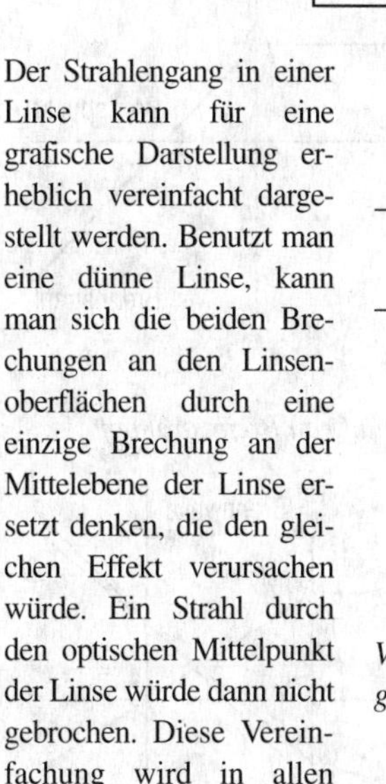

Der Strahlengang in einer Linse kann für eine grafische Darstellung erheblich vereinfacht dargestellt werden. Benutzt man eine dünne Linse, kann man sich die beiden Brechungen an den Linsenoberflächen durch eine einzige Brechung an der Mittelebene der Linse ersetzt denken, die den gleichen Effekt verursachen würde. Ein Strahl durch den optischen Mittelpunkt der Linse würde dann nicht gebrochen. Diese Vereinfachung wird in allen weiteren Abbildungen angewendet, ebenso wie die Annahme von achsennahen Parallelstrahlen. Achsenferne Parallelstrahlen werden in realen Anwendungen meist ausgeblendet, da sie meistens nur zu unerwünschten Störungen führen (*Diakaustik, sphärische Aberration* und *Chromasie*).

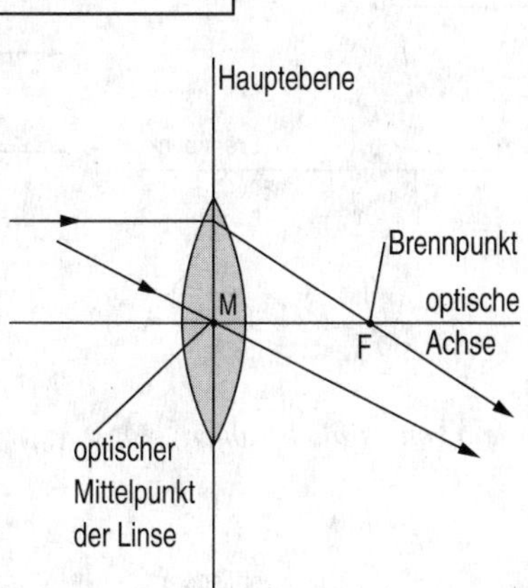

Vereinfachte Darstellung des Strahlenganges an einer dünnen Linse

Auch bei der Sammellinse werden Parallelstrahlen nach der Brechung zu Brennstrahlen, Brennstrahlen werden zu Parallelstrahlen, und Hauptstrahlen erfahren keine Brechung. Die letzte Aussage ist nicht ganz korrekt, da ein Hauptstrahl wohl eine seitliche Verschiebung erfährt, weil die Linse in unmittelbarer Umgebung des Mittelpunktes wie eine planparallele Platte wirkt.

Die Ebene, die senkrecht zur optischen Achse durch einen Brennpunkt der Linse verläuft, wird als *Brennebene* bezeichnet.

Ein Lichtbündel, das unter einem Winkel auf die Linse trifft, wird sich in einem Punkt auf der Brennebene konvergieren, umgekehrt werden alle Strahlen, die von einem Punkt der Brennebene ausgehen, die Linse auf der anderen Seite als paralleles Strahlenbündel verlassen.

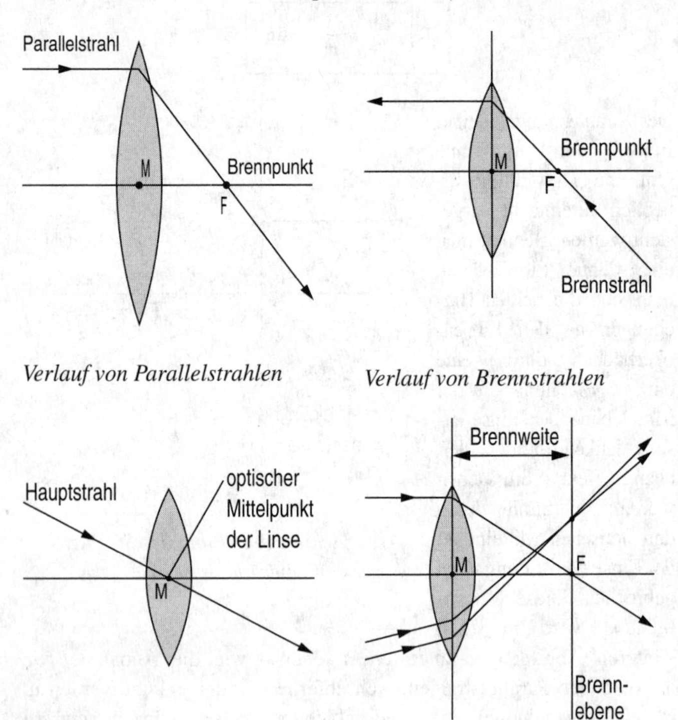

Verlauf von Parallelstrahlen

Verlauf von Brennstrahlen

Verlauf von Hauptstrahlen

Definition der Brennebene

Auch eine Sammellinse kann ein optisches Bild entwerfen. Die Bilder einer Sammellinse stimmen mit dem abgebildeten Gegenstand in Form, Farbe und Helligkeitsdifferenzen überein. Ebenso können reelle und virtuelle Bilder entworfen werden, je nachdem wie groß der Abstand des Gegenstands zum Linsenmittelpunkt ist.
Zur Konstruktion bzw. Beschreibung der Bilder geht man nach den folgenden Abbildungen vor. Das Licht, das von einem Punkt des Gegenstandes ausgeht, wird von der Sammellinse derart gebrochen, dass es in einem reellen Bildpunkt vereinigt wird (Gegenstandsweite g >

Brennweite f). Befindet sich der Gegenstand innerhalb der Brennweite, wird das Licht so gebrochen, dass es dem Beobachter von einem Punkt vor der Linse zu kommen scheint (virtuelles Bild). Bilder mit scharfen Konturen erhält man für achsennahe parallele Lichtbündel. Berücksichtigt man auch achsenferne Lichtstrahlen, so wird das Bild unscharf (Kaustik). Zur grafischen Konstruktion genügt die Verwendung von zwei der drei speziellen geometrischen Strahlen: Hauptstrahl, Brennstrahl und Parallelstrahl.

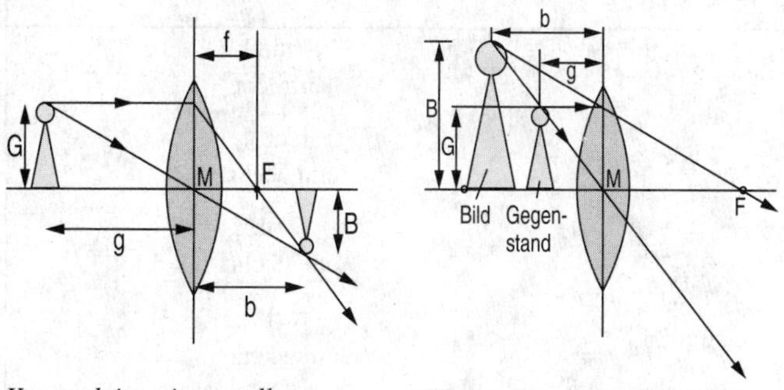

Konstruktion eines reellen Bildes mit der Sammellinse

Konstruktion eines virtuellen Bildes mit der Sammellinse

Bei reellen Abbildungen mit einer Sammellinse gelten folgende Beziehungen zwischen Gegenstandsgröße G, Gegenstandsweite g, Bildgröße B, Bildweite b und Brennweite f (*Linsengesetze*):

Abbildungsgesetz	$\frac{B}{G} = \frac{b}{g}$

Linsengesetz	$\frac{1}{f} = \frac{1}{g} + \frac{1}{b}$

Mit diesen Gesetzen lassen sich Größe und Lage von reellen Linsenbildern berechnen. Die Gleichungen sind auch auf virtuelle Abbildungen anwendbar, wenn man im Linsengesetz die Bildweite b mit einem negativen Vorzeichen versieht.

Die folgende Tabelle beschreibt die verschiedenen Arten der auftretenden Bilder bei der Brechung an einer Sammellinse.

Bildkonstruktion an einer sphärischen Sammellinse			
Gegenstandsgröße *G*, -weite *g* Bildgröße *B*, -weite *b* Brennweite *f*			
Gegenstandsweite	Bildweite	Art des Bildes	Maßstab
$g < f$	$b > g$	virtuell, aufrecht	$M > 1$
$f < g < 2 \cdot f$	$b > 2 \cdot f$	reell, umgekehrt	$M > 1$
$g = 2 \cdot f$	$b = 2 \cdot f$	reell, umgekehrt	$M = 1$
$g > 2 \cdot f$	$f < b < 2 \cdot f$	reell, umgekehrt	$M < 1$

Zerstreuungslinsen

Im Gegensatz zu Sammellinsen sind Zerstreuungslinsen am Rand dicker als in der Linsenmitte. Zerstreuungslinsen erzeugen stets virtuelle aufrechte und verkleinerte Abbilder von Gegenständen. Sie entsprechen somit den Wölbspiegeln. Der (virtuelle) Brennpunkt liegt vor der Linse und wird oftmals auch *Zerstreuungspunkt* genannt. Auch bei der Zerstreuungslinse können die bereits bei der Sammellinse verwendeten speziellen geometrischen Strahlen zur Konstruktion und grafischen Darstellung der Bildentstehung benutzt werden.
Ein Brennstrahl (hier auch Zerstreuungsstrahl genannt) wird in der Zerstreuungslinse in einen Parallelstrahl gebrochen, ein achsenparalleler Strahl wird zu einem Zerstreuungsstrahl, und ein Hauptstrahl wird, wie bei der Sammellinse, nur seitlich verschoben. Auch hier ist die seitliche Verschiebung für achsennahe Strahlen äußerst gering und macht sich nicht bemerkbar.

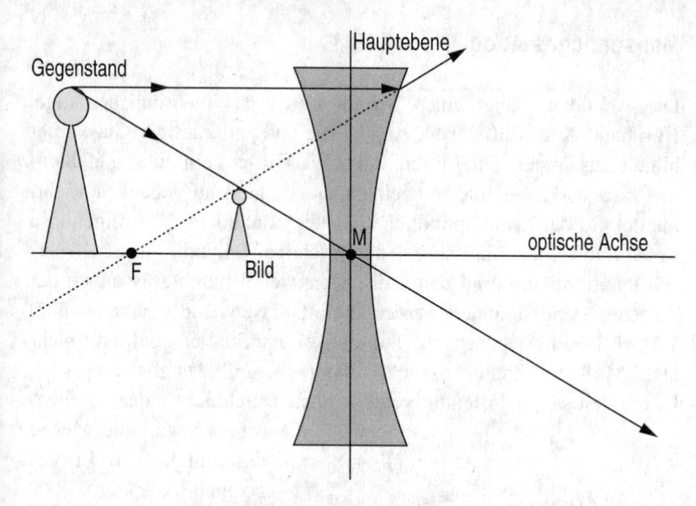

Bildkonstruktion an einer sphärischen Zerstreuungslinse

Es gelten die gleichen Linsengesetze wie für die Sammellinse, jedoch müssen im Linsengesetz Brennweite und Bildweite mit negativem Vorzeichen versehen werden.

OPTISCHE INSTRUMENTE

Verschiedene Linsen können kombiniert und als *Linsensysteme* eingesetzt werden. Um in optischen Instrumenten präzise Abbildungen zu erhalten, werden statt einzelner dünner Sammellinsen (nur reelle Bilder können weiterverarbeitet werden) sehr häufig Linsensysteme verwendet, z. B. in Kameraobjektiven. Mittels solcher Linsensysteme lassen sich *Linsenfehler* (Farbfehler, Unschärfen und Verzerrungen) auf praktischem Wege herauskorrigieren. Schaltet man beispielsweise eine Zerstreuungslinse zwischen eine Sammellinse und ihren Brennpunkt, dann wird die Brennweite der Sammellinse damit vergrößert. Im folgenden sollen nun die Wirkungen von Linsensystemen zum besseren Verständnis an verschiedenen optischen Instrumenten näher erläutert werden. Diese optischen Instrumente sind neben dem *menschlichen Auge* vor allem *Mikroskop* und *Teleskop*. Aber auch *Projektor* und *Fotoapparat* sollen kurz angesprochen werden.

Menschliches Auge

Die Abbildung zeigt einen Schnitt durch das menschliche Auge. Hornhaut, Augenflüssigkeit, Augenlinse und gallertartiger Glaskörper bilden zusammen ein Linsensystem, das insgesamt wie eine Sammellinse wirkt und die von einem Gegenstand ausgehenden Lichtbündel auf der lichtempfindlichen Netzhaut abbildet. Die Augenlinse besteht aus einem elastischen, durchsichtigen Material, dessen Oberflächenkrümmung (und damit die Brennweite) durch Anspannen der Augenmuskeln verändert werden kann. Die Netzhaut besteht aus über 120 Millionen Stäbchen, die hell-dunkel empfindlich sind, und mehr als 7 Millionen Zäpfchen, die für das Farbempfinden zuständig sind. Durch den sich selbständig verändernden Durchmesser der Pupillenöffnung wird die Menge des einfallenden Lichtes geregelt (Adaption).

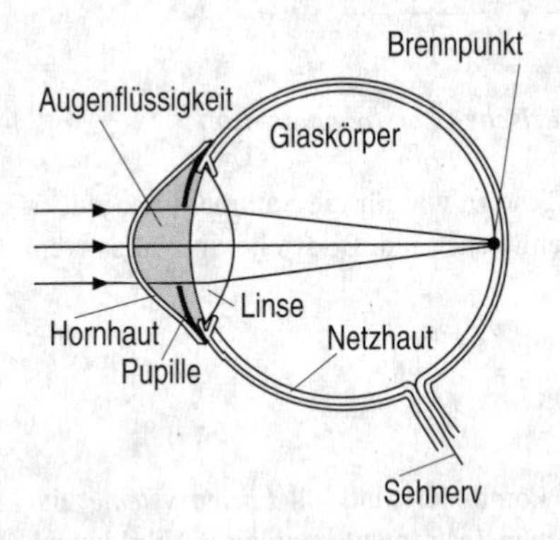

Querschnitt durch das menschliche Auge

Das Auge entwirft auf der Netzhaut ein verkleinertes, umgekehrtes, reelles Bild eines Gegenstandes (dass wir die Welt nicht auf dem Kopf stehend sehen, wird automatisch vom Gehirn geregelt.)

Einen entfernten Gegenstand ebenso scharf zu erkennen wie einen, der sich in unmittelbarer Nähe befindet, kann das Auge nur durch eine Veränderung der Augenlinsenwölbung (Veränderung einer Brennweite) erreichen, da der hintere Abstand Linse-Netzhaut (Bildweite) festliegt. Diesen Vorgang bezeichnet man mit *Akkomodation*. Ein vollkommen entspanntes Auge ist auf den *Fernpunkt* ausgerichtet, also auf unendlich weit entfernte Gegenstände. Bei Konzentration auf den *Nahpunkt* (einige cm vor der Augenlinse) besitzt die Augenlinse ihre stärkste Krümmung.

Der räumliche Eindruck beim Sehen kommt durch die leicht unterschiedliche Ausrichtung beider Augen und die Akkomodation auf unterschiedlich weit entfernte Gegenstände zustande.

Sehr viele Menschen verfügen über Augen- oder Sehfehler. Bei einem weitsichtigen Auge liegt der Brennpunkt der Augenlinse hinter der Netzhaut (die Brechkraft der Augenlinse ist zu gering), bei Kurzsichtigkeit davor (zu große Brechkraft der Augenlinse). Diese Fehler lassen sich aber korrigieren, indem man das Linsensystem des Auges durch eine vorgeschaltete Linse erweitert. Dies kann in Form einer Brille oder einer Kontaktlinse geschehen. Um *Kurzsichtigkeit* zu korrigieren, benutzt man Zerstreuungslinsen, *Weitsichtigkeit* wird mit einer Sammellinse behoben.

Jedes optische Gerät, also auch das Auge, verfügt über einen *Sehwinkel*. Der Sehwinkel sorgt dafür, dass große Körper in großer Entfernung als scheinbar genauso groß wahrgenommen werden wie kleine Körper bei kleinen Distanzen.

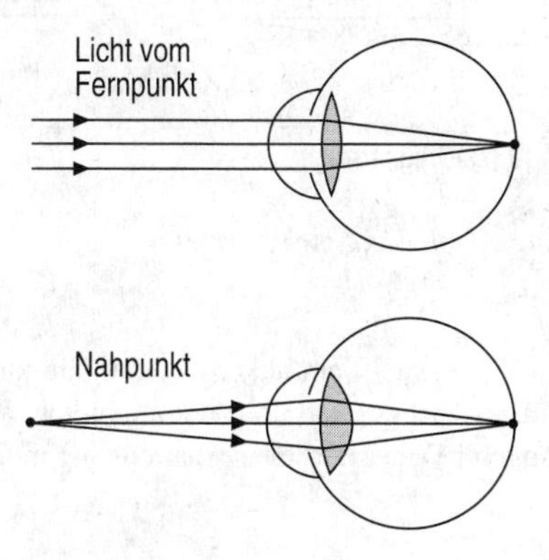

Nahpunkt und Fernpunkt

Anders ausgedrückt bedeutet dies, dass ein und derselbe Gegenstand in größerer Entfernung kleiner wirkt, als wenn er sich in nächster Nähe befindet. Je größer der Sehwinkel ist, um so größer erscheint das Bild des Gegenstandes auf der Netzhaut.

Ein optisches Instrument besitzt immer ein ganz bestimmtes *Auflösungsvermögen*. Darunter versteht man den Sehwinkel, der nötig ist, um zwei Gegenstandspunkte als räumlich voneinander getrennt wahrzunehmen. Beim menschlichen Auge müssen diese Bildpunkte dann jeweils auf zwei benachbarte Zäpfchen bzw. Stäbchen fallen. Dazu muss der Sehwinkel aber mindestens 1/60 Grad betragen (=1 Bogenminute), denn der Abstand der Zäpfchen beträgt etwa 5 µm.

Um also die Einzelheiten eines Gegenstandes deutlich voneinander trennen zu können, braucht man nur den Sehwinkel zu vergrößern. Damit sorgt man dann auch für ein größeres Abbild des Gegenstandes auf der Netzhaut. Gewöhnlich genügt es, wenn man den Gegenstand dazu nahe ans Auge heranführt. Ein normalsichtiges Auge kann aber

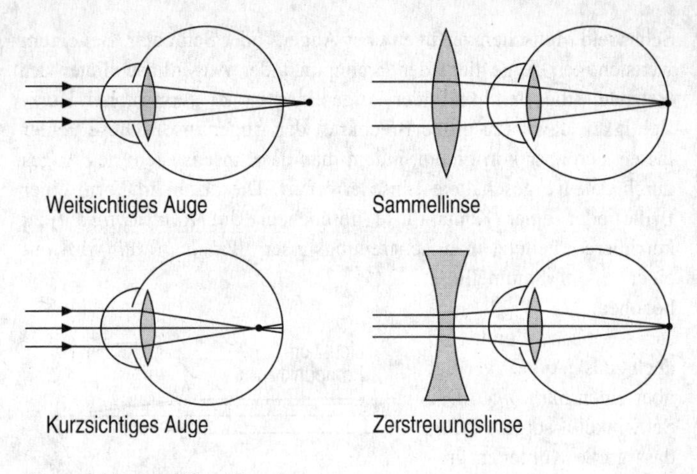

Augenfehler und ihre Korrektur

nur bis etwa 10 cm akkomodieren, ein kurzsichtiges Auge etwa bis 1 cm. Allerdings ist die Akkomodation auf den Nahpunkt während längerer Dauer nur unter Anstrengung möglich.

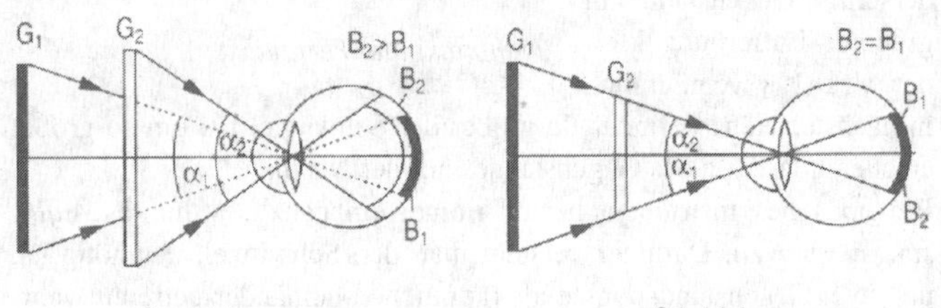

Sehwinkel

Der Sehwinkel lässt sich aber auch künstlich mit einem vorgehaltenen optischen Gerät vergrößern. Das einfachste derartige Gerät ist die *Lupe*. Mit einem *Mikroskop* lassen sich äußerst extreme Sehwinkelvergrößerungen erzielen, die aber durch das eingeschränkte Auflösungsvermögen des Auges eine Grenze erfahren. Ist der Ge-

genstand weit entfernt, so ist eine Annäherung an das Auge zum Zwecke der Sehwinkelvergrößerung nicht durchführbar. In einem solchen Fall behilft man sich mit einem *Fernrohr* oder *Teleskop*. Die Vergrößerung des Sehwinkels wird mit dem Begriff der *Vergrößerung bei einem optischen Instrument* erfasst.
Definiert wird die Vergrößerung V über die folgende Formel:

$$\text{Vergrößerung} = \frac{\text{Höhe des Netzhautbildes mit Instrument}}{\text{Höhe des Netzhautbildes ohne Instrument}}$$

$$V = \frac{B}{B_0}$$

Aus geometrischen Überlegungen kann man schließen, dass dies übereinstimmt mit der folgenden Definition für die Vergrößerung bei einem optischen Instrument:

$$\text{Vergrößerung} = \frac{\text{Sehwinkel mit Instrument}}{\text{Sehwinkel ohne Instrument}}$$

$$V = \frac{\alpha}{\alpha_0}$$

Lupe

Eine Lupe ist nichts anderes als eine Sammellinse, die man vor das Auge hält und so die Brechkraft der Augenlinse verstärkt. Wird der betrachtete Gegenstand in die Brennebene der Sammellinse gebracht, dann werden alle Lichtbündel, die von dem Gegenstand ausgehen, von der Lupe zu Parallelstrahlen gebrochen, die von dem entspannten Auge auf der Netzhaut wieder vereinigt werden.
Da jedes Auge anders akkomodiert, muss man einen gewissen Standard schaffen, auf den man sich jedesmal bezieht, wenn man von der Vergrößerung eines optischen Instrumentes spricht. Wenn man als deutliche Sehweite eine Entfernung des Gegenstandes von 25 cm zur

Augenlinse vereinbart, ergibt sich für die Vergrößerung mit einer Lupe:

$$\text{Vergrößerung} = \frac{\text{deutliche Sehweite}}{\text{Brennweite der Lupe}}$$

$$V_N = \frac{25\text{cm}}{f_L}$$

Eine Sammellinse wirkt auch dann als Lupe, wenn sich der Gegenstand innerhalb der Brennweite der Linse befindet und ein virtuelles Bild erzeugt wird. In diesem Fall kann das Auge allerdings nicht entspannt sein, sondern muss das virtuelle Bild akkomodieren, also „scharf stellen".

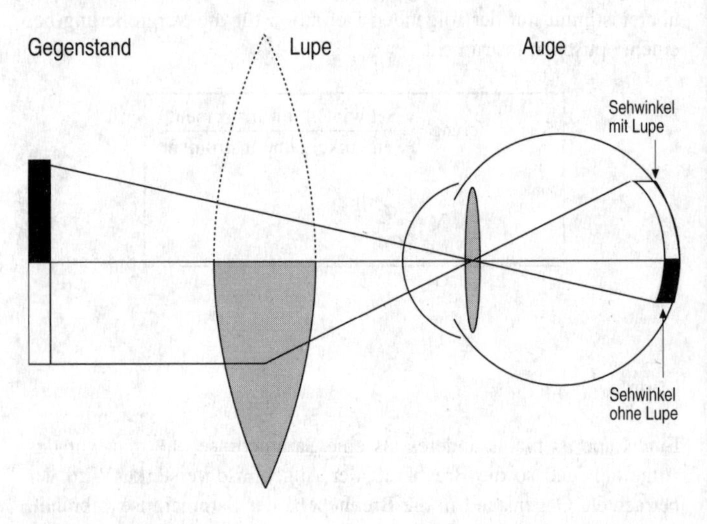

Wirkung einer Lupe

<u>Beispiel</u>: Eine Lupe mit einer Brennweite von 5 cm besitzt eine Vergrößerung von V_N=5. Also wird der Sehwinkel um einen Faktor 5 vergrößert und ebenfalls das Netzhautbild.

Mit einer einfachen Lupe sind Vergrößerungen bis 20× möglich. Um eine bessere Vergrößerung zu erreichen, benutzt man *Mikroskope*, die Vergrößerungen von etwa 2000× erreichen können.

Mikroskop

Der Gegenstand befindet sich zwischen einfacher und doppelter Brennweite einer Sammellinse (*Objektiv*) und sollte sehr gut beleuchtet sein. Das Objektiv entwirft außerhalb der doppelten Brennweite ein reelles vergrößertes, aber umgekehrtes Bild des Gegenstandes.

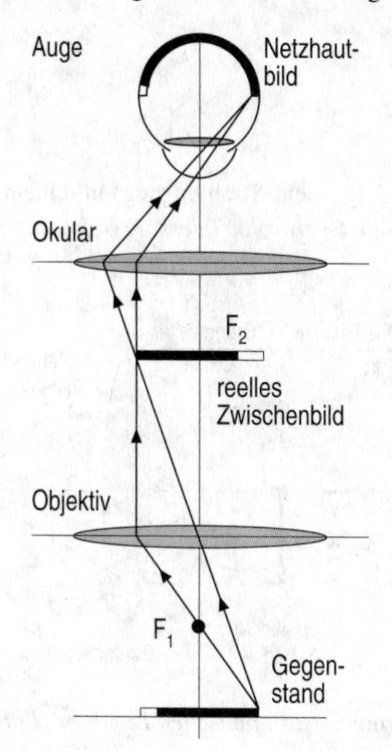

Strahlengang im Mikroskop

Dieses Bild kann mit einer zweiten Sammellinse (*Okular*), die als einfache Lupe wirkt, unter nochmaliger Vergrößerung betrachtet werden. Die gesamte Vergrößerung des Mikroskops berechnet sich aus dem Produkt der Vergrößerungen von Objektiv und Okular.
Zur Veränderung der Vergrößerung können Objektiv und Okular durch

andere ersetzt werden.

> Beispiel: Wenn das Objektiv eine Vergrößerung von 10× besitzt und das Okular den Sehwinkel ebenfalls um einen Faktor 10 vergrößert, dann beträgt die Gesamtvergrößerung 100× gegenüber einer Betrachtung des Gegenstandes in deutlicher Sehweite, mit dem bloßen Auge.

Teleskop

Die Abbildung zeigt den Strahlengang in einem astronomischen Fernrohr (*Keplersches Fernrohr, Teleskop, Refraktor*).

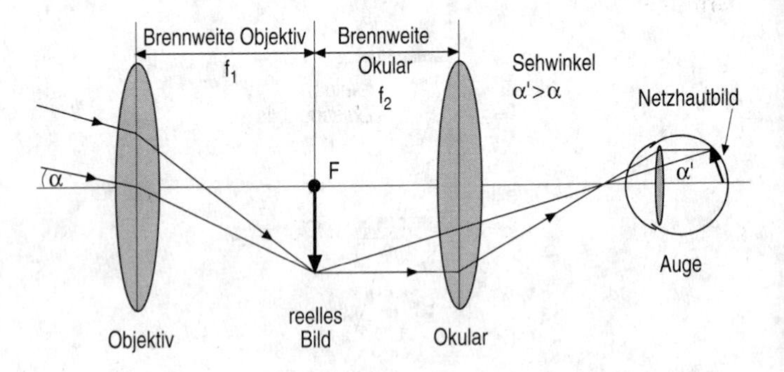

Strahlengang in einem astronomischen Fernrohr (Refraktor)

Befindet sich ein Gegenstand sehr weit außerhalb der doppelten Brennweite einer Sammellinse (*Objektiv*), dann wird diese nur ein reelles umgekehrtes, aber stark verkleinertes Bild (*Zwischenbild*) entwerfen. Befindet sich dieses Bild in der Brennebene einer zweiten Sammellinse (*Okular*), kann dieses Okular in Form einer Lupe auf das Bild wirken, so dass man es vergrößert betrachten kann.
Die Größe des Zwischenbildes hängt von der Brennweite f_1 des Objektivs ab, während die Vergrößerung durch das Okular umgekehrt

proportional zur Brennweite f_2 des Okulars ist. Für die Vergrößerung V des Teleskops folgt somit:

$$V = \frac{f_1}{f_2}$$

Im Gegensatz zur Vergrößerung beim Mikroskop ist das Bild auf der Netzhaut des Auges nicht größer als der Gegenstand. Es erscheint aufgrund der Sehwinkelvergrößerung aber viel größer, als wenn man es mit bloßem Auge betrachtet.
Es muss bei der Verwendung eines Linsenteleskops auf einen ausreichenden Objektivdurchmesser geachtet werden, da hiervon die Helligkeit des Bildes abhängt.

Fernglas

Ein astronomisches Fernrohr kann auf der Erde nur bedingt eingesetzt werden, da es ein umgekehrtes Bild liefert. Um dieses Bild zu drehen, werden in den Strahlengang zwei gekreuzte Prismen so eingesetzt, dass durch Totalreflexion das Zwischenbild vor dem Eintritt in das Okular gedreht wird. Damit erhält man ein sog. *Prismenfernglas*.

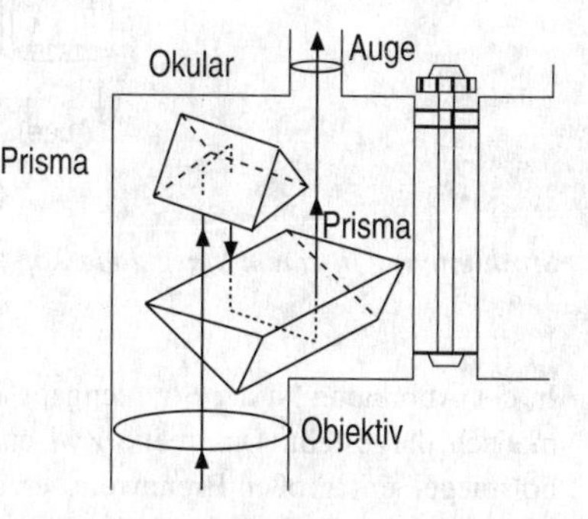

Prismenfernglas

Eine Bezeichnung wie „8×40“ auf einem solchen Instrument bedeutet, dass es einen Objektivdurchmesser von 40 mm und eine Vergrößerung von 8× besitzt.
In der Astronomie verwendet man sehr oft Spiegelteleskope (Reflektor) anstelle von Linsenteleskopen (Refraktor). Solche Spie-

gelteleskope bieten die gleichen Vergrößerungseigenschaften, haben darüber hinaus aber den entscheidenden Vorteil, dass mit Hilfe von Spiegeln sehr große Öffnungen (Objektivdurchmesser) erzielt werden können. Damit steigt natürlich die Bildhelligkeit bzw. die Lichtempfindlichkeit des Teleskops. Die größten derartigen Teleskope erreichen Spiegeldurchmesser bis zu 6 m.

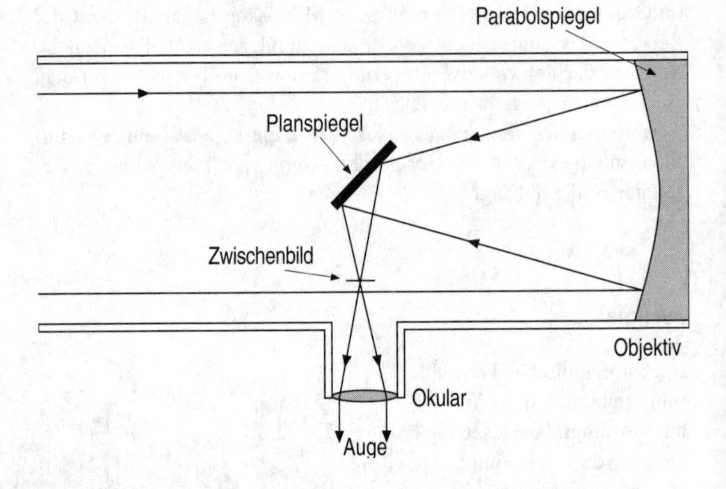

Strahlengang in einem Spiegelteleskop (Reflektor nach Newton)

In der Abbildung ist der Strahlengang in einem Spiegelteleskop schematisch dargestellt. Das reelle Zwischenbild wird durch einen Parabolspiegel mit großer Brennweite erzeugt. Der Beobachter befindet sich dann, bei großen Teleskopen, innerhalb des Strahlenganges. Bei kleineren Spiegelteleskopen ist das nicht möglich, und der Strahlenverlauf muss deshalb durch einen kleinen Spiegel, der sich im Strahlengang auf der optischen Achse befindet, zu dem seitlich oder rückwärts angebrachten Okular umgelenkt werden. Die Abbildung zeigt ein *Newtonsches Spiegelteleskop* mit seitlich angebrachtem Okular.

Projektor

Unter einem *Projektor* versteht man ein Gerät, das von einer ebenen Vorlage (z. B. einer Buchseite) ein vergrößertes Abbild auf einer Mattscheibe oder einer Projektionsleinwand entwirft. Je nach Ausführung werden solche Projektoren als *Durchlichtprojektoren* (*Diaprojektor*, *Filmprojektor*) oder als *Auflichtprojektoren* (*Episkop*) bezeichnet.

Bei einem Durchlichtprojektor befindet sich das transparente und zu vergrößernde Objekt (z. B. ein Diapositiv) zwischen einfacher und doppelter Brennweite einer Sammellinse (Objektiv). Dann entsteht außerhalb der doppelten Brennweite hinter dem Objektiv ein vergrößertes reelles, aber umgekehrtes Bild des Objektes. Um das Objekt richtig herum zu sehen, muss man es einfach verkehrt herum (höhen- und seitenverkehrt!) in den Projektor einlegen. Für eine Scharfeinstellung des Bildes genügt eine Verschiebung des Objektivs, wodurch eine Anpassung der Gegenstandsweite an die Bildweite erreicht wird.

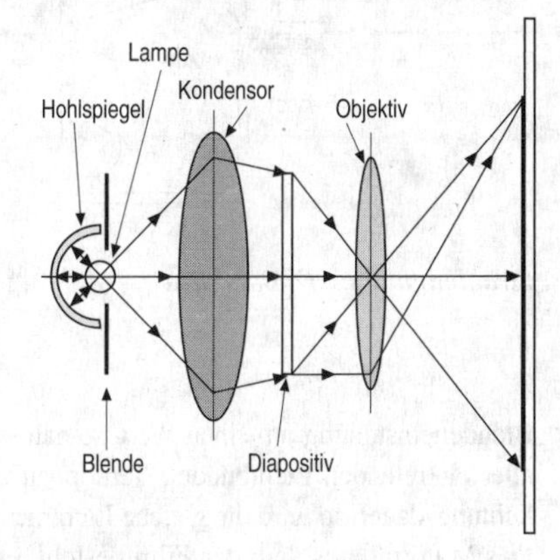

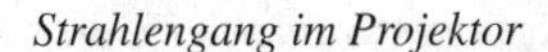
Strahlengang im Projektor

Um eine entsprechende Helligkeit des Bildes zu erzielen, muss das Objekt hervorragend ausgeleuchtet sein. Dazu verwendet man eine helle Lampe, die man in den Brennpunkt eines kleinen Hohlspiegels stellt. Das direkte Licht von der Lampe und das reflektierte Licht werden durch eine Sammellinse (Kondensor) derart auf das Objekt geführt, dass es gleichmäßig und hell ausgeleuchtet ist. Darüber hinaus muss im Strahlengang darauf geachtet werden, dass möglichst viel Licht vom Objekt durch das Objektiv tritt und zu der Bildentstehung beitragen kann.

Bei einem *Filmprojektor* werden auf diese Weise etwa 24 Einzelbilder pro Sekunde auf die Leinwand projiziert. Durch eine optische Nachwirkung der Bilder auf der Netzhaut verschmelzen die einzelnen Eindrücke zu dem Eindruck eines zusammenhängenden Bewegungsablaufes.

Fotoapparat

Bei einem *Fotoapparat* macht man sich den umgekehrten Weg zunutze. Ein Gegenstand wird durch das Objektiv auf einen Film (Fotomaterial) abgebildet. Im Allgemeinen befindet sich der Gegenstand außerhalb der doppelten Brennweite des Objektivs. Das so entstehende reelle verkleinerte und umgekehrte Bild entsteht zwischen einfacher und doppelter Brennweite hinter dem Objektiv.

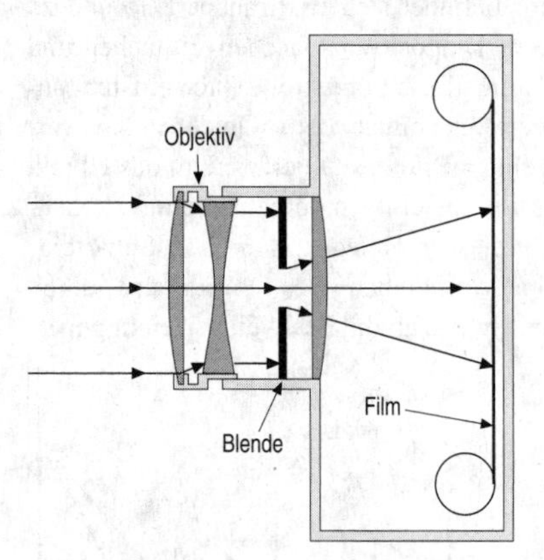

Strahlengang im Fotoapparat

Auch hierbei wird zur Einstellung der Bildschärfe das Objektiv verschoben. Eine verstellbare Blendenöffnung reguliert im Zusammenspiel mit dem Zeitverschluss die auf den Film einfallende Lichtmenge. Vergrößert man die Blendeneinstellung um einen Wert, so halbiert man die Querschnittsfläche aller eintretenden Lichtbündel. Verdoppelt man aber gleichzeitig die Belichtungsdauer, so wird die gleiche Lichtmenge auf den Film fallen.
Das Material, aus dem der Film besteht, erfährt durch das auftreffende Licht eine chemische Umwandlung, die durch das spätere Entwickeln und Ausfixieren des Filmes auf Dauer haltbar gemacht wird.

LICHT UND FARBE

Es wurde bereits erwähnt, dass die Lichtbrechung von der Farbe des Lichtes abhängt. Es sei hier nur kurz erwähnt, dass die eigentlichen

Ursachen hierfür tief im inneratomaren Bereich eines Körpers zu suchen sind und dass die Lichtfarbe, die wir sehen können, nur einen Teilaspekt dieser Vorgänge widerspiegelt.
Ein Bündel weißen Lichts (von der Sonne oder einer Glühlampe emittiert), das an einem Prisma gebrochen wird, erfährt eine Aufspaltung in verschiedene Farben. Als erster hat *Isaac Newton* (1643–1727) diesen Versuch im Jahre 1666 durchgeführt. Auf ihn geht auch die Bezeichnung *Spektrum* bzw. *Spektralfarben* zurück. Diese Farben sind nicht klar voneinander zu trennen, sondern gehen fließend ineinander über. Dieses Farbenband nennt man deshalb auch *kontinuierliches Spektrum*. Die *Spektralfarben* sind Rot, Orange, Gelb, Grün, Blau und Violett. Das weiße Licht ist also aus verschiedenen Farben zusammengesetzt. Mit dem bloßen Auge lassen sich neben den Spektralfarben mehrere hundert Farbzwischentöne unterscheiden.
Experimente zeigen, dass sich die Spektralfarben nicht weiter zerlegen lassen. Vereinigt man die Spektralfarben nach der Aufspaltung mit Hilfe einer Sammellinse, so erhält man im Brennpunkt wieder weißes Licht.
Ursache für die Farbzerlegung von weißem Licht ist die verschieden starke Brechung der unterschiedlichen Farben (*Dispersion*). Violett wird sehr viel stärker gebrochen als Rot. Jeder hat bestimmt schon einmal eine solche Farbzerlegung beobachtet. Immer, wenn man am Himmel einen Regenbogen sieht, geschieht dieser Vorgang in jedem einzelnen der Myriaden von Regentropfen, die nach einem Regenschauer noch in der Luft schweben.

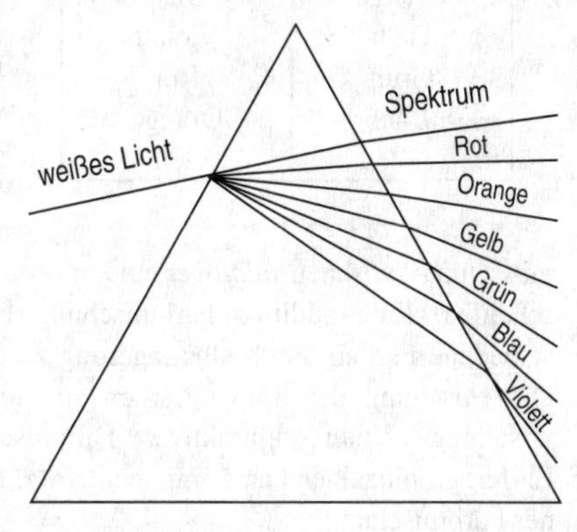

Farbzerlegung von weißem Licht an einem Prisma

Neben den Spektralfarben gibt es noch die sog. *Komplementärfarben*. Blendet man nach einer Farbzerlegung, vor der Wiedervereinigung der Farben, eine ganz bestimmte Spektralfarbe aus, so erhält man nicht

mehr weißes Licht, sondern Licht in einer Farbe, die man als Komplementärfarbe zu der ausgeblendeten Farbe bezeichnet. Blendet man also z. B. die Spektralfarbe Grün aus, erhält man nach der Überlagerung der restlichen Farben ein rotes Licht. Vereinigt man beide Farben, so entsteht wieder weißes Licht.
Das Auge kann nicht unterscheiden zwischen einer reinen Spektralfarbe oder der durch entsprechende Mischung entstandenen gleichen Farbe, also z. B. zwischen Blau als Spektralfarbe und Blau als Komplementärfarbe zu Orange.

Spektralfarbe	Komplementärfarbe
Rot	Grün
Orange	Blau
Gelb	Violett
Grün	Rot
Blau	Orange
Violett	Gelb

Weiße Farbe kann man ebenfalls erhalten, wenn man zwei komplementäre Spektralfarben mischt oder auch durch eine Mischung von Rot, Grün und Blau (*Drei-Farben-Theorie*).
Blau und Rot beispielsweise ergeben zusammen Violett.
Wenn man von Farbmischungen spricht, dann muss man zwischen *additiver* und *subtraktiver Farbmischung* unterscheiden. Eine additive Farbmischung liegt vor, wenn man verschiedene Farben durch Überlagerung zu einer Mischfarbe vereinigt. Die Mischung der Spektralfarben zu Weiß ist eine additive Farbmischung. Unter subtraktiver Farbmischung versteht man das Entfernen einzelner Farbkomponenten (z. B. durch Farbfilter) aus einer Farbmischung.
Wir haben bisher nur die sichtbaren Farben erwähnt, jedoch schließt sich an das rote Ende des sichtbaren Spektrums eine unsichtbare Strahlung an, die Infrarot-Strahlung (IR-Licht), die sich lediglich durch ihre Wärmewirkung bemerkbar macht (Wärmestrahlung). Auf der anderen Seite des Spektrums folgt auf die violette Farbe das ebenfalls unsichtbare Ultraviolette Licht (UV-Licht, UV-Strahlung). Diese Strahlung ist sehr energiereich und z. B. verantwortlich für das Bräunen unserer Haut bei intensiver Sonneneinstrahlung.
Die Lichtzerlegung wird in der *Spektralanalyse* zur Untersuchung der chemischen Zusammensetzung von Stoffen angewendet. Grundlage für die Spektralanalyse ist die Tatsache, dass jeder Stoff zur Aussen-

dung von Licht angeregt werden kann und dass jeder Stoff ein bestimmtes charakteristisches Linienspektrum aufweist.
Ein Linienspektrum im optischen Bereich enthält im Gegensatz zu einem kontinuierlichen Spektrum nur einzelne, verschiedene Farbanteile, die zudem deutlich voneinander getrennt sind. Anzahl und Lage solcher Linien kennzeichnen einen Stoff. Aus der Intensität der Linien kann auf die relative Konzentration dieses Stoffes innerhalb eines Stoffgemisches geschlossen werden.
Ein Körper, der von einer Lichtquelle beleuchtet wird, erscheint in einer ganz bestimmten Farbe. Als Körperfarbe bezeichnet man die Farbe, die er bei der Beleuchtung mit weißem Licht annimmt.
Ist ein Körper undurchsichtig, dann werden bestimmte Farben von dem Körper verschluckt (*absorbiert*). Die nicht absorbierten Farbanteile werden gestreut und ergeben in ihrer Mischung die Körperfarbe. Ein Körper erscheint also z. B. blau, wenn er alle Orange-Anteile absorbiert. *Farblos* ist ein Körper, wenn er alle Anteile von weißem Licht gleichermaßen hindurchlässt. Er ist *weiß*, wenn er alle Farbanteile gleich gut streut und *schwarz*, wenn er alle Farben absorbiert. Die Körperfarbe ist somit ein Beispiel für subtraktive Farbmischung.

LICHTSTÄRKE

Um die Lichtaussendung einer Lichtquelle quantitativ erfassen zu können, wurde die Größe der *Lichtstärke* eingeführt. Die Lichtstärke ist eine physikalische Basisgröße. Ihr wird die Einheit *Candela*, abgekürzt cd, zugeordnet.

> Beispiele: Für das Lesen dieses Buches ist eine Beleuchtungsstärke der Seiten von mindestens 300 lx notwendig. Extrem feine Arbeiten (z. B. Goldschmiedearbeiten) sollten bei mehr als 1000 lx vorgenommen werden. Heller Sonnenschein hat etwa 10000 bis 100000 lx.

Für die Helligkeit bei der Beleuchtung einer Fläche hat man die *Beleuchtungsstärke* eingeführt. Die Einheit für die Beleuchtungsstärke gibt man in *Lux* an, abgekürzt *lx*.

1 lx entspricht dabei der Beleuchtungsstärke einer Fläche, die von einer Lichtquelle mit der Lichtstärke 1 cd aus 1 m Entfernung angestrahlt wird.

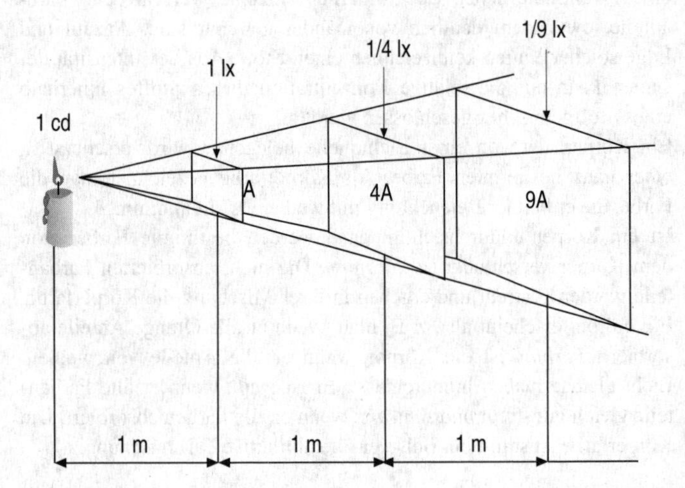

Beleuchtungsstärke und Abstand zur Lichtquelle

Die Beleuchtungsstärke B ist proportional zur Lichtstärke I_v der Lichtquelle ($B \propto I_v$) und umgekehrt proportional zum Quadrat des Abstandes von der Lichtquelle ($B \propto 1/r^2$):

$$B = k \cdot \frac{I_v}{r^2}$$

WAS IST LICHT?

Am Ende dieses Kapitels, nachdem viel über Lichtbündel und Lichtstrahlen geschrieben wurde, erhebt sich doch die Frage, was denn „Licht“ nun eigentlich ist?

Indem man die Modellvorstellung *Lichtstrahl* geschaffen hat, konnte man viele Vorgänge, wie z. B. die Entstehung von Schatten oder optischen Bildern, erklären und die dazugehörigen Gesetzmäßigkeiten entdecken. Es gibt allerdings auch Phänomene, bei denen dieses Modell versagt, z. B. bei der Lichtbeugung.
Andererseits handelt es sich bei dem Phänomen „Licht“ aber auch um einen Bewegungsvorgang, der eine gewisse Geschwindigkeit zu seiner Ausbreitung benötigt.
Aber was ist es denn eigentlich, was bei diesem Vorgang bewegt wird? Es ist bekannt, dass Licht Arbeit verrichtet, wenn es z. B. auf Sonnenkollektoren oder Solarzellen trifft. Diese Arbeit muss als Energie von dem Licht mitgebracht worden sein. Mit anderen Worten: Bei der Lichtausbreitung handelt es sich um einen Vorgang, bei dem Energie transportiert wird.
Ein Pfeil oder eine Gewehrkugel bewegt sich ebenfalls entlang einer (geraden) Bahn und kann am Zielort Arbeit verrichten, sie transportiert also auch Energie. Was liegt also näher, als sich eine Modellvorstellung zu schaffen, die dem Licht einen Teilchencharakter zuspricht. Licht wäre demnach nichts anderes als ein steter Strom von winzigen Teilchen, die von einer Lichtquelle ausgesendet werden und Energie von dieser Lichtquelle weg transportieren.
Bereits Newton hat 1704 ein solches Modell vorgeschlagen. Danach würden die Lichtteilchen, wenn sie auf einen Körper treffen, von den Bausteinen dieses Körpers angezogen. Dies würde modellmäßig den Vorgang der Lichtbrechung erklären. Die Reflektion von Licht entspräche dann einem Abprallen der Teilchen von einem Körper, also einer Abstoßung. Diese beiden Annahmen lassen sich aber leider nicht miteinander vereinbaren.
Bereits 14 Jahre zuvor hatte *Huygens* die Vermutung aufgestellt, dass sich Licht wie eine Welle ausbreitet, ähnlich den Schall- oder Wasserwellen. Gegen Ende des letzten Jahrhunderts hat *Heinrich Hertz* (1857–1894) dann herausgefunden, dass Licht und Radiowellen von ähnlicher Natur sind und danach dem Licht einen elektromagnetischen Charakter zugewiesen.
Andererseits wird die Newtonsche Interpretation nicht gänzlich abgelehnt, und heute bezeichnet man die Lichtteilchen als Photonen, die keine Masse besitzen und ausschließlich aus Energie bestehen.
So gegensätzlich jedoch alle Vorstellungen über die Natur des Lichtes sind, so steckt doch in jeder ein Körnchen Wahrheit.

Die physikalischen Phänomene sind vorhanden und können mit den verschiedenen Modellen zufriedenstellend erklärt werden, und es steht fest:

> *Licht ist Bewegung, bei der Energie transportiert wird. Diese Bewegung hat sowohl Teilchen- als auch Wellencharakter.*

Letzten Endes wird man aber die Antwort auf die Frage „Was ist Licht?“ schuldig bleiben müssen.

ATOM- UND KERNPHYSIK

ATOME

Die Erkenntnis, dass die Materie aus kleinsten, nicht weiter unterteilbaren Bausteinen besteht, ist bereits älter als 2000 Jahre. Unter dem Einfluss seines Lehrers *Leukipp*, dem Begründer einer materialistischen Weltanschauung, sind folgende Worte von *Demokrit* (460–370 v. Chr.) überliefert: *„In Wirklichkeit gibt es nur das Atom und die Leere.“*

Demokrit versuchte, alle Erscheinungen mittels ewiger Bewegung von festen, unteilbaren Einheiten, den sog. Atomen, im leeren Raum zu erklären. Dieses Teilchenmodell der Materie hat sich, trotz zahlreicher Modifikationen, in Chemie und Physik hervorragend bewährt.

Atome sind aber so unvorstellbar winzig, dass sie auch mit dem stärksten Mikroskop nicht betrachtet werden können. Der Durchmesser eines einzelnen Atoms beträgt etwa 10^{-10} m.

Im Rahmen des Teilchenmodells der Materie, also z. B. auf dem Gebiet der Wärmelehre, war es völlig ausreichend, sich ein Atom als unvorstellbar winziges, gleichmäßig mit Materie angefülltes kugelförmiges Gebilde vorzustellen.

Aber bereits die elektrischen Vorgänge bei der Elektrolyse legen nahe, dass auch ein Atom einen inneren (elektrischen) Aufbau besitzen muss.

Um die Frage nach dem Aufbau eines einzelnen Atoms beantworten zu können und um eine anschauliche Vorstellung davon zu bekommen, entwickelten die Wissenschaftler verschiedene Modelle. Diese Modelle werden allerdings der wahren Natur der Atome nicht gerecht. Sie sind lediglich als Hilfsmittel zum Verständnis des Aufbaus der Materie zu verstehen.

Die Wissenschaft ist inzwischen weit fortgeschritten, und heute weiß man, dass auch die modernsten Theorien nicht in der Lage sind, den Aufbau und die Eigenschaften eines Atoms vollständig zu erklären.

Die Entwicklung einer solchen Theorie bzw. eines solchen Modells ist immer geprägt von dem aktuellen Stand der Physik. Wichtige Modelle waren die von *Dalton*, *Thomson* und *Rutherford*.

Atommodell nach Dalton

Um 1800 hat *John Dalton* (1766–1844) geschlossen, dass ein Atom nichts anderes sein kann, als ein sehr kleines und vollkommen elastisches, gleichmäßig mit Materie ausgefülltes Kügelchen. Damit sind alle Atome eines Elementes untereinander völlig gleich.
Die Atome verschiedener Elemente unterscheiden sich dann nur in Ausdehnung und Masse.
Dieses Modell ist das einfachste und entspricht unserer normalen Vorstellungskraft. Trotz seiner Schlichtheit genügt dieses Modell aber bereits zur Erklärung vieler experimenteller Phänomene, z. B. der *Brownschen Bewegung*, der *Diffusion*, des *Druckes in Flüssigkeiten und Gasen*, der *Änderung der Aggregatzustände*. Allerdings erlaubt dieses Modell nicht die Beschreibung elektrischer Vorgänge. Das wurde erst 100 Jahre später durch *Joseph Thomsons* (1856–1940) Atommodell möglich.

Atommodell von Thomson

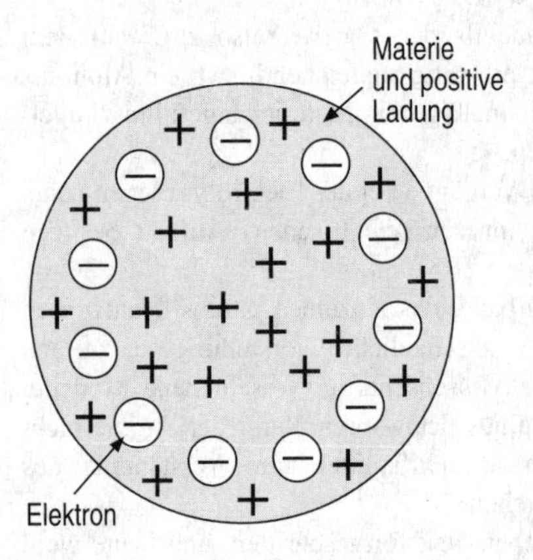

Atommodell nach Thomson

Ergänzend zum Modell nach Dalton kam Thomson 1904 zu dem Schluss, dass die Atome nicht nur gleichmäßig von neutraler Materie ausgefüllt sind, sondern auch mit positiver Ladung. Hierin eingebettet sind dann einzelne, negativ geladene Elektronen, die an bestimmte Positionen gebunden sind und die positive Ladung nach außen hin neutralisieren. Somit erscheint ein einzelnes Atom im Thomsonschen Atommodell nach außen hin als elektrisch neutral.
Mit dieser Vorstellung konnten dann verschiedene elektrische Vorgänge recht gut gedeutet werden, so z. B. die *Ionisation*, der *glühelektrische Effekt*, die *Berührungselektrizität*.

Um weitere Informationen über den inneren Aufbau der Atome zu bekommen, beschoss der Physiker *Philipp Lenard* (1862–1947) im Jahre 1894 dünne Aluminiumfolien mit schnellen Elektronen.
Die Tatsache, dass diese schnellen Elektronen in der Lage waren, eine metallische Folie mit einer Schichtdicke von mehreren tausend Atomlagen problemlos zu durchdringen, kann von dem Atommodell nach Thomson nicht erklärt werden.

Atommodell von Rutherford

Nur wenige Jahre nachdem Thomson sein Modell veröffentlicht hatte gelang es *Ernest Rutherford* (1871–1937) im Jahre 1911, ein Atommodell zu entwickeln, das im wesentlichen bis heute Bestand hat und mit dem viele weitere Phänomene erklärt werden konnten.
Rutherford setzte die Versuche von Lenard fort, benutzte aber neben Elektronen auch andere Partikel als „Geschosse“. Seine Ergebnisse ließen Zweifel daran aufkommen, dass ein Atom homogen mit Materie und Ladung gefüllt ist.

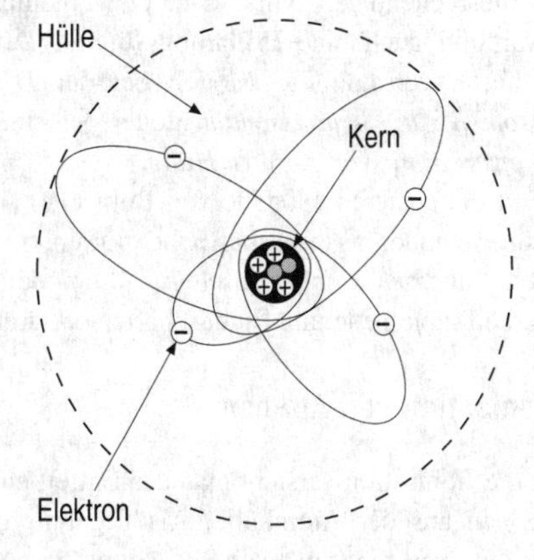

Das Atommodell nach Rutherford (Verhältnis Kerndurchmesser zu Atomdurchmesser nicht maßstabsgerecht)

Nach Rutherford besteht ein Atom aus zwei deutlich voneinander getrennten Bereichen, dem *Atomkern* und der *Atomhülle*. Die gesamte positive Ladung und nahezu die vollständige Masse des Atoms (99,9%) ist in dem Kern auf einem Raum von nur 10^{-13} cm Durchmesser konzentriert.
Die positive Ladung des Atomkerns wird durch die gleich große, aber negative Ladung der Elektronen kompensiert. Die Elektronen halten sich in der Atomhülle auf, deren Durchmesser etwa 100000mal größer ist als der des Kernes.

Die Elektronen der Hülle werden durch die Anziehungskraft des Kernes gebunden. Da sie nicht in den Kern stürzen, nimmt man an, dass sie sich, ähnlich wie die Planeten um die Sonne, um den Kern bewegen. Mithin muss man sich das Atom als weitestgehend leer vorstellen. Obwohl dieses Modell bahnbrechend war und auch eine Erklärung für die *Durchlässigkeit der Materie* lieferte, versagte das Modell bei der *Deutung der Anregung von Atomen zur Lichtaussendung* oder bei einer Erklärung für das *Größenverhältnis von Kern zu Hülle*.

Größenvergleich: Der Atomkern ist etwa 100000mal kleiner als das gesamte Atom. Stellt man sich den Kern als Stecknadelkopf (2 mm) vor, dann hätte das gesamte Atom einen Durchmesser von etwa 200 m.

Erst die späteren Modelle von Bohr (1914) und anderen konnten mit zunehmender wissenschaftlicher Erkenntnis, durch schrittweise Verfeinerung des Rutherfordschen Atommodells, nach und nach alle weiteren Phänomene und Eigenschaften erklären.

Ionisation von Atomen

Unter Ionisation versteht man das Entfernen eines oder mehrerer Elektronen aus der Atomhülle. Als Ergebnis entstehen positiv geladene *Ionen*, weil die (positive) Restladung des Atomkernes überwiegt. Um ein Elektron aus der Hülle zu entfernen und um die elektrische Anziehungskraft des Kernes zu überwinden, muss ein ganz bestimmter Energiebetrag aufgebracht werden.

Umgekehrt können natürlich auch Elektronen in die Hüllen von neutralen Atomen eingebracht werden. Dadurch entstehen dann negativ geladene *Ionen*.

Anregung von Atomen zur Lichtaussendung

Alle Elektronen eines Atoms sind in der Lage, Energie aufzunehmen. Dies kann z. B. durch Einstrahlung von Licht oder durch Stöße mit anderen Atomen bzw. Teilchen geschehen, wenn es dabei nicht zu einer *Ionisation* des Atoms kommt.

Es war das Verdienst des Physikers *Niels Bohr* (1885–1962) zu zeigen, warum Atome Licht aussenden können. Dazu musste Bohr das

Rutherfordsche Atommodell dahingehend abwandeln, dass die Elektronen nur auf ganz bestimmten Bahnen (*Orbitale*) in genau festgelegten Abständen um den Kern kreisen können. Durch Energieaufnahme kann ein Elektron seine Bahn verlassen und auf eine weiter außen liegende Bahn gelangen. Diese Energie wird als Lageenergie von dem Elektron gespeichert.
Versuche zeigen, dass diese Energieaufnahme nur in ganz bestimmten Portionen (*Quanten*) vonstatten geht. Durch die aufgenomme Energiemenge wird das Atom aber in einen angeregten Zustand versetzt, der nicht von langer Dauer ist.
Im Allgemeinen wird ein Atom bestrebt sein, diese überflüssige Menge an Energie wieder abzugeben. Auch diese Energieabgabe geschieht wieder in wohl definierten Portionen. In der Regel wird man diese Energie in Form von Licht wahrnehmen können. Die Größenordnung dieser Energieportionen beträgt etwa 10^{-19} J. Um nicht immer mit solch kleinen Zahlen umzugehen, wurde eigens für die Atomphysik eine neue Energieeinheit geschaffen, das *Elektronenvolt*.
Die Definition des Elektronenvolts (eV) kommt aus der Elektrik: Ein freies und ruhendes Elektron mit der Ladung e erhält eine Bewegungsenergie $W=e \cdot U$ von $1\ eV$, wenn es in einem elektrischen Feld U im Vakuum durch eine Spannung von $1\ V$ beschleunigt wird:

$$\boxed{1\ \text{eV} = 1{,}602 \cdot 10^{-19}\ \text{J}}$$

Außerdem werden auch folgende Vielfache recht häufig verwendet: Kiloelektronenvolt (keV) und Megaelektronenvolt (MeV).

ATOMKERN

Der Kern eines jeden Atoms besteht aus zwei Bausteinen, die man als *Protonen* und als *Neutronen* bezeichnet. Die Protonen sind positiv geladen, während die Neutronen keine elektrische Ladung tragen, also elektrisch neutral sind.
Protonen und Neutronen werden auch als *Kernbausteine* oder *Nukleonen* bezeichnet. Eine Kernart mit einer ganz bestimmten Zusammensetzung nennt man ein *Nuklid*.

Die Masse eines Kernbausteines ist etwa 2000mal größer als die eines Elektrons. Das Proton besitzt eine positive *Elementarladung*, die den gleichen Betrag hat wie die negative Ladung des Elektrons.

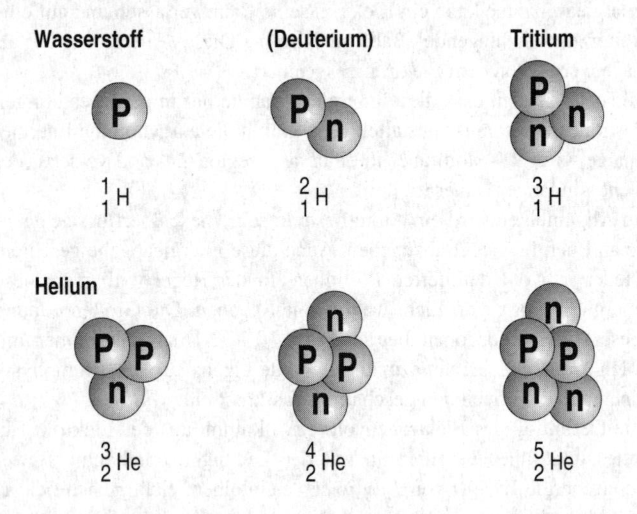

Verschiedene Atomkerne

Die Anziehungskraft, welche die Kernbausteine zusammenhält, wird im Allgemeinen als *Kernkraft* oder *starke Wechselwirkung* bezeichnet. Es handelt sich hierbei um eine Kraft, deren Ursprung weder elektrischer noch gravitativer Natur ist, d. h., es gibt keine elektrischen Ladungen oder Massen, welche diese Art der Kraft hervorrufen. Inzwischen gibt es Modellvorstellungen über die Ursprünge der Kernkraft, auf die allerdings an dieser Stelle nicht eingegangen werden kann.
Zur Kennzeichnung der verschiedenen Atomsorten benutzt man ein System aus drei Zahlen: die *Massenzahl A*, die *Kernladungszahl Z* und die *Neutronenzahl N.*
Die Massenzahl *A* gibt die Gesamtzahl der Nukleonen in einem Atomkern an. Entsprechend beschreibt die Kernladungszahl die Anzahl der Protonen und die Neutronenzahl die Menge der Neutronen. Mithin gilt:

Massenzahl = Kernladungszahl + Neutronenzahl	$A = Z + N$

Die Bezeichnung einer Atomsorte geschieht dann wie folgt: dem chemischen Symbol *X* des Elementes vorangestellt wird oben die Massenzahl und unten die Kernladungszahl. Eine etwas andere Schreibweise, bei der das Symbol von der Massenzahl gefolgt wird, ist ebenfalls in Gebrauch:

$${}^{A}_{Z}X \qquad \text{oder} \qquad X-A$$

Beispiel: Das chemische Symbol für Uran ist U. Eine bestimmte Uransorte besteht aus 238 Nukleonen, davon sind 92 Protonen. Man schreibt dafür dann ${}^{238}_{92}U$ oder kurz U-238.

Für ein neutrales Atom entspricht Z natürlich auch der Anzahl der Elektronen innerhalb der Atomhülle. Die Anzahl der Elektronen bestimmt das chemische Verhalten der Atome. Alle Atome eines ganz bestimmten Elementes besitzen immer die gleiche Anzahl von Elektronen bzw. Protonen. Damit entspricht die Kernladungszahl Z der *Ordnungszahl* des *Periodensystems der Elemente*.
Allerdings können die Atome eines Elementes durchaus eine unterschiedliche Anzahl von Neutronen in ihren Kernen vorweisen. Ihr chemisches Verhalten wird sich dadurch nicht ändern, wohl aber ihre physikalischen Eigenschaften. Solche Atome nennt man dann *Isotope* des Elementes.

Isotope besitzen die gleichen chemischen, aber unterschiedliche physikalische Eigenschaften.

Zu einer ganz bestimmten Atomsorte (*Isotop*) gehört auch eine ganz bestimmte Kernart (*Nuklid*). Es gibt 92 natürlich vorkommende Elemente, die insgesamt aus etwa 1600 bekannten Isotopen bestehen. Mit anderen Worten: alle Elemente sind im Allgemeinen Mischungen aus Isotopen.
Damit sind alle Atome aus drei Bausteinen zusammengesetzt, den *klassischen Elementarteilchen*: *Elektron*, *Proton* und *Neutron*.
(Heute weiß man allerdings, dass selbst Protonen und Neutronen wiederum aus noch kleineren Bausteinen aufgebaut sind, den sog. *Quarks*.)

Beispiele: Natürlich vorkommendes Uran besteht zu 99,3 % aus $^{238}_{92}U$ und zu 0,7% aus $^{235}_{92}U$. Die Isotope des Wasserstoffs (H) sind $^{1}_{1}H$: der Kern besteht aus nur einem Proton, $^{2}_{1}H$: 1 Proton und 1 Neutron (Deuterium), $^{3}_{1}H$: 1 Proton und 2 Neutronen (Tritium).

Auf den Elementarteilchen baut die gesamte Natur auf. Je nach der Zusammensetzung dieser Teilchen entstehen so die chemischen Elemente. Die Atome eines oder verschiedener Elemente lassen sich zu Molekülen zusammensetzen, um so die ungeheure Vielfalt der chemischen Verbindungen zu erzeugen. Einige dieser Verbindungen bilden die Grundlage für das Leben auf unserem Planeten. Somit ist hier auch eine Brücke geschlagen von der Vorstellung über den inneren Aufbau der Materie hin zur Artenvielfalt der uns umgebenden belebten Natur.

RADIOAKTIVITÄT

Radioaktive Strahlung und ihr Ursprung

Das Jahr 1895 kann als Beginn eines neuen Zeitalters angesehen werden: *Wilhelm Conrad Röntgen* (1845–1925) entdeckte in diesem Jahr die nach ihm benannte Röntgenstrahlung. Röntgenstrahlen erzeugen in phosphoreszierenden Stoffen ganz bestimmte Effekte, so dass man vermutete, diese Stoffe würden etwas den Röntgenstrahlen verwandtes aussenden.
Im Jahre 1896 entdeckte der französische Physiker *Henri Becquerel* (1852–1908), dass lichtdicht verpackte Fotoplatten durch eine damals noch unbekannte, unsichtbare Strahlung geschwärzt wurden. Diese Strahlung entstammte offensichtlich einem Klumpen Uranerz und schien mit der Röntgenstrahlung artverwandt zu sein.

Diese Strahlung wurde unter der Bezeichnung *radioaktive Strahlung* bekannt. Das Phänomen an sich nennt man *Radioaktivität*.
Viele Forscher stürzten sich mit Feuereifer auf diese neuen Vorgänge und untersuchten systematisch alle damals bekannten chemischen Elemente auf diese Strahlung.
Bereits im Jahre 1898 gelang es dann *Marie Curie* (1867–1934) und ihrem Ehemann *Pierre Curie* (1859–1906), auf chemischem Wege zwei stark radioaktiv strahlende Elemente, *Polonium* und *Radium*, voneinander zu isolieren. Von den etwa 1600 heute bekannten Isotopen verhalten sich mehr als 80 % radioaktiv.
Die Strahlung radioaktiver Substanzen kann durch kein Mittel beeinflusst werden, weder durch hohe Temperaturen oder Drucke noch durch chemische Reaktionen. Damit ist aber die Ursache dieser Strahlung nicht innerhalb der Atomhülle zu suchen, denn diese ist ja verantwortlich für alle chemischen Vorgänge, sondern die radioaktive Strahlung muss demnach direkt dem Atomkern entstammen. Aus diesem Grunde bezeichnet man diese Art der Strahlung auch oft als *Kernstrahlung*.

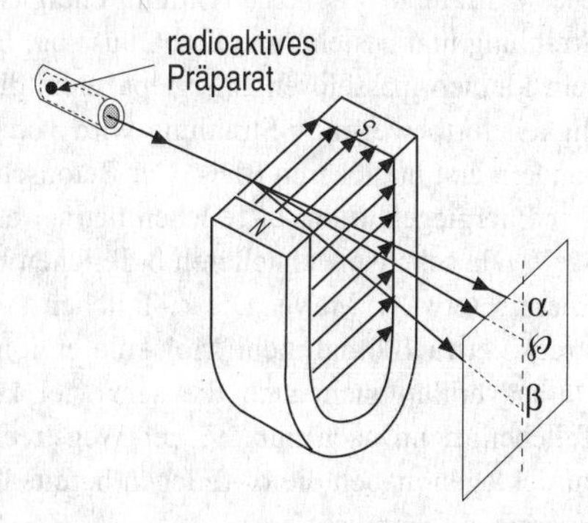

Radioaktive Strahlung im Magnetfeld

Ein Versuch zeigt, dass diese Strahlung aus unterschiedlichen Komponenten bestehen muss: Führt man ein Bündel radioaktiver Strahlen senkrecht zu den Feldlinien durch ein starkes Magnetfeld, so kann man mit einem Zählrohr feststellen, dass die Strahlung aus drei Komponenten besteht. Ein Teil der Strahlung erfährt im Magnetfeld eine schwache Ablenkung, ähnlich der Ablenkung positiver Ladungen aufgrund der Lorentz-Kraft. Dieser Anteil wird als α-Strahlung bezeichnet. Ein anderer Teil der Strahlung wird genau entgegengesetzt abgelenkt. Dies ist die β-Strahlung. Ein dritter Anteil erfährt überhaupt keine Ablenkung. Diesen bezeichnet man mit γ-Strahlung.
Bei α- und β-Strahlung handelt es sich um eine *Teilchenstrahlung*,

während die γ-Strahlung eine rein elektromagnetische Strahlung, ähnlich der Röntgenstrahlung, ist. Aufgrund der elektromagnetischen Ablenkung kann man Ladung, Masse und Geschwindigkeit der Strahlungspartikel von α- und β-Strahlung bestimmen.
Die Teilchen der α-Strahlung (α-Teilchen) setzen sich zusammen aus 2 Protonen und 2 Neutronen. Es handelt sich also formal um den Kern eines Helium(He)-Atoms. Manchmal spricht man auch von einem zweifach ionisierten He-Atom(He^{++}). Die Reichweite dieser Strahlung beträgt in der Luft etwa 10 cm, und bereits ein Blatt Papier genügt, um die α-Teilchen vollständig abzuschirmen.
Im Gegensatz zur α-Strahlung besteht die β-Strahlung ausschließlich aus sehr schnellen Elektronen (β-Teilchen). Diese β-Teilchen sind in der Lage, in der Luft Strecken von bis zu mehreren Metern zurückzulegen. Um β-Strahlung abzuschirmen, benötigt man z. B. ein 4 m dickes Aluminiumblech.
Die γ-Strahlung ist eine extrem energiereiche elektromagnetische Strahlung und besteht, wie Licht, aus sog. *Photonen* (γ-*Quanten*), also sehr kleinen masselosen Energiepaketen, die sich mit Lichtgeschwindigkeit fortbewegen. γ-Strahlung wird von der Luft kaum absorbiert, sondern erst in dickeren Blei- oder Betonschichten.
Der Energiegehalt der α-Teilchen beträgt etwa 5 Millionen eV, also 5 MeV. Die sehr viel schnelleren β-Teilchen besitzen eine vergleichbare Energie (etwa 1 MeV). Die α-Teilchen sind in der Lage, pro Wegstrecke etwa 100mal mehr Moleküle zu ionisieren als die β-Teilchen. Daraus erklärt sich auch die sehr viel kürzere Reichweite der α-Teilchen, denn nach nur 1% der Wegstrecke, welche die β-Teilchen zurücklegen, haben die α-Teilchen bereits ihre gesamte überschüssige Energie aufgebraucht.
Das Ionisierungsvermögen der γ-Strahlung ist erheblich geringer, was die enorm große Reichweite dieser Komponente der radioaktiven Strahlung erklärt. Natürlich ist die Reichweite der radioaktiven Strahlung innerhalb von dichter Materie sehr viel geringer, als z. B. in Luft oder im Vakuum, denn aufgrund der sehr viel größeren Teilchendichte wird die Energie bereits auf einer sehr viel kürzeren Strecke abgegeben.
Dass die radioaktive Strahlung aus dem Atomkern stammen muss, zeigt der Aufbau der α-Teilchen (4 Nukleonen) und die sehr hohen Energien der freigesetzten Strahlungen (MeV-Bereich), welche die Energien, die innerhalb von Atomhüllen auftreten (eV-Bereich), um ein Millionenfaches übertreffen.

Zwangsläufig sind radioaktive Stoffe stets wärmer als ihre Umgebung, da die Bewegungsenergie von α- und β-Teilchen auch zur Erhöhung der Temperaturbewegung beiträgt.

Radioaktiver Zerfall

Der Ausstoß von α- und β-Teilchen aus einem Atomkern führt immer auch zu einer Umwandlung des Kernes. Dies wird allgemein als *radioaktiver Zerfall* bezeichnet. Durch den radioaktiven Zerfall wandelt sich ein radioaktiv strahlendes Element im Laufe der Zeit in ein anderes Element um. Es lässt sich selbstverständlich nicht im einzelnen vorhersagen, ob und wann ein bestimmter Atomkern zerfällt. Besteht die strahlende Substanz allerdings aus einer Vielzahl von Atomen, so lassen sich durchaus statistische Gesetzmäßigkeiten angeben, mit denen der zeitliche Verlauf des radioaktiven Zerfalls beschrieben werden kann.

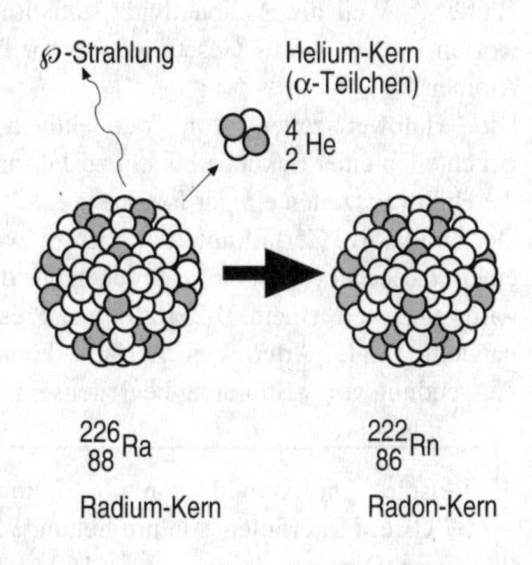

Radioaktiver Zerfall von Radium-226

Dazu wird der Begriff der *Aktivität* eines Elementes eingeführt. Die Aktivität gibt die Zerfallsrate in einer radioaktiven Substanz an, also die Anzahl der Zerfälle pro Zeiteinheit. Als Einheit für die Aktivität verwendet man das *Becquerel,* abgekürzt *Bq*:

$$1\,\text{Bq} = 1\,\frac{\text{Zerfall}}{\text{s}}$$

Vergrößert man die Menge der Substanz, so vermehrt man auch die Anzahl der Zerfälle. Die Aktivität ist also proportional zur Masse des radioaktiven Stoffes bzw. proportional zur Anzahl der zerfallsfähigen Kerne.

Jedes radioaktive Isotop benötigt eine ganz charakteristische Zeitdauer, innerhalb derer etwa die Hälfte aller Kerne zerfallen ist. Diese Zeitdauer ist unabhängig von der Stoffmenge des Isotops und wird *Halbwertszeit* genannt.

Während dieser Zeit nimmt auch die Aktivität des Stoffes um etwa die Hälfte ab. Weil die Radioaktivität statistischen Schwankungen unterworfen ist, gilt dieses Gesetz jedoch nur für eine große Anzahl von Atomen.

Die Halbwertszeiten von radioaktiven Isotopen reichen von Bruchteilen einer Sekunde bis hin zu Jahrmilliarden. Die Tabelle listet die Halbwertszeiten einiger Isotope auf.

Der radioaktive Zerfall unterteilt sich in zwei Arten. Man spricht von einem α-Zerfall, wenn ein α-Teilchen aus dem Atomkern ausgestoßen wird, und von einem β-Zerfall, wenn es sich um ein β-Teilchen handelt. Beide Arten des Zerfalls können zusätzlich durch die Aussendung von γ-Strahlung begleitet sein.

> Beispiel: Die Aktivität von 1 g $^{226}_{89}Ra$ (Radium-226) beträgt 37 GBq. Es zerfallen also pro Sekunde 37 Milliarden Radium-Kerne. Dennoch dauert es etwa 1600 Jahre, bis die Hälfte aller anfänglich vorhandenen Radium-Kerne zerfallen ist. Die Halbwertszeit für $^{226}_{89}Ra$ beträgt also 1600 Jahre. Die Aktivität beträgt danach noch 18,5 GBq. Es ist dann noch etwa 0,5g radioaktives Ra-226 vorhanden. Nach weiteren 1600 Jahren ist noch etwa 0,25g der Substanz vorhanden mit einer Aktivität von 9,25 GBq. Selbst nach 16000 Jahren ist immer noch 1 mg vorhanden. Die Aktivität beträgt dann 36 MBq.

Handelt es sich beim Zerfall um einen α-Zerfall, dann verliert der Kern 2 Protonen und 2 Neutronen. Dementsprechend nehmen Kernladungszahl Z und Neutronenzahl N jeweils um den Wert 2 ab. Die Massenzahl ändert sich um den Wert 4. Somit ist der Kern eines anderen chemischen Elementes entstanden.

α-Zerfall tritt überwiegend bei Isotopen mit großer Massenzahl auf. Solche Isotope werden auch als α-Strahler bezeichnet.

Der β-Zerfall tritt auf, wenn ein Neutron sich aufspaltet in ein Proton und ein Elektron. Das Elektron wird dann als β-Teilchen mit sehr großer Energie ausgestoßen. Dabei wird die Kernladungszahl um 1 zunehmen, während sich die Massenzahl nicht ändert.

Typische Halbwertszeiten		
Element	Symbol	Halbwertszeit
Polonium	$^{214}_{84}Po$	0,16 ms
Radon	$^{220}_{86}Rn$	55 s
Jod	$^{131}_{53}I$	8 Tage
Strontium	$^{90}_{38}Sr$	28,5 Jahre
Radium	$^{226}_{88}Ra$	1600 Jahre
Kohlenstoff	$^{14}_{6}C$	5730 Jahre
Uran	$^{238}_{92}U$	4,5–6,5 Mrd. Jahre

Auf diese Weise entsteht ebenfalls ein anderes chemisches Element. Diese Art des Zerfalls wird vorwiegend bei solchen Atomen auftreten, die in ihren Kernen einen Neutronenüberschuss zeigen und die man zweckmäßigerweise auch β-Strahler nennt.
Die bei einem radioaktiven Zerfall neu entstandenen Kerne sind in den meisten Fällen nicht stabil, sondern zerfallen ihrerseits wieder. Auf diese Art entstehen regelrechte *Zerfallsreihen*, die erst nach vielen Zerfallsstadien in einem stabilen Isotop enden.

Beispiel: Th-230 (Thorium) zerfällt durch α-Zerfall in Ra-226. Ra-226 ist seinerseits ein α-Strahler und bildet Rn-222 (Radon), welches wiederum zerfällt, um Po-218 zu erzeugen. Die Zerfallsreihe endet danach bei dem stabilen Isotop Pb-206 (Blei).

In solchen Zerfallsreihen treten sowohl α- wie β-Zerfälle auf, begleitet von γ-Strahlung. Aus diesem Grund konnte der beschriebene Versuch nur deshalb alle drei Strahlungsarten zeigen, weil z. B. in Radium-Präparaten neben Radium auch die radioaktiven Folgeprodukte der Zerfallsreihe enthalten sind und daher α-, β- und γ-Strahlung emittieren.

Radioaktive Stoffe finden in Medizin, Wissenschaft und Technik vielfältige Verwendung. Sehr oft zum Nutzen der Menschheit, aber auch ebensooft zu deren Schaden.
In der Nuklearmedizin werden radioaktive Isotope zur Früherkennung und Behandlung bestimmter Erkrankungen eingesetzt, so z. B. in der Krebsdiagnose und -behandlung. Durch radioaktive Bestrahlung können, lokal angewendet, bösartige Tumore zerstört werden. Radioaktive Durchstrahlung und deren Absorption kann zur Schichtdickenmessung in der metallverarbeitenden Industrie eingesetzt werden. Die Ur- und Frühgeschichte verwendet die sogenannte C-14 Methode zur Altersbestimmung.

C14-Methode: In der Atmosphäre befindet sich neben dem stabilen C-12 Isotop auch ein bestimmter, annähernd konstanter Bruchteil an radioaktivem C-14, was sich immer wieder neu bildet. Pflanzen nehmen mit dem Kohlendioxid (CO_2) aus der Atmosphäre natürlich auch den entsprechenden Anteil an C-14 auf. Wenn die Pflanze abstirbt, unterbleibt die Zufuhr von CO_2 und damit auch von C-14. Dieses zerfällt mit einer Halbwertszeit von 5730 Jahren. Aus der verbleibenden Relativkonzentration von C-14 zu C-12 kann auf den Zeitpunkt geschlossen werden, an dem die Pflanze kein CO_2 mehr aufnahm.

Radioaktive Strahlung vermag den menschlichen Organismus in extremem Maße zu gefährden. Im Umgang mit radioaktiven Stoffen sind daher stets und unbedingt besondere Schutzmaßnahmen einzuhalten. Da der Mensch über kein Sinnesorgan zur unmittelbaren Wahrnehmung von radioaktiver Strahlung verfügt, kommt der Nachweismöglichkeit für radioaktive Strahlung ganz erhebliche Bedeutung zu.

Strahlenschäden und Strahlenschutz

Radioaktive Strahlung kann ebenso wie Röntgenstrahlung durch ihre ionisierende Wirkung lebende Zellen schädigen oder zerstören. Je nach Einstrahlungsdosis kann dies zu schweren Erkrankungen führen (*Krebs*) oder sogar tödlich wirken (*somatische Schäden*). Eine Schädigung der Erbanlagen (*Mutationen*) kann sich auf die Nachkommen strahlengeschädigter Lebewesen auswirken (*genetische Schäden*). Bereits ein einziges ionisierendes Teilchen kann im Erbgut in einem Chromosom Veränderungen hervorrufen, die bei Nachkommen zu Missbildungen führen können.

Strahlenwarnzeichen

Bei der Strahleneinwirkung ist die Zeitdauer von entscheidender Bedeutung. Eine geringe Belastung über einen großen Zeitraum hinweg kann ohne Folgen bleiben, aber dieselbe Menge an Strahlung in kürzerer Zeit kann zu erheblichen Schädigungen führen.

Um die Menge der eingestrahlten Energie quantitativ zu erfassen, definiert man die Größe *Energiedosis* so: Die Energiedosis gibt die von 1 kg Masse absorbierte Strahlungsenergie an. Die Einheit der Energiedosis ist 1 *Gray*, abgekürzt *Gy*:

$$[\text{Energiedosis}] = 1\ \text{Gy} = 1\frac{\text{J}}{\text{kg}}$$

Untersuchungen haben gezeigt, dass die zerstörende Wirkung von α-Strahlung aufgrund des erhöhten Ionisierungspotentials bei gleicher Energiedosis etwa 20mal größer ist als die der β- und γ-Strahlung. Um dies bei einer quantitativen Erfassung der Strahlung angemessen zu berücksichtigen, wurde der Begriff der *Äquivalentdosis* eingeführt. Hierunter versteht man das Produkt aus Energiedosis mit einem Wertungsfaktor W. Dieser Wertungsfaktor beträgt für β- und γ-Strahlung 1 und entsprechend 20 für α-Strahlung:

$$\text{Äquivalentdosis} = W \times \text{Energiedosis}$$

Die Äquivalentdosis wird in Einheiten von 1 *Sievert*, abgekürzt *Sv*, gemessen:

$$[\text{Äquivalentdosis}] = 1\ \text{Sv} = 1\frac{\text{J}}{\text{kg}}$$

Weiterhin im Gebrauch ist auch noch die etwas ältere Bezeichnung *rem*:

$$1\ \text{Sv} = 100\ \text{rem}$$

Alle biologischen Organismen unterliegen einer *permanenten Strahlenbelastung*, die auf natürliche Ursachen zurückgeführt werden kann. Dieser sog. *Null-Effekt* kann auf Spuren von radioaktivem Material in der Luft, der Erde, in Pflanzen und selbst im menschlichen Körper (durch Atmung und Nahrungsaufnahme) zurückgeführt werden. Eine weitere Quelle für den *Null-Effekt* ist die *kosmische Strahlung*, oft auch als *Höhenstrahlung* bezeichnet, eine aus dem Weltraum auf die Erde treffende energiereiche Strahlung. Diese natürliche Strahlenbelastung ist abhängig vom Ort und unterliegt großen zeitlichen Schwankungen. Der jährliche Mittelwert für ihre Äquivalentdosis beträgt in Deutschland etwa 0,0012 Sv.
Hinzu kommt dann aber noch die Strahlenbelastung, die durch Eingriffe des Menschen in die Natur hervorgerufen wird. Medizinische Maßnahmen (z. B. Röntgen, Strahlentherapie) tragen hierzu ebenso bei wie z. B. Bergbau, Kernkraftwerke oder Atomwaffen. Sogar Tätigkeiten wie Rauchen oder Fernsehen (Röntgenstrahlung) tragen unmittelbar zur Strahlenbelastung bei.
Diese künstlich hervorgerufene Strahlung beträgt etwa 50% von der natürlichen Strahlenbelastung.

ATOM- UND KERNENERGIE

Die natürlichen Ressourcen unseres Planeten sind nicht unerschöpflich, und die Kohle- und Erdölvorräte werden in naher Zukunft (etwa

100 Jahre) aufgebraucht sein. Dann wird sich der Mensch an anderen Energieträgern orientieren müssen.
Bei der Umwandlung von Atomkernen infolge des radioaktiven Zerfalls können ungeheure Energien freigesetzt werden. Schon sehr früh hat man erkannt, dass sich diese Energien nutzbringend (aber leider auch todbringend) einsetzen lassen.
Beim radioaktiven Zerfall erfolgt die Umwandlung der Kerne ohne Eingriff von außen. Da das natürliche Vorkommen von radioaktiven Strahlern für eine technische Anwendung nur unzureichend ist, suchten die Wissenschaftler nach einer Möglichkeit, Radioaktivität künstlich hervorzurufen.
So kann man durch Beschuss von Atomen mit kleinen Partikeln, z. B. α-Teilchen oder Neutronen, eine Elementumwandlung auch künstlich herbeiführen und steuern. Schon im Jahre 1919 gelang Rutherford die erste künstliche Atomumwandlung: Ein α-Teilchen (He-4) vermag in den Kern eines Stickstoffatoms (N-14) einzudringen und unter Abstoßung eines einzelnen Protons dort zu verbleiben.

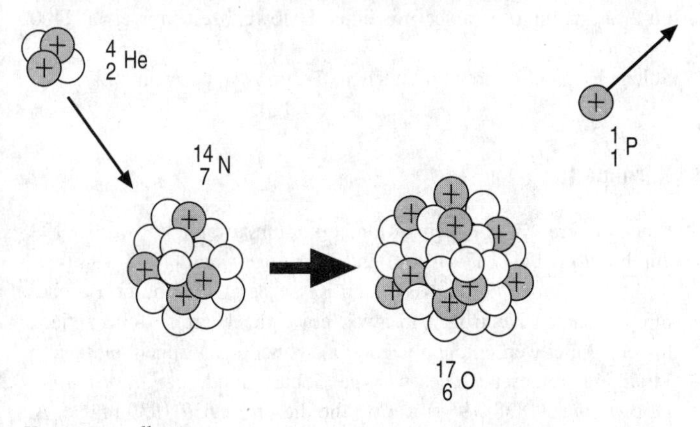

Kernumwandlung

Damit hat sich die Massenzahl des Kerns aber um drei erhöht, und es ist ein Sauerstoffkern entstanden (O-17). Die entsprechende Reaktionsgleichung hierzu lautet:

$$^{14}_{7}N + ^{4}_{2}He \rightarrow ^{17}_{8}O + ^{1}_{1}p$$

Die meisten der so hergestellten Elemente sind radioaktiv. Beschießt man Beryllium-Kerne (Be-9) mit α-Teilchen, so entstehen stabile Kohlenstoff-Kerne (C-12) und schnelle Neutronen:

$$ {}^{9}_{4}\mathrm{Be} + {}^{4}_{2}\mathrm{He} \rightarrow {}^{12}_{6}\mathrm{C} + {}^{1}_{0}\mathrm{n} $$

Mit diesem Verfahren lassen sich *Neutronenquellen* sehr einfach herstellen, indem man eine Mischung von Beryllium mit Radium als α-Strahler erzeugt. Neutronen haben den Vorteil, dass sie elektrisch nicht geladen sind und somit auch vom Kern nicht abgestoßen werden können. Sie dringen bereits mit sehr wenig Energieaufwand in einen Kern ein und können dort die entsprechende Umwandlung herbeiführen.
Benutzt man eine solche Neutronenquelle zum Beschuss von Uran-Kernen (U-238), dann lassen sich auch Elemente herstellen, deren Kernladungszahl größer ist als 92, z. B. Plutonium (Pu-239) mit Z=94. Pu-239 ist ein α-Strahler mit einer Halbwertszeit von etwa 24000 Jahren.
Solche Elemente werden oft auch als *Transurane* bezeichnet.

Kernspaltung

Eine weitere Möglichkeit, Atomkerne umzuwandeln, wurde 1938 durch *Otto Hahn* (1879–1968) und *Fritz Straßmann* (1902–1980) entdeckt. Sie fanden heraus, dass sich Kerne des U-235 durch Beschuss mit langsamen Neutronen in zwei, etwa gleich große Teile zerlegen lassen. Dabei werden dann wiederum schnelle Neutronen und auch γ-Strahlung freigesetzt. Dies war die Geburtsstunde der *Kernspaltung*. *Lise Meitner* (1878–1968) war es, die diesen Begriff 1939 prägte. Als Bruchstücke bei der Kernspaltung (*Spaltprodukte*) treten im Allgemeinen Krypton (Kr-89) und Barium (Ba-144) auf:

$$ {}^{235}_{92}\mathrm{U} + {}^{1}_{0}\mathrm{n} \rightarrow {}^{89}_{36}\mathrm{Kr} + {}^{144}_{56}\mathrm{Ba} + 3 \cdot {}^{1}_{0}\mathrm{n} + \gamma $$

Beide Bruchstücke sind radioaktiv. Da die beiden so entstandenen Kerne jeweils positiv geladen sind, stoßen sie sich sehr stark ab und

bewegen sich dementsprechend mit sehr hoher Geschwindigkeit voneinander weg. Sie besitzen also eine sehr große Bewegungsenergie.
So wird bei der Spaltung eines einzigen (!) U-235-Kernes eine Energie von etwa 200 Millionen eV freigesetzt. Davon entfallen etwa 84% auf die Bewegungsenergie der Spaltprodukte, 3% auf die Bewegungsenergie der frei werdenden Neutronen und der Rest (13%) auf die radioaktive Strahlung. Die Bewegungsenergie der Spaltprodukte trägt zur Erhöhung der inneren Energie bei, also zu einer Erhöhung der Temperatur des Spaltmaterials.

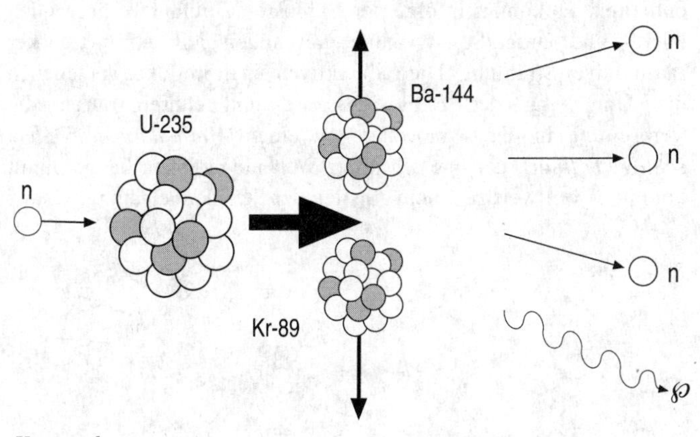

Kernspaltung

Die bei der Spaltung frei werdenden Neutronen können selbstverständlich ihrerseits wieder weitere Kernspaltungen auslösen. Dadurch kommt es zu einem lawinenartigen Anwachsen der Spaltungen. Man spricht dann von einer ungesteuerten Kettenreaktion. Solche Reaktionen können innerhalb von Sekundenbruchteilen ablaufen und dabei ungeheure Mengen an Energie freisetzen.
Für das Entstehen einer Kettenreaktion ist aber immer eine ganz bestimmte Menge an spaltbarem Material nötig, die sog. *kritische Masse*. Anderenfalls werden zu viele Neutronen das Spaltmaterial durchqueren und verlassen, ohne die Spaltung eines Kernes herbeigeführt zu haben. So beträgt die kritische Masse für U-235 etwa 20 kg in Kugelform.
Eines der schrecklichsten Beispiele für eine solche Kettenreaktion: Am 16. Juli 1945 wurde die erste Atombombe gezündet, und nur

wenige Wochen später kam es zu dem Abwurf zweier Atombomben über *Hiroshima* und *Nagasaki*, deren verheerende Folgen noch heute spürbar sind und die noch immer ihren Tribut fordern.
Als Spaltmaterial verwendet man in einer Atombombe Uran oder Plutonium. Bei der Zündung einer Atombombe auf Uranbasis werden mehrere unterkritische U-235-Massen mit hohem Druck zusammengepresst, so dass die kritische Masse überschritten wird. Ein einziges (!) Neutron reicht dann zur Auslösung der Kettenreaktion, und Neutronen sind in der Höhenstrahlung immer enthalten. Es kommt infolge der Explosion zu einer verheerenden Hitze- und Druck/Sog-Wirkung, verbunden mit extrem starker radioaktiver Strahlung. Die radioaktiven Spaltprodukte verseuchen die Umgebung der Explosionsstelle und führen durch die Verbreitung in der Atmosphäre zu einem *radioaktiven Niederschlag* (*Fallout*), der überall in der Welt niedergehen kann. Damit kommt es weltweit zu einem Anstieg der Strahlenbelastung.

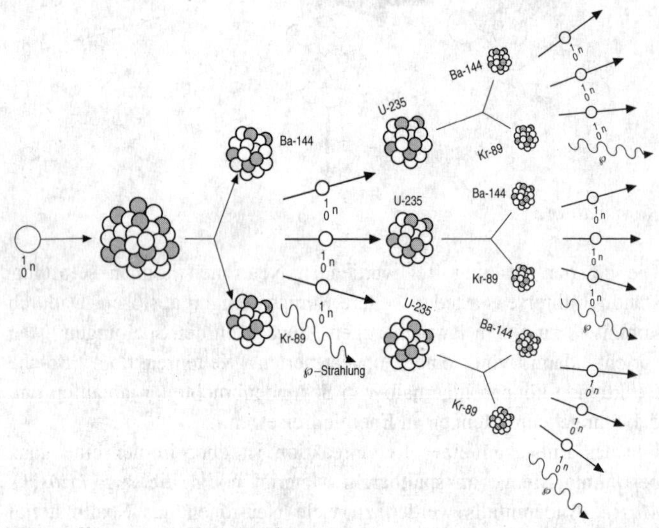

Darstellung einer Kettenreaktion

Nun kann eine solche Kettenreaktion auch gesteuert werden, indem man dafür sorgt, dass nicht jedes der frei werdenden Neutronen eine weitere Spaltung auslöst. Wenn nur eines der Neutronen wiederum eine Spaltung herbeiführt, dann bleibt die Anzahl der pro Zeiteinheit gespaltenen Kerne konstant, solange spaltbares Material vorhanden ist. Die Kettenreaktion wird dann zeitlich kontrolliert und wohldosiert ablaufen.

Dieses Verfahren ist die Grundlage, nach der die *Kernreaktoren* in den *Kernkraftwerken* funktionieren. Zur Umsetzung des Verfahrens benötigt man Elemente, deren Kerne Neutronen einfangen können und im Allgemeinen verwendet man hierzu die Elemente Bor und Cadmium.

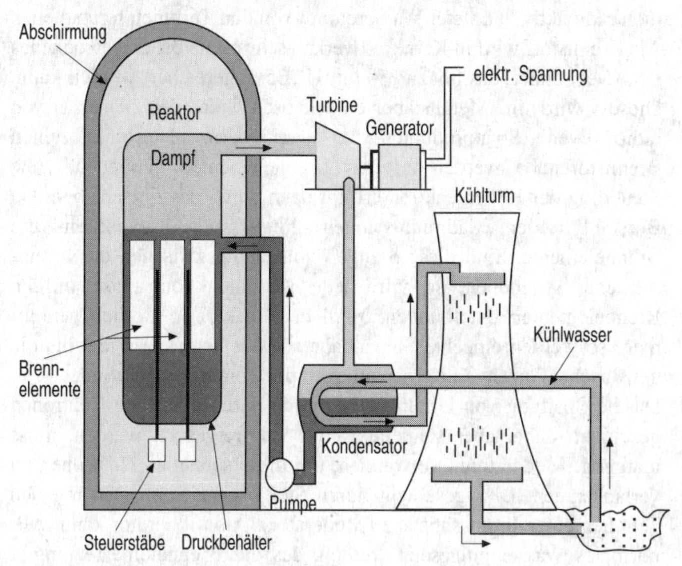

Kernkraftwerk (schematisch)

Kernkraftwerke sind *Wärmekraftwerke*, in denen Wasserdampf von sehr hoher Temperatur und sehr großem Druck Dampfturbinen antreibt. Diese Turbinen dienen zum Antreiben von Generatoren, die mechanische Arbeit in elektrische umwandeln. Die benötigte Wärme zur Erzeugung des Wasserdampfs entsteht bei der gesteuerten Kettenreaktion in den *Brennelementen* des Reaktors. Man unterscheidet zwischen *Siedewasser-* und *Druckwasserreaktoren*. Ein Siedewasserreaktor verwendet Brennstäbe, welche durch die Kettenreaktion erhitzt werden und das sie umgebende Wasser zum Sieden bringen. Dabei dient das Wasser gleichzeitig sowohl als

Kühlmittel für die Brennstäbe wie auch als *Moderator* zur Verlangsamung der Neutronen. Der entstehende Wasserdampf (ca. 300°C bei 70 bar) treibt die Turbinen an.
Im Gegensatz dazu wird in einem Druckwasserreaktor das Sieden des Wassers durch einen sehr hohen Druck (ca. 130 bar) im Primärkreislauf verhindert. Über Wärmetauscher wird dann Wasser in einem Sekundärkreislauf erhitzt und zum Antrieb der Turbinen verwendet. Durch die voneinander getrennten Wasserkreisläufe lässt sich eventuell radioaktiv belasteter Wasserdampf von den Turbinen fernhalten.
Als Brennstoff wird in Kernkraftwerken sehr oft natürlich gewonnenes Uran verwendet, das bis zu 3% mit U-235 angereichert werden kann. Dieses wird in Metallstäbe eingekapselt, um den Austritt von radioaktiven Spaltprodukten zu verhindern. Diese einzelnen Brennstoffstäbe werden zu den Brennelementen gebündelt. Eine Steuerung der Kettenreaktion erfolgt dann durch das Einschieben von Borstahl- oder Cadmiumstangen (*Steuerstäbe*) zwischen die Brennelemente. Sind diese Stangen vollständig zwischen die Brennelemente geschoben, so wird jede Kettenreaktion zwischen den Brennelementen unterbunden. Wird der Reaktor in Betrieb genommen, so werden einzelne Steuerstäbe so weit herausgezogen, bis die gewünschte Anzahl an Kernspaltungen pro Zeiteinheit stattfindet.
Da die Spaltung von U-235 vornehmlich durch langsame Neutronen geschieht, dabei aber schnelle Neutronen freigesetzt werden, muss man sog. Moderatoren verwenden, um diese schnellen Neutronen zu verlangsamen. Dies geschieht durch Stöße jener Neutronen mit den Teilchen einer Bremssubstanz (Moderator). Als Moderator kann z. B. normales Wasser eingesetzt werden, das die Brennelemente umgibt (*Leichtwasserreaktor*).
Schnelle Neutronen werden im Allgemeinen von U-238-Kernen eingefangen, wobei dann Plutonium entsteht. Solche Neutronen stehen dann natürlich nicht mehr für eine Kettenreaktion zur Verfügung.

Gefahren und Risiken der Atomenergie

Es gibt sehr große Kontroversen um die Sicherheit von Kernkraftwerken. Wenn ein Kernreaktor mit der nötigen Sorgfalt und unter Beachtung aller Sicherheitsvorschriften betrieben wird, ist das Gefahrenpotential sehr gering.

Es werden über Kamine geringe Mengen an radioaktivem Gas abgegeben. Die dadurch verursachte Mehrbelastung an Strahlung liegt unter 1% der natürlichen Strahlenbelastung.
Ein Kernreaktor kann auch nicht wie eine Atombombe explodieren, da in den Brennelementen U-235 nur in einer Konzentration von maximal 3% vorliegt.
Das größte Gefahrenpotential liegt dagegen in einer unkontrollierten Freisetzung von Radioaktivität. In dieser Hinsicht unterliegen Kernkraftwerke weltweit extremen Sicherheitsbestimmungen.
Darüber hinaus müssen Kernkraftwerke gesichert sein gegen Erdbeben, Hochwasser, Flugzeugabstürze und Sabotage.
Kommt es zu einem Störfall, so sind automatische Schnellabschaltungen zwingend vorgeschrieben, die dafür sorgen, dass die Steuerstäbe zwischen die Brennelemente geschoben werden. Die auch weiterhin erforderliche Kühlung wird durch mehrfache, voneinander getrennte Kühlkreisläufe sichergestellt.
Und dennoch verbleibt immer ein gewisses Restrisiko, dessen Beurteilung sehr schwierig ist. Der menschliche Faktor ist nicht immer abschätzbar, und Unfälle, wie sie in *Harrisburg* oder *Tschernobyl* aufgetreten sind, können niemals ausgeschlossen werden.
Es gibt aber noch weitere Belastungen, die durch den Betrieb von Kernkraftwerken entstehen. So müssen jährlich etwa 30% der Brennelemente eines Kernkraftwerkes ausgetauscht werden, weil das spaltbare Material ja durch den Prozess der Kernspaltung aufgebraucht wird. Dabei fallen etwa 30 t radioaktiver Spaltprodukte pro Kernkraftwerk in einem Jahr an. Neben den Spaltprodukten enthält diese Menge noch einen Anteil an nicht verwertetem Spaltmaterial und auch einen Anteil an Plutonium. Neben *Wiederaufbereitungsanlagen*, zur Abtrennung des noch verwendbaren Spaltmaterials gibt es *Zwischenlager*, in denen das verbrauchte Material zum Abklingen der Aktivität gelagert wird. *Endlager* dienen zur Aufbewahrung der radioaktiven Abfälle über sehr lange Zeiträume, um jeglichen Kontakt dieser Materialien mit unserer Biosphäre zu verhindern (die Halbwertszeit von Pu-239 beträgt z. B. 24000 Jahre). Ebenso müssen ausgediente Kernkraftwerke dauerhaft entsorgt und gelagert werden.
Die Betriebsdauer eines Kraftwerkes beträgt etwa 40 Jahre, und das bedeutet, dass zur Zeit die ersten Kraftwerke ihre Arbeit einstellen.
Alle diese Probleme, verbunden mit Transport, Wiederaufbereitung,

Zwischen- und Endlagerung, sind im Moment nicht zufriedenstellend gelöst und werden wahrscheinlich auch unsere Nachkommen noch sehr lange Zeit beschäftigen.

Kernverschmelzung

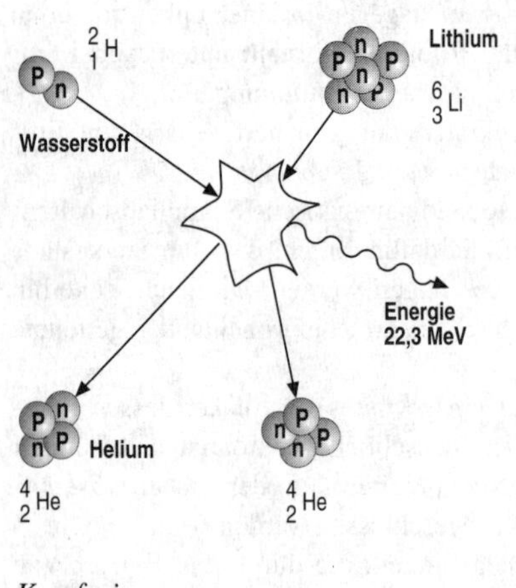

Kernfusion

Neben der Kernspaltung gibt es noch eine weitere Möglichkeit, Energie aus dem Atomkern zu erzeugen.
Bei der Kernspaltung wird ja ein schwerer Kern in zwei leichtere gespalten. Nun lässt sich aber auch Energie gewinnen, wenn man zwei leichte Atomkerne zu einem schwereren Kern verschmilzt. Dies wird als *Kernverschmelzung* oder *Kernfusion* bezeichnet.
Dazu werden die Ursprungskerne einander soweit genähert, bis die anziehenden Kernkräfte die elektrischen Abstoßungskräfte überwinden. Dazu vermittelt man den leichten Kernen bei extremen Temperaturen sehr hohe Bewegungsenergien. Der Prozess der Kernfusion läuft seit Jahrmilliarden bereits ununterbrochen im Inneren unserer Sonne und auch aller anderen Sterne ab. Bei Temperaturen von über 10 Millionen Kelvin wird dort aus jeweils zwei Wasserstoffkernen (H) und zwei Neutronen (n) ein Heliumkern (He-4) zusammengesetzt. Dabei wird pro entstandenem Heliumkern eine Energie von etwa 25 MeV frei. Auf die dabei involvierte Masse bezogen entspricht dies einer Energieausbeute, die etwa 3mal größer ist als bei der Kernspaltung.
Auf der Erde ist dieser Prozess bisher leider nur in Form der *Wasserstoffbombe* realisiert. Um die dabei für die Kernverschmelzung erforderliche Temperatur zu erreichen, muss eine Wasserstoffbombe mittels einer Atombombe gezündet werden. Die schreckliche Wirkung

einer solchen *H-Bombe* übersteigt diejenige einer Atombombe um ein Vielfaches.
In einem Kernfusionsreaktor soll der VerschmelzungsProzess dagegen gesteuert ablaufen. Bereits seit mehreren Jahrzehnten wird an dieser Technologie gearbeitet. Damit der Prozess in Gang gesetzt werden kann, benötigt man eine anfängliche Temperatur von über 100 Millionen Kelvin. Danach wird die Kernverschmelzung sich selbst unterhalten, solange der Vorrat an fusionierbarem Material reicht, und Wasserstoff ist auf unserer Erde ein Rohstoff, der prinzipiell nicht zur Neige geht.
Die größte Schwierigkeit für die Forscher ist bei diesem Prozess aber die Handhabung eines *Plasmas* von solch extremer Temperatur. Es ist bisher kein Material bekannt, das solchen Energien standhält. Unter einem *Plasma* versteht man dabei ein Gas, welches vollständig ionisiert ist, das also alle seine Elektronen abgegeben hat und somit nur aus den Atomkernen und freien Elektronen besteht.
Die einzige Möglichkeit, die bisher technisch realisierbar scheint, besteht darin, das Plasma, das ja aus elektrisch geladenen Teilchen besteht, in einem sehr starken Magnetfeld einzuschließen und somit jeden direkten Kontakt zur Umgebung zu vermeiden. Bisher konnte der Prozess der gesteuerten Kernfusion im Labor allerdings nur für Bruchteile einer Sekunde verwirklicht werden.
Obwohl die Kernfusion die Energieprobleme der Menschheit auf alle Zeit lösen würde, darf man nicht vergessen, dass auch diese Technologie nur sehr schwierig zu handhaben ist und das Gefahrenpotential wahrscheinlich sehr viel größer ist als das, welches man mit der Nutzung der Kernspaltung bereits eingegangen ist.

Die Frage, ob die Menschheit bereits die ethische und moralische Reife für eine solche Technologie erreicht hat, darf an dieser Stelle und in dem Jahr, in dem sich die Explosion der ersten Atombombe zum fünfzigsten Male jährt, zumindest gestellt werden.
Es existieren heute über 20 Nationen, die in der Lage sind, Atomwaffen herzustellen. Einige davon führen immer wieder sog. Atomwaffentests durch, bei denen Atombomben gezündet werden.
Die Frage nach dem Sinn und Nutzen solcher Experimente stellt sich gar nicht erst, wenn man weiß, mit welchen Gewalten der Mensch hier umgeht.

PHYSIKALISCHE TABELLEN

SI-VORSÄTZE

SI-Vorsätze für dezimale Vielfache und Teile		
Vorsatz	Kurzzeichen	Bedeutung
Exa-	E	10^{+18}
Peta-	P	10^{+15}
Tera-	T	10^{+12}
Giga-	G	10^{+9}
Mega-	M	10^{+6}
Kilo-	k	10^{+3}
Hekto-	h	10^{+2}
Deka-	da	10^{+1}
Dezi-	d	10^{-1}
Zenti-	c	10^{-2}
Milli-	m	10^{-3}
Mikro-	µ	10^{-6}
Nano-	n	10^{-9}
Piko-	p	10^{-12}
Femto-	f	10^{-15}
Atto-	a	10^{-18}

PHYSIKALISCHE BASISGRÖSSEN

Basisgröße		Basiseinheit	
Bezeichnung	Symbol	Bezeichnung	Symbol
Länge	s	Meter	m
Definiert wird die Basiseinheit 1 Meter als das 1.650.763,73fache der Wellenlänge der von Krypton-86 beim Übergang vom Zustand $5d_5$ zum Zustand $2p_{10}$ ausgesandten, sich im Vakuum ausbreitenden Strahlung.			
Zeit	t	Sekunde	s
Die Basiseinheit 1 Sekunde entspricht dem 9.192.631.770fachen der Periodendauer der dem Übergang zwischen den beiden Hyperfeinstrukturniveaus des Grundzustandes von Cäsium-133 entsprechenden Strahlung.			
Masse	m	Kilogramm	kg
1 Kilogramm wird definiert als die Masse des internationalen Kilogrammprototyps, dem in Paris aufbewahrten Urkilogramm.			
Stromstärke	I	Ampere	A
Die Stärke eines zeitlich unveränderlichen elektrischen Stromes, der durch zwei im Vakuum parallel im Abstand von 1 Meter zueinander angeordneter geradliniger unendlich langer Leiter von vernachlässigbar kleinem, kreisförmigen Querschnitt fließend, zwischen diesen Leitern eine elektrodynamische Kraft von 0,2 μN je Meter Leitungslänge hevorruft, beträgt 1 Ampere.			
Temperatur	T	Kelvin	K
Definiert wird die Temperatureinheit 1 Kelvin als der 273,16te Teil der thermodynamischen Temperatur des Tripelpunktes von Wasser. Beim Tripelpunkt von Wasser bei 0,01°C und 6,1 mbar existieren alle drei Aggregatzustände von Wasser gleichzeitig.			
Lichtstärke	I	Candela	cd
Mit der Basiseinheit 1 Candela wird diejenige Lichtstärke bezeichnet, mit der (1/600.000) m^2 der Oberfläche eines schwarzen Strahlers bei der Temperatur des beim Druck von 101.325 N/ m^2 erstarrenden Platins senkrecht zu seiner Oberfläche leuchtet. Ein absolut schwarzer Strahler absorbiert alle einfallende Strahlung. Die Strahlung eines solchen Körpers wird als schwarze Strahlung bezeichnet.			

ABGELEITETE PHYSIKALISCHE GRÖSSEN

Abgeleitete physikalische Größen			
Größe		Einheit	
Name	Zeichen	Name	Zeichen
Fläche	A	Quadratmeter	m^2
Volumen	V	Kubikmeter	m^3
Winkel	$\alpha, \beta, \gamma, \ldots$	Radiant	rad
Schwingungsdauer	T	Sekunde	s
Frequenz	f, ν	Hertz	Hz
Geschwindigkeit	v	Meter pro Sekunde	$\frac{m}{s}$
Beschleunigung	a	Meter pro Sekundequadrat	$\frac{m}{s^2}$
Kraft	F	Newton	N
Dichte	ρ	Kilogramm pro Kubikmeter	$\frac{kg}{m^3}$
Wichte	γ	Newton pro Kubikmeter	$\frac{N}{m^3}$
Drehmoment	M	Newtonmeter	Nm
Richtgröße	D	Newton pro Meter	$\frac{N}{m}$
Arbeit	W	Joule	J
Energie	E	Joule	J
innere Energie	U	Joule	J
Wärmemenge	Q	Joule	J

Abgeleitete physikalische Größen (Forts.)			
Größe		Einheit	
Name	Zeichen	Name	Zeichen
Druck	p	Pascal	Pa
Leistung	P	Watt	W
Temperaturdifferenz	ΔT	Kelvin	K
Wärmekapazität	C	Joule pro Kelvin	$\frac{J}{K}$
spezifische Wärmekapazität	c	Joule pro Kelvin pro Kilogramm	$\frac{J}{K \cdot kg}$
spezifische Verdampfungswärme	l_d	Joule pro Kilogramm	$\frac{J}{kg}$
spezifische Schmelzwärme	l_f	Joule pro Kilogramm	$\frac{J}{kg}$
Beleuchtungsstärke	l_f	Lux	lx
Brechkraft	B	Dioptrie	dpt
elektrische Ladung	Q	Coulomb	C
elektrische Spannung	U	Volt	V
elektrischer Widerstand	R	Ohm	Ω
elektrischer Leitwert	G	Siemens	S
elektrische Kapazität	C	Farad	F
spezifischer Widerstand (linearer Leiter)	ρ	Ohmquadratmilli- meter pro Meter	$\frac{\Omega \cdot mm^2}{m}$

PHYSIKALISCHE KONSTANTEN

Wichtige physikalische Konstanten			
Lichtgeschwindigkeit im Vakuum	c	299.792.458	$\frac{m}{s}$
Gravitationskonstante	G	$6{,}673 \cdot 10^{-11}$	$\frac{N \cdot m^2}{kg^2}$
Plancksche Konstante	h	$6{,}6262 \cdot 10^{-34}$	$J \cdot s$
	$\hbar = \frac{h}{2\pi}$	$1{,}0546 \cdot 10^{-34}$	$J \cdot s$
Stefan-Boltzmann-Konstante $= \frac{2 \cdot \pi^5 \cdot k_B{}^4}{15 \cdot c^2 \cdot h^3}$	σ	$5{,}6696 \cdot 10^{-8}$	$\frac{W}{m^2 \cdot K^4}$
Gaskonstante $= k_B \cdot L$	R	8,3143	$\frac{J}{K \cdot mol}$
Molvolumen unter Standardbedingungen	V_{mol}	0,0224136	$\frac{m^3}{mol}$
Boltzmann-Konstante	k_B	$1{,}38062 \cdot 10^{-23}$	$\frac{J}{K}$
Avogadro-Konstante (Lohschmidt-Zahl)	L	$6{,}02217 \cdot 10^{23}$	$\frac{1}{mol}$
Influenzkonstante	ε_0	$8{,}8542 \cdot 10^{-12}$	$\frac{A \cdot s}{V \cdot m}$
Induktionskonstante $= \frac{1}{\varepsilon_0 \cdot c^2}$	μ_0	$1{,}2566 \cdot 10^{-6}$	$\frac{V \cdot s}{A \cdot m}$
Elementarladung	e	$1{,}602192 \cdot 10^{-19}$	C

Wichtige physikalische Konstanten (Forts.)			
Faraday-Konstante $= e \cdot L$	F	$9{,}64867 \cdot 10^{4}$	$\frac{C}{mol}$
Ruhemasse des Protons	m_p	$1{,}67261 \cdot 10^{-27}$	kg
Ruhemasse des Neutrons	m_n	$1{,}67482 \cdot 10^{-27}$	kg
Ruhemasse des Elektrons	m_e	$9{,}10956 \cdot 10^{-31}$	kg
spezifische Ladung des Elektrons	$\frac{e}{m_e}$	$1{,}758803 \cdot 10^{11}$	$\frac{C}{kg}$
Ruheenergie des Elektrons	$m_e \cdot c^2$	0,5110	MeV
Massenverhältnis Proton/Elektron	$\frac{m_p}{m_e}$	1836,10	
atomare Masseneinheit	$\frac{1}{12} \cdot m_{^{12}C}$	$1{,}66055 \cdot 10^{-27}$	kg
Bohrscher Atomradius $= \frac{4\pi \cdot \varepsilon_0 \cdot \hbar^2}{m_e \cdot e^2}$	r_0	$5{,}29166 \cdot 10^{-9}$	m
Compton-Wellenlänge des Elektrons $= \frac{h}{m_e \cdot c}$	λ_c	$2{,}4263 \cdot 10^{-12}$	m
Bohrsches Magneton $= \frac{\mu_0 \cdot \hbar \cdot e}{2 \cdot m_e}$	μ_B	$1{,}1654 \cdot 10^{-29}$	$V \cdot s \cdot m$

UMRECHNUNG ZEITEINHEITEN

Zeiteinheiten			
Sekunde (s)	Minute (min)	Stunde (h)	Tag (d)
1	$1{,}67 \cdot 10^{-2}$	$2{,}78 \cdot 10^{-4}$	$1{,}16 \cdot 10^{-5}$
60	1	$1{,}67 \cdot 10^{-2}$	$6{,}94 \cdot 10^{-4}$
3600	60	1	$4{,}17 \cdot 10^{-2}$
86.400	1440	24	1

UMRECHNUNG DRUCKEINHEITEN

Druckeinheiten					
Pa = $\frac{N}{m^2}$	at = $\frac{kp}{cm^2}$	atm	bar	Torr	$mmH_2O = \frac{kp}{m^2}$
1	$1{,}02 \cdot 10^{-5}$	$9{,}87 \cdot 10^{-6}$	10^{-5}	$75 \cdot 10^{-4}$	0,102
$9{,}81 \cdot 10^{4}$	1	0,968	0,981	736	10^{4}
$1{,}013 \cdot 10^{5}$	1,033	1	1,013	760	$1{,}033 \cdot 10^{4}$
10^{5}	1,02	0,987	1	750	$1{,}02 \cdot 10^{4}$
133	$1{,}36 \cdot 10^{-3}$	$1{,}32 \cdot 10^{-3}$	$1{,}33 \cdot 10^{-3}$	1	13,6
9,81	10^{-4}	$9{,}68 \cdot 10^{-5}$	$9{,}81 \cdot 10^{-5}$	$7{,}36 \cdot 10^{-2}$	1

UMRECHNUNG KRAFTEINHEITEN

Krafteinheiten				
N	kp	Mp	p	dyn
1	0,102	$1{,}02 \cdot 10^{-4}$	102	10^{5}
9,81	1	10^{-3}	10^{3}	$9{,}81 \cdot 10^{5}$
$9{,}81 \cdot 10^{3}$	10^{3}	1	10^{6}	$9{,}81 \cdot 10^{8}$
$9{,}81 \cdot 10^{-3}$	10^{-3}	10^{-6}	1	981
10^{-5}	$1{,}02 \cdot 10^{-6}$	$1{,}02 \cdot 10^{-9}$	$1{,}02 \cdot 10^{-3}$	1

UMRECHNUNG MASSEEINHEITEN

Masseeinheiten			
g	Kg	khyl	lb
1	0,001	0,0001019716	0,002204623
1000	1	0,1019716	2,204623
9806,65	9,80665	1	21,61952
453,5923	0,4535923	0,04625326	1

UMRECHNUNG ENERGIEEINHEITEN

Energie- bzw. Arbeitseinheiten					
J	Kpm	kWh	kcal	erg	eV
1	0,102	$2{,}78 \cdot 10^{-7}$	$2{,}39 \cdot 10^{-4}$	10^{7}	$6{,}24 \cdot 10^{18}$
9,81	1	$2{,}73 \cdot 10^{-6}$	$2{,}34 \cdot 10^{-3}$	$9{,}81 \cdot 10^{7}$	$6{,}12 \cdot 10^{19}$
$3{,}6 \cdot 10^{6}$	$3{,}67 \cdot 10^{5}$	1	860	$3{,}6 \cdot 10^{13}$	$2{,}25 \cdot 10^{25}$
$4{,}19 \cdot 10^{3}$	427	$1{,}16 \cdot 10^{-3}$	1	$4{,}19 \cdot 10^{10}$	$2{,}61 \cdot 10^{22}$
10^{-7}	$1{,}02 \cdot 10^{-8}$	$2{,}78 \cdot 10^{-14}$	$2{,}39 \cdot 10^{-11}$	1	$6{,}24 \cdot 10^{11}$
$1{,}67 \cdot 10^{-19}$	$1{,}63 \cdot 10^{-20}$	$4{,}45 \cdot 10^{-26}$	$3{,}83 \cdot 10^{-23}$	$1{,}6 \cdot 10^{-12}$	1

UMRECHNUNG LEISTUNGSEINHEITEN

Leistungseinheiten					
W	kW	PS	kpm/s	cal/s	kcal/h
1	10^{-3}	$1{,}36 \cdot 10^{-3}$	0,102	0,239	0,86
10^{3}	1	1,36	102	239	860
736	0,736	1	75	176	632
9,81	$9{,}81 \cdot 10^{-3}$	$1{,}33 \cdot 10^{-2}$	1	2,34	8,43
4,19	$4{,}19 \cdot 10^{-3}$	$5{,}69 \cdot 10^{-3}$	0,427	1	3,6
1,16	$1{,}16 \cdot 10^{-3}$	$1{,}58 \cdot 10^{-3}$	0,119	0,278	1

UMRECHNUNG TEMPERATURSKALEN

Temperaturskalen			
Celsius °C	Fahrenheit °F	Réaumur °R	Kelvin K
x	$1.8 \cdot x + 32$	$0.8 \cdot x$	$x + 273.15$
$(5/9) \cdot (x - 32)$	x	$(4/9) \cdot (x - 32)$	$(5/9) \cdot x + 255.37$
$1.25 \cdot x$	$2.25 \cdot x + 32$	x	$1.25 \cdot x + 273.15$
$x - 273.15$	$1.8 \cdot x - 459.67$	$0.8 \cdot x - 218.52$	x

UMRECHNUNG ANGLO-AMERIKANISCHE EINHEITEN

Britische Einheiten			
Einheit	Abk.	Basiseinheit	SI-Umrechnung
Längenmaße			
inch	in	1/36 yd	25,399956 mm
foot	ft	1/3 yd	0,30479947 m
yard	yd		0,91439841 m
fathom	fath	2 yd	1,8287968 m
rod, pole, perch	rd	11/2 yd	5,0291913 m
chain	ch	22 yd	20,116765 m
furlong	fur	220 yd	201,16765 m
mile		1760 yd	1,6093412 km
Flächenmaße			
square inch	sq in	1/1296 sq yd	6,4515776 cm^2
square foot	sq ft	1/9 sq yd	929,02718 cm^2
square yard	sq yd		0,83612446 m^2
square rod	sq rd	121/4 sq yd	25,292765 m^2
rood		1210 sq yd	1011,7106 m^2
acre		4840 sq yd	4046,8494 m^2
square mile	sq mi	3.097.600 sq yd	2,5899791 km^2
Raummaße			
cubic inch	cu in	1/46656 cu yd	16,386979 cm^3
cubic foot	cu ft	1/27 cu yd	28,316699 dm^3
cubic yard	cu yd		0,76455088 m^3
Gewichte und Massen (Avoirdupois)			
grain	gr	1/7000 lb	64,798905 mg
dram	dr av	1/256 lb	1,7718451 g
ounce	oz av	1/16 lb	28,349521 g

Britische Einheiten (Forts.)			
Einheit	Abk.	Basiseinheit	SI-Umrechnung
Gewichte und Massen (Forts.)			
pound	lb		0,453592338 kg
stone		14 lb	6,3502927 kg
quarter		28 lb	12,7005855 kg
cental		100 lb	45,3592338 kg
hundredweight	cwt	112 lb	50,802342 kg
ton		2240 lb	1016,0468 kg
Gewichte und Massen (Troy) für Edelsteine			
pennyweight	dwt	24/7000 lb	1,5551737 g
troy ounce	oz tr	480/7000 lb	31,103475 g
Gewichte und Massen (Apothecaries) für Medikamente			
scruple	s ap	20/7000 lb	1,2959781 g
drachm	dr ap	60/7000 lb	3,8879343 g
apothecaries' ounce	oz ap	480/7000 lb	31,103475 g
Hohlmaße (Flüssigkeiten)			
minim	min	1/76800 gal	59,1938 mm^3
fluid scruple		1/3840 gal	1,18388 cm^3
fluid drachm	fl dr	1/1280 gal	3,55163 cm^3
fluid ounce	fl oz	1/160 gal	28,4130 cm^3
gill	gi	1/32 gal	142,065 cm^3
pint	liq pt	1/8 gal	568,261 cm^3
quart	liq qt	1/4 gal	1,13652 dm^3
gallon	gal		4,54609 dm^3
peck		2 gal	9,09217 dm^3
bushel		8 gal	36,3687 dm^3
quarter		64 gal	0,290950 m^3
chaldron		288 gal	1,30927 m^3

US Maßeinheiten			
Einheit	Abk.	Basiseinheit	SI-Umrechnung
Längenmaße			
mil		1/36000 yd	25,400051 µm
point		1/2592 yd	0,35277848 mm
line		1/1440 yd	0.63500127 mm
inch	in	1/36 yd	25,399956 mm
hand		1/9 yd	10,160020 cm
link	li	22/100 yd	20,116840 cm
span		1/4 yd	22,860046 cm
foot	ft	1/3 yd	0,30480061 m
yard	yd		0,91440183 m
fathom	fath	2 yd	1,8288037 m
rod	rd	11/2 yd	5,0292101 m
chain	ch	22 yd	20,116840 m
furlong	fur	220 yd	201,16840 m
statute mile	mil	1760 yd	1,6093472 km
Flächenmaße			
circular mil		π/4000000 sq in	0,05067095 mm²
circular inch		π/4 sq in	5,0670951 cm²
square inch	sq in	1/1296 sq yd	6,4516258 cm²
square link	sq li	484/10000 sq yd	40,468726 cm²
square foot	sq ft	1/9 sq yd	929,03412 cm²
square yard	sq yd		0,83613070 m²
square rod	sq rd	121/4 sq yd	25,292954 m²
square chain	sq ch	484 sq yd	404,68726 m²
acre		4840 sq yd	4046,8726 m²
square mile	sq mi	3.097.600 sq yd	2,5899985 km²

US Maßeinheiten (Forts.)			
Einheit	Abk.	Basiseinheit	SI-Umrechnung
Raummaße			
cubic inch	cu in	1/46656 cu yd	16,387162 cm^3
board foot	fbm	1/324 cu yd	2,3597514 dm^3
cubic foot	cu ft	1/27 cu yd	28,317016 dm^3
cubic yard	cu yd		0,76455945 m^3
cord	cd	128/27 cu yd	3,6245781 m^3
Gewichte und Massen (Avoirdupois)			
grain	gr	1/7000 lb	64,798918 mg
dram	dr av	1/256 lb	1,7718454 g
ounce	oz av	1/16 lb	28,349527 g
pound	lb		0,4535924277 kg
short hundredweight	sh cwt	100 lb	45,359243 kg
long hundredweight	l cwt	112 lb	50,802352 kg
short ton	sh tn	2000 lb	907,18486 kg
long ton	l tn	2240 lb	1016,0476 kg
Gewichte und Massen (Troy) für Edelsteine			
pennyweight	dwt	24/7000 lb	1,5551740 g
troy ounce	oz tr	480/7000 lb	31,103481 g
troy pound	lb tr	5760/7000 lb	373,24177 g
Gewichte und Massen (Apothecaries) für Medikamente			
scruple	s ap	20/7000 lb	1,2959784 g
dram	dr ap	60/7000 lb	3,8879351 g
apothecaries’ ounce	oz ap	480/7000 lb	31,103481 g
apothecaries’ pound	lb ap	5760/7000 lb	373,24177 g
Hohlmaße (Flüssigkeiten)			
minim	min	1/61440 gal	61,611890 mm^3

US Maßeinheiten (Forts.)			
Einheit	Abk.	Basiseinheit	SI-Umrechnung
Hohlmaße (Forts.)			
fluid dram	fl dr	1/1024 gal	3,6967134 cm^3
fluid ounce	fl oz	1/128 gal	29,573707 cm^3
gill	gi	1/32 gal	118,29483 cm^3
pint	liq pt	1/8 gal	473,17931 cm^3
quart	liq qt	1/4 gal	0,94635862 dm^3
gallon	gal		3,7854345 dm^3
Hohlmaße (trockene Stoffe)			
dry pint	dry pt	1/64 bu	0,55061377 dm^3
dry quart	dry qt	1/32 bu	1,1012275 dm^3
peck	pk	1/4 bu	8,8098204 dm^3
bushel	bu		35,239287 dm^3
dry barrel	bbl	105/32 bu	0,11562782 dm^3

Natürliche Elemente und ihre Entdeckung

Natürliche Elemente und ihre Entdeckung			
Element	Symbol	Jahr der Entdeckung	Entdecker
Wasserstoff	H	1766	Cavendish
Helium	He	1895	Ramsay
Lithium	Li	1817	Arfvedson
Beryllium	Be	1798	Vauquelin, Klaproth
Bor	B	1808	Davy, Gay-Lussac, Thenard
Kohlenstoff	C	1791	Tennant, Lavoisier
Stickstoff	N	1772	Rutherford
Sauerstoff	O	1772	Scheele, Priestley
Fluor	F	1886	Moissan
Neon	Ne	1897	Ramsay, Travers
Natrium	Na	1807	Davy
Magnesium	Mg	1695	Grew
Aluminium	Al	1827	Wöhler
Silizium	Si	1823	Berzelius
Phosphor	P	1669	Brand
Schwefel	S	in der Antike	(Ägypter)

Natürliche Elemente und ihre Entdeckung (Forts.)			
Element	Symbol	Jahr der Entdeckung	Entdecker
Chlor	Cl	1774	Scheele
Argon	Ar	1894	Ramsay, Rayleigh
Kalium	K	1807	Davy
Calcium	Ca	1808	Davy
Scandium	Sc	1879	Nilson
Titan	Ti	1791	Gregor
Vanadium	V	1801	Del Rio, Sefström
Chrom	Cr	1798	Klaproth, Vauquelin
Mangan	Mn	1774	Gahn
Eisen	Fe	in der Antike	(Ägypter)
Kobalt	Co	1735	Brandt
Nickel	Ni	1751	Cronstedt
Kupfer	Cu	in der Antike	(vorderasiatische Völker)
Zink	Zn	1617	Löhneys
Gallium	Ga	1875	de Boisbaudran
Germanium	Ge	1886	Winkler
Arsen	As	1675	Lemery
Selen	Se	1817	Berzelius
Brom	Br	1826	Balard
Krypton	Kr	1897	Ramsay, Travers

Natürliche Elemente und ihre Entdeckung (Forts.)			
Element	Symbol	Jahr der Entdeckung	Entdecker
Rubidium	Rb	1861	Bunsen
Strontium	Sr	1787	Cruikshank, Ash
Yttrium	Y	1794	Gadolin
Zirkon	Zr	1789	Klaproth
Niob	Nb	1801	Hatchett
Molybdän	Mo	1778	Scheele
Technetium	Tc	1937	Perrier, Segrè
Ruthenium	Ru	1828	Osann
Rhodium	Rh	1804	Wollaston
Palladium	Pd	1804	Wollaston
Silber	Ag	in der Antike	(Ägypter)
Cadmium	Cd	1817	Stromeyer
Indium	In	1863	Reich, Richter
Zinn	Sn	in der Antike	(Chinesen)
Antimon	Sb	15. Jahrhundert	Valentinus
Tellur	Te	1782	von Reichenstein
Jod	I	1812	Curtois, Clément
Xenon	Xe	1898	Ramsay, Travers
Cäsium	Cs	1860	Bunsen

Natürliche Elemente und ihre Entdeckung (Forts.)			
Element	Symbol	Jahr der Entdeckung	Entdecker
Barium	Ba	1774	Gahn
Lanthan	La	1839	Mosander
Cer	Ce	1803	Klaproth, Berzelius, Hisinger
Praseodym	Pr	1885	von Welsbach
Neodym	Nd	1885	von Welsbach
Promethium	Pm	1945	Marinsky, Glendenin, Coryell
Samarium	Sm	1879	de Boisbaudran
Europium	Eu	1893	de Boisbaudran
Gadolinium	Gd	1880	Marignac
Terbium	Tb	1843	Mosander
Dysprosium	Dy	1886	de Boisbaudran
Holmium	Ho	1879	Cleve
Erbium	Er	1843	Mosander
Thulium	Tm	1879	Cleve
Ytterbium	Yb	1878	Marignac
Lutetium	Lu	1906	von Welsbach, Urbain
Hafnium	Hf	1923	Coster, Hevesy
Tantal	Ta	1802	Ekeberg
Wolfram	W	1783	d’Elhuyar

Natürliche Elemente und ihre Entdeckung (Forts.)			
Element	Symbol	Jahr der Entdeckung	Entdecker
Rhenium	Re	1925	Noddack, Tacke
Osmium	Os	1804	Tennant
Iridium	Ir	1804	Tennant
Platin	Pt	1750	de Ulloa, Watson
Gold	Au	in der Antike	(Ägypter)
Quecksilber	Hg	in der Antike	(Ägypter, Griechen)
Thallium	Tl	1861	Crookes
Blei	Pb	in der Antike	(u.a. Griechen, Phönizier, Sumerer)
Wismut	Bi	1505	von Kalbe
Polonium	Po	1898	Curie
Astatin	At	1940	Corson, McKenzie, Segrè
Radon	Rn	1898	Curie
Francium	Fr	1939	Perey
Radium	Ra	1898	Curie, Giesel, Rutherford, Soddy
Actinium	Ac	1899	Debierne
Thorium	Th	1828	Berzelius

Natürliche Elemente und ihre Entdeckung (Forts.)			
Element	Symbol	Jahr der Entdeckung	Entdecker
Protactinium	Pa	1918	Hahn, Meitner, Soddy, Cranston
Uran	U	1789	Klaproth

Künstliche Elemente

Künstliche Elemente			
Element	Symbol	Jahr der Entdeckung	Entdecker
Neptunium	Np	1942	Hahn, Straßmann
Plutonium	Pu	1940	Seaborg, MacMillan, Wahl, Kennedy
Americium	Am	1944	Seaborg, James, Morgan
Curium	Cm	1944	Seaborg, James, Ghiorso
Berkelium	Bk	1949	Seaborg, Thompson, Ghiorso
Californium	Cf	1950	Seaborg, Thompson, Ghiorso, Street
Einsteinium	Es	1952	(USA)

Künstliche Elemente (Forts.)			
Element	Symbol	Jahr der Entdeckung	Entdecker
Fermium	Fm	1952	(USA)
Mendelevium	Md	1955	Seaborg, Ghiorso
Nobelium	No	1957	(Schweden, England, USA)
Lawrencium	Lr	1961	Ghiorso, Sikkeland, Larsh, Latimer
Kurtschatovium	Ku	1964	Flerov

Ordnungszahl, Massenzahl und Atommasse

Elemente und Isotope			
Element	Ordnungszahl	Massenzahl	Atommasse in AME oder Halbwertszeit
Wasserstoff	1	1 2 °3	1,008 2,014 12,3 a
Helium	2	3 4 °6	3,016 4,003 0,81 s
Lithium	3	6 7 °8 °9	6,015 7,016 0,84 s 0,17 s
Beryllium	4	9 °7 °10 °11	9,012 53 d 2,7 Mio. a 14 s
Bor	5	10 11 °8 °12 °13	10,013 11,009 0,78 s 0,02 s 0,04 s
Kohlenstoff	6	12 13 °10 °11 °14 °15	12,000 13,003 19 s 20,4 m 5760 a 2,3 s

Elemente und Isotope (Forts.)			
Element	Ordnungszahl	Massenzahl	Atommasse in AME oder Halbwertszeit
Kohlenstoff (Forts.)		°16	0,74 s
Stickstoff	7	14	14,003
		15	15,000
		°12	0,012 s
		°13	10 m
		°16	7,4 s
		°17	4,14 s
		°18	0,63 s
Sauerstoff	8	16	15,995
		17	16,999
		18	17,999
		°13	9 ms
		°14	72,1 s
		°15	2,1 m
		°19	29 s
		°20	14 s
Fluor	9	19	19,00
		°17	1,1 m
		°18	1,9 h
		°20	11 s
		°21	3 m
		°22	4 s
Neon	10	20	19,992
		21	20,994
		22	21,991
		°18	1,5 s
		°19	17,7 s
		°23	37,6 s

Elemente und Isotope (Forts.)			
Element	Ordnungszahl	Massenzahl	Atommasse in AME oder Halbwertszeit
Neon (Forts.)		°24	3,4 m
Natrium	11	23	22,990
		°20	0,38 s
		°21	23 s
		°22	2,6 a
		°24	15 h
		°25	1 m
		°26	1 s
Magnesium	12	24	23,985
		25	24,986
		26	25,983
		°23	11,6 s
		°27	9,5 m
		°28	21,5 h
Aluminium	13	27	26,982
		°24	2,1 s
		°25	7,2 s
		°26	1 Mio. a
		°28	2,3 m
		°29	6,6 m
		°30	3,3 s
Silizium	14	28	27,977
		29	28,976
		30	29,974
			1,7 s
			4,1 s
			2,6 h
			700 a

Elemente und Isotope (Forts.)			
Element	Ordnungszahl	Massenzahl	Atommasse in AME oder Halbwertszeit
Phosphor	15	31	30,974
			0,28 s 4,4 s 2,55 m 14,3 d 25 d 12,4 s
Schwefel	16	32 33 34 36	31,972 32,971 33,968 35,967
			1,4 s 2,6 s 87 d 5 m 2,87 h
Chlor	17	35 37	34,969 36,966
			0,31 s 2,5 s 32 m 300.000 a 37 m 1 h 1,4 m
Argon	18	36 38 40	35,968 37,963 39,962
			1,9 s 34 d

Elemente und Isotope (Forts.)			
Element	Ordnungszahl	Massenzahl	Atommasse in AME oder Halbwertszeit
Argon (Forts.)			265 a 110 m 4 a
Kalium	19	39 41	38,964 40,962 1,2 s 7,6 m 1,3 Mrd. a 12,5 h 22,4 h 22 m 20 m 115 s
Calcium	20	40 42 43 44 45 46 48 49	39,963 41,959 42,959 43,955 44,954 47,952 0,66 s 0,88 s 110.000 a 165 d 4,5 d 8,8 m
Scandium	21	45 °40 °41 °42 °43	44,956 0,18 s 0,87 s 0,66 s 3,92 h

Elemente und Isotope (Forts.)			
Element	Ordnungszahl	Massenzahl	Atommasse in AME oder Halbwertszeit
Scandium (Forts.)		°44	4 h
		°46	84 d
		°47	3,4 d
		°48	44 h
		°49	57 m
		°50	1,74 m
Titan	22	46	45,953
		47	46,952
		48	47,948
		49	48,948
		50	49,945
		°43	0,58 s
		°44	1000 a
		°45	3,08 h
		°51	5,8 m
Vanadium	23	50	49,947
		51	50,944
		°47	32 m
		°48	16 d
		°49	330 d
		°52	3,8 m
		°53	2 m
		°54	55 s
Chrom	24	50	49,946
		52	51,940
		53	52,941
		54	53,939
		°46	1,1 s
		°48	23 h
		°49	41,9 m

Elemente und Isotope (Forts.)			
Element	Ordnungszahl	Massenzahl	Atommasse in AME oder Halbwertszeit
Chrom (Forts.)		°51 °55 °56	27,8 d 3,5 m 5,9 m
Mangan	25	55 °50 °51 °52 °53 °54 °56 °57 °58	54,938 0,29 s 45 m 5,7 d 1 Mio. a 314 d 2,59 h 1,7 m 1,1 m
Eisen	26	54 56 57 58 °52 °53 °55 °59 °60 °61	53,940 55,935 56,935 57,933 8 h 8,9 m 2,7 a 45 d 300.000 a 6 m
Kobalt	27	59 °54 °55 °56 °57 °58 °60 °61	58,933 1,5 m 18,2 h 77 d 270 d 71 d 5,3 a 1,7 h

Elemente und Isotope (Forts.)			
Element	Ordnungszahl	Massenzahl	Atommasse in AME oder Halbwertszeit
Kobalt (Forts.)		°62	13,9 m
		°63	1,4 h
		°64	8 m
Nickel	28	58	57,935
		60	59,931
		61	60,931
		62	61,928
		64	63,928
		°56	6,4 d
		°57	37 h
		°59	75.000 a
		°63	120 a
		°65	2,6 h
		°66	55 h
Kupfer	29	63	62,930
		65	64,928
		°58	9,5 m
		°59	81 s
		°60	23,4 m
		°61	3,3 h
		°62	10 m
		°64	12,9 h
		°66	5,1 m
		°67	62 h
		°68	32 s
Zink	30	64	63,929
		66	65,926
		67	66,927
		68	67,925
		70	69,925

Elemente und Isotope (Forts.)			
Element	Ordnungszahl	Massenzahl	Atommasse in AME oder Halbwertszeit
Zink (Forts.)		°60	2,1 m
		°61	89 s
		°62	9,3 h
		°63	38 m
		°65	245 d
		°69	55 m
		°71	2,2 m
		°72	49 h
Gallium	31	69	68,926
		71	70,925
		°64	2,6 m
		°65	15 m
		°66	9,4 h
		°67	78 h
		°68	68 m
		°70	21 m
		°72	14,1 h
		°73	5 h
		°74	7,8 m
		°75	2 m
		°76	32 s
Germanium	32	70	69,924
		72	71,922
		73	72,923
		74	73,921
		76	75,921
		°65	1,5 m
		°66	140 m
		°67	19 m
		°68	280 d
		°69	40 h

Elemente und Isotope (Forts.)			
Element	Ordnungszahl	Massenzahl	Atommasse in AME oder Halbwertszeit
Germanium (Forts.)		°71	11 d
		°72	0,0000001 s
		°75	82 m
		°77	11,3 h
		°78	2,1 h
Arsen	33	75	74,922
		°68	7 m
		°69	15 m
		°70	50 m
		°71	60 h
		°72	26 h
		°73	76 d
		°74	17,8 d
		°76	26,5 h
		°77	39 h
		°78	91 m
		°79	9 m
		°80	15,3 s
		°81	33 s
		°85	0,43 s
Selen	34	74	73,922
		76	75,919
		77	76,920
		78	77,917
		80	79,917
		82	81,917
		°70	44 m
		°71	4,5 m
		°72	8,4 d
		°73	7,1 h
		°75	120 d

Elemente und Isotope (Forts.)			
Element	Ordnungszahl	Massenzahl	Atommasse in AME oder Halbwertszeit
Selen (Forts.)		°77	17,4 s
		°79	65.000 a
		°81	18 m
		°83	25 m
		°84	3,3 m
		°85	39 s
		°87	17 s
Brom	35	79	78,918
		81	80,916
		°74	42 m
		°75	1,7 h
		°76	17,5 h
		°77	2,4 d
		°78	6,4 m
		°80	18 m
		°82	36 h
		°83	140 m
		°84	32 m
		°85	3 m
		°86	54 s
		°87	55,6 s
		°88	15,5 s
		°89	4,5 s
		°90	1,6 s
Krypton	36	78	77,920
		80	79,916
		82	81,913
		83	82,914
		84	83,912
		86	85,911
		°74	12 m
		°75	5,5 m

Elemente und Isotope (Forts.)			
Element	Ordnungszahl	Massenzahl	Atommasse in AME oder Halbwertszeit
Krypton (Forts.)		°76	9,7 h
		°77	1,2 h
		°79	34,5 h
		°81	210.000 a
		°83	1,9 h
		°85	10,6 a
		°97	1 s
Rubidium	37	85	84,912
		°84	33 d
		°86	18,7 d
		°87	47 Mrd. a
		°97	1 s
Strontium	38	84	83,913
		86	85,909
		87	86,909
		88	87,906
Yttrium	39	89	88,905
Zirkon	40	90	89,904
		91	90,905
		92	91,905
		94	93,906
		96	95,908
		°93	1,1 Mio. a
Niob	41	93	92,906
Molybdän	42	92	91,906
		94	93,905
		95	94,906
		96	95,905
		97	96,906

Elemente und Isotope (Forts.)			
Element	Ordnungszahl	Massenzahl	Atommasse in AME oder Halbwertszeit
Molybdän (Forts.)		98 100	97,906 99,908
Technetium	43	°97	2,6 Mio. a
Ruthenium	44	96 98 99 100 101 102 104	95,908 97,906 98,906 99,903 100,904 101,904 103,906
Rhodium	45	103	102,905
Palladium	46	102 104 105 106 108 110 °107	101,905 103,904 104,905 105,903 107,904 109,904 7 Mio. a
Silber	47	107 109	106,905 108,905
Cadmium	48	106 108 116	105,906 107,904 115,905
Indium	49	113 °115 °115	112,904 114,904 $6 \cdot 10^{14}$ a
Zinn	50	112	111,905

Elemente und Isotope (Forts.)			
Element	Ordnungszahl	Massenzahl	Atommasse in AME oder Halbwertszeit
Zinn (Forts.)		114	113,903
		115	114,904
		116	115,902
		117	116,903
		118	117,902
		119	118,903
		120	119,902
		122	121,903
		124	123,905
Antimon	51	121	120,904
		123	122,904
Tellur	52	120	119,905
		128	127,905
		130	129,907
Jod	53	127	126,904
		°129	16 Mio. a
Xenon	54	124	123,906
		126	125,904
		128	127,904
		129	128,905
		130	129,904
		131	130,905
		132	131,904
		134	133,905
		136	135,907
Cäsium	55	133	132,905
		°135	2 Mio. a
Barium	56	130	129,906
		132	131,905

Elemente und Isotope (Forts.)			
Element	Ordnungszahl	Massenzahl	Atommasse in AME oder Halbwertszeit
Lanthan	57	°138 139	137,907 138,906
		°138	110 Mrd. a
Cer	58	136 138 140 142	135,907 137,906 139,905 141,909
Praseodym	59	141	140,907
Neodym	60	142 143 145 146 148 150	141,907 142,910 144,912 145,913 147,916 149,921
		°144	$2{,}4 \cdot 10^{15}$ a
Promethium	61	°145	18 a
Samarium	62	144 152 154	143,912 151,919 153,922
		°146 °147	50 Mio. a 130 Mrd. a
Europium	63	151 153	150,920 152,921
Gadolinium	64	154 155 156 157	153,921 154,923 155,922 156,924

Elemente und Isotope (Forts.)			
Element	Ordnungszahl	Massenzahl	Atommasse in AME oder Halbwertszeit
Gadolinium (Forts.)		158 160 °152	157,924 159,927 $1{,}1 \cdot 10^{14}$ a
Terbium	65	159	158,925
Dysprosium	66	156 158	155,924 157,924
Holmium	67	165	164,930
Erbium	68	162 164 170	161,929 163,929 169,935
Thulium	69	169	168,934
Ytterbium	70	168 176	167,934 175,943
Lutetium	71	175 °176 °176	174,941 175,943 22 Mrd. a
Hafnium	72	179 °174	178,490 $2 \cdot 10^{15}$ a
Tantal	73	180 181	179,948 180,948
Wolfram	74	180 186	179,947 185,954
Rhenium	75	185 °187	184,953 186,956

Elemente und Isotope (Forts.)			
Element	Ordnungszahl	Massenzahl	Atommasse in AME oder Halbwertszeit
Rhenium (Forts.)		°187	60 Mrd. a
Osmium	76	184 192	183,953 191,960
Iridium	77	191 193	190,960 192,960
Platin	78	192 198 °190	191,960 197,970 700 Mrd. a
Gold	79	197	196,970
Quecksilber	80	196 204	195,970 203,970
Thallium	81	203 205 °207 °208 °209 °210	202,970 204,970 4,8 m 3,1 m 2,2 m 1,3 m
Blei	82	206 207 208 °204 °209 °210 °211 °212 °214	205,970 206,980 207,980 $1{,}4 \cdot 10^{17}$ a 3,3 h 19,4 a 36,1 m 10,6 h 26,8 m

Elemente und Isotope (Forts.)			
Element	Ordnungszahl	Massenzahl	Atommasse in AME oder Halbwertszeit
Wismut	83	209	208,980
		°200	35 m
		°201	62 m
		°202	95 m
		°203	12 h
		°209	$2{,}5 \cdot 10^{17}$ a
		°210	5 d
		°211	2,2 m
		°212	60,5 m
		°213	47 m
		°214	19,7 m
		°215	8 m
Polonium	84	°210	138,4 d
		°211	0,5 s
		°212	0,0000003 s
		°213	0,0000042 s
		°214	0,00016 s
		°215	0,0018 s
		°216	0,158 s
		°218	3,1 m
Astatin	85	°209	5,5 h
		°210	8,3 h
		°211	7,2 h
		°212	0,22 s
		°214	0,000002 s
		°215	0,0001 s
		°216	0,0003 s
		°217	0,02 s
		°218	1,3 s
		°219	0,9 m
Radon	86	°209	30 m

Elemente und Isotope (Forts.)			
Element	Ordnungszahl	Massenzahl	Atommasse in AME oder Halbwertszeit
Radon (Forts.)		°210	2,7 h
		°211	16 h
		°212	23 m
		°213	0,02 s
		°215	0,000001 s
		°216	0,00004 s
		°217	0,0005 s
		°218	0,019 s
		°219	3,9 s
		°220	54,5 s
		°221	25 m
		°222	3,8 d
Francium	87	°212	19 m
		°222	14,8 m
		°223	22 m
Radium	88	°213	2,7 m
		°215	0,0016 s
		°223	11,7 d
		°224	3,6 d
		°225	14,8 d
		°226	1620 a
		°227	41,2 m
		°228	6,7 a
		°229	1 m
		°230	1 h
Actinium	89	°225	10 d
		°226	29 h
		°227	22 a
		°228	6,1 h
Thorium	90	°232	232,040
		°227	18,2 d

Elemente und Isotope (Forts.)			
Element	Ordnungszahl	Massenzahl	Atommasse in AME oder Halbwertszeit
Thorium (Forts.)		°228 °229 °230 °231 °232 °233 °234 °235	1,9 a 7300 a 80.000 a 25,6 h 14 Mrd. a 22,4 m 24,1 d 5 m
Protactinium	91	°231	231,040
		°230 °231 °232 °233 °234	17 d 32.500 a 1,3 d 27 d 6,7 h
Uran	92	°234 °235 °238	234,040 235,040 238,050
		°230 °231 °232 °233 °234 °235 °236 °237 °238 °239 °240	20,8 d 4,3 d 73,6 a 162.000 a 252.000 a 710 Mio. a 23,9 Mio. a 6,8 d 4,5 Mrd. a 23,5 m 14,1 h

°instabiles Element

Spezifische Wärmekapazität, Schmelz- und Siedepunkt

Thermische Eigenschaften der Elemente			
Element	spezifische Wärmekapazität c_p bei 20°C (J/kg·K)	Schmelzpunkt (K)	Siedepunkt (K)
Wasserstoff	14300	13,76	20,4
Helium	5200	1,76	4,22
Lithium	3407	453,7	1590
Beryllium	1830	1556	1910
Bor	1450	2303	4173
Kohlenstoff	710	4073	–
Stickstoff	1038	63	77,4
Sauerstoff	914	54,4	90,2
Fluor	752	50	85,1
Neon	1039	24,6	27,1
Natrium	1228	371	1163
Magnesium	1026	923	1393
Aluminium	902	932	2720
Silizium	730	1696	2628
Phosphor	740	317,4	554
Schwefel	705	388,3	717,8
Chlor	479	172	239
Argon	521	83,8	87,3

Thermische Eigenschaften der Elemente (Forts.)			
Element	spezifische Wärmekapazität c_p bei 20°C (J/kg·K)	Schmelzpunkt (K)	Siedepunkt (K)
Kalium	755	336,4	1027
Calcium	655	1123	1760
Scandium	557	1811	3003
Titan	522	1941	3553
Vanadium	481	2163	3653
Chrom	448	2176	2915
Mangan	479	1517	2368
Eisen	449	1809	3343
Kobalt	418	1766	3153
Nickel	443	1728	3073
Kupfer	381	1356	2868
Zink	388	692,7	1180
Gallium	374	302,9	2500
Germanium	322	1210,4	3103
Arsen	329	–	886
Selen	321	490,6	958,1
Brom	475	264,9	331,4
Krypton	250	116	120
Rubidium	362	311,9	974
Strontium	286	1043	1640

Thermische Eigenschaften der Elemente (Forts.)			
Element	spezifische Wärmekapazität c_p bei 20°C (J/kg·K)	Schmelzpunkt (K)	Siedepunkt (K)
Yttrium	282	1773	3903
Zirkon	280	2128	4653
Niob	267	2741	5173
Molybdän	248	2893	5073
Technetium	–	2445	–
Ruthenium	236	2773	4383
Rhodium	238	2233	4383
Palladium	246	1823	3833
Silber	236	1234,5	2453
Cadmium	232	594	1038
Indium	233	429,3	2320
Zinn	222	505,1	2960
Antimon	209	903,7	1910
Tellur	200	722,7	1263
Jod	215	386,8	456
Xenon	158	161	165,1
Cäsium	236	301,8	958
Barium	192	998	1910
Lanthan	200	1193	3743

Thermische Eigenschaften der Elemente (Forts.)			
Element	spezifische Wärmekapazität c_p bei 20°C (J/kg·K)	Schmelzpunkt (K)	Siedepunkt (K)
Cer	206	1070	3743
Praseodym	190	1208	3290
Neodym	208	1293	3483
Promethium	183	1308	3473
Samarium	196	1345	1943
Europium	177	1099	1703
Gadolinium	232	1585	3073
Terbium	182	1629	3073
Dysprosium	173	1680	2603
Holmium	164	1734	2763
Erbium	168	1770	2693
Thulium	160	1818	1993
Ytterbium	145	1097	1793
Lutetium	155	1925	3273
Hafnium	143	2493	5473
Tantal	141	3269	5673
Wolfram	131	3663	5773
Rhenium	138	3453	5873
Osmium	130	2973	4673

Thermische Eigenschaften der Elemente (Forts.)			
Element	spezifische Wärmekapazität c_p bei 20°C (J/kg·K)	Schmelzpunkt (K)	Siedepunkt (K)
Iridium	133	2716	4623
Platin	133	2042	4573
Gold	129	1337,9	2980
Quecksilber	140	234,3	629,9
Thallium	129	573	1730
Blei	129	600,6	2024
Wismut	123	544	1793
Polonium	–	527	1185
Astatin	–	575	–
Radon		202	211,4
Francium	–	300	–
Radium	–	673	–
Actinium	–	1323	1873
Thorium	118	1968	4473
Protactinium	–	3273	–
Uran	115	1403	4203

Dichte, Wärmeleitzahl und linearer Ausdehnungskoeffizient

Thermodynamische Eigenschaften der Elemente			
Element	Dichte bei 20°C (10^{-3}kg/m^3)	Wärmeleitzahl bei 20°C (J/m·s·K)	linearer Ausdehnungskoeffizient (10^{-6} K^{-1})
Wasserstoff	0,08989	0,171	–
Helium	0,17847	0,143	–
Lithium	543	71	56
Beryllium	1860	168	12,3
Bor	2330	–	8,3
Kohlenstoff	2200	24	–
Stickstoff	1,2505	0,024	–
Sauerstoff	1,4289	0,0245	–
Fluor	1,696	0,0243	–
Neon	0,9006	0,0461	–
Natrium	971	138	71
Magnesium	1741	171	26
Aluminium	2698	238	23,9
Silizium	2326	80	2,53
Phosphor	2690	–	125
Schwefel	2070	0,256	64
Chlor	3,214	0.00799	–
Argon	1,7837	0,0164	–

Thermodynamische Eigenschaften der Elemente (Forts.)			
Element	Dichte bei 20°C (10^{-3}kg/m^3)	Wärmeleitzahl bei 20°C (J/m·s·K)	linearer Ausdehnungskoeffizient (10^{-6} K^{-1})
Kalium	862	97	84
Calcium	1540	–	25,2
Scandium	2990	–	–
Titan	4505	15,5	8,35
Vanadium	6120	32	8,3
Chrom	7200	69	6,6
Mangan	7430	29,7	23
Eisen	7870	72,4	11,5
Kobalt	8900	69	12,6
Nickel	8910	60,5	13
Kupfer	8960	398	16,8
Zink	7130	113	39,7
Gallium	5910	–	5,2
Germanium	5326	62	5,2
Arsen	5720	–	6,0
Selen	4792	–	49,27
Brom	3140	–	–
Krypton	3,744	0,0089	–
Rubidium	1532	–	90
Strontium	2670	–	–

Thermodynamische Eigenschaften der Elemente (Forts.)			
Element	Dichte bei 20°C (10^{-3}kg/m^3)	Wärmeleitzahl bei 20°C (J/m·s·K)	linearer Ausdehnungskoeffizient (10^{-6} K^{-1})
Yttrium	4472	13,8	–
Zirkon	6500	21	5,8
Niob	8550	52,3	24,81
Molybdän	10220	142	5,1
Technetium	11500	–	–
Ruthenium	12300	–	9,63
Rhodium	12500	88	8,5
Palladium	12100	69	11,9
Silber	10500	418	19,3
Cadmium	8640	96	29,4
Indium	7300	–	30
Zinn	7290	63	27
Antimon	6690	18,5	11
Tellur	6250	1,2	16,8
Jod	4932	–	–
Xenon	5,896	0,0051	–
Cäsium	1873	–	97
Barium	3610	–	19
Lanthan	6162	13,8	4,9

Thermodynamische Eigenschaften der Elemente (Forts.)			
Element	Dichte bei 20°C (10^{-3}kg/m^3)	Wärmeleitzahl bei 20°C (J/m·s·K)	linearer Ausdehnungskoeffizient (10^{-6} K^{-1})
Cer	6768	10,9	8,5
Praseodym	6769	11,7	4,8
Neodym	7007	16	6,7
Promethium	–	–	–
Samarium	7530	–	–
Europium	5240	–	26
Gadolinium	7886	8,8	6,4
Terbium	8253	–	7,6
Dysprosium	8559	10	8,6
Holmium	8799	–	–
Erbium	9062	9,6	9,2
Thulium	9318	–	–
Ytterbium	6959	–	25
Lutetium	9849	–	–
Hafnium	13360	93,3	6,6
Tantal	16600	54,5	6,5
Wolfram	19270	130	4,5
Rhenium	21300	48,2	6,6
Osmium	22480	–	6,58

Thermodynamische Eigenschaften der Elemente (Forts.)			
Element	Dichte bei 20°C (10^{-3}kg/m^3)	Wärmeleitzahl bei 20°C (J/m·s·K)	linearer Ausdehnungskoeffizient (10^{-6} K^{-1})
Iridium	22400	58	6,5
Platin	21500	71	9,09
Gold	19300	314	14,2
Quecksilber	13546	8,1	–
Thallium	11850	50,2	29,4
Blei	11337	35,2	29,4
Wismut	9790	8,1	13,5
Polonium	9510	14	24,4
Astatin	–	–	–
Radon	4400	–	–
Francium	–	–	–
Radium	5000	–	–
Actinium	10070	–	–
Thorium	11700	37,3	10,5
Protactinium	15370	–	–
Uran	19100	24	15,3